51单片机应用技术（C语言版）
（第2版）

主　编　刘爱荣　王双岭
副主编　韩晓燕　杨际峰　陈会鸽　杨蒙蒙
　　　　刘秀敏　张璐璐　李立凯　李景丽

U0280237

重庆大学出版社

内容简介

本书以项目为向导,利用任务引入学习内容,理论紧密结合实际,每个任务都有 Keil 实例程序和 Proteus 仿真,真正做到"所学即所得"。本书详细介绍了 MCS-51 单片机内部资源;介绍了汇编指令系统和汇编语言编程基础;详细阐述了 C51 语言程序设计基础及编程技巧,I/O 并行扩展芯片 8255A、A/D0809、D/A0832、8 位串行 LED 显示驱动器 MAX7219/MAX7221 等接口芯片应用编程仿真。详细介绍了串行单总线芯片 DS18B20、SPI 串行总线、I²C 总线及 I²C 总线芯片 24C02C 的特点和应用,并且运用大量综合性实例对各种关键技术进行了深入浅出的分析。此外,每一章节配有思考题和练习题,书后配有实验内容。

本书可作为高等院校自动化、通信技术、数控、应用电子、测控技术、机电一体化、智能仪表,计算机控制等专业本科教材,也可以作为工程技术人员参考书。

图书在版编目(CIP)数据

51 单片机应用技术：C 语言版 / 刘爱荣,王双岭主编. -- 2 版. --重庆 : 重庆大学出版社,2023.1

ISBN 978-7-5624-8920-7

Ⅰ.①5… Ⅱ.①刘… ②王… Ⅲ.①单片微型计算机—C 语言—程序设计—高等学校—教材 Ⅳ.①TP368.1②TP312.8

中国版本图书馆 CIP 数据核字(2022)第 156698 号

51 单片机应用技术(C 语言版)
(第 2 版)

主 编 刘爱荣 王双岭

策划编辑:杨粮菊

责任编辑:付 勇　版式设计:杨粮菊

责任校对:关德强　责任印制:张 策

*

重庆大学出版社出版发行

出版人:饶帮华

社址:重庆市沙坪坝区大学城西路 21 号

邮编:401331

电话:(023) 88617190　88617185(中小学)

传真:(023) 88617186　88617166

网址:http://www.cqup.com.cn

邮箱:fxk@cqup.com.cn(营销中心)

全国新华书店经销

重庆市国丰印务有限责任公司印刷

*

开本:787mm×1092mm　1/16　印张:23.5　字数:589 千

2015 年 5 月第 1 版　2023 年 1 月第 2 版　2023 年 1 月第 5 次印刷

ISBN 978-7- 5624-8920-7　定价:59.00 元

第2版前言

　　单片机原理与接口技术是一门理论性、实践性和综合性都很强的学科,是一门计算机软硬件有机结合的实用技术。本书是作者多年理论教学、实验教学及产品开发的结晶,在编写过程中,始终将理论、实验、产品开发三者有机结合。本书最突出之处是项目式编写,立足动手能力培养,每个项目都有器件介绍、电路仿真,主要项目有电路板制作及调试。本书所有程序都在 Keil 4 和 Proteus 7.8 仿真软件中调试成功,增加了知识的真实性和可读性,便于自学。本教材通过几年的教学实践,随着新技术的发展,在原版的基础上进行了修改,增加了 SPI 串行总线和串行 EEPROM 芯片、串行驱动芯片的阐述和应用。新版的特点:理论与实践有机融合,"教、学、做"相结合,结构新颖,突出新知识、新技术、新器件的应用。

　　本书的主要内容:MCS-51 单片机的结构和内部资源、汇编语言指令系统和程序设计,C51 语言程序设计基础及编程技巧,存储器和 I/O 口扩展,中断及定时计数器的应用,人机交互,可编程接口芯片 8255、A/D 0809、D/A 0832 等接口芯片硬件电路设计及编程仿真,串行总线芯片 DS18B20、I^2C 总线、MAX7219/MAX722、SPI 串行总线的结构、时序及应用。书中运用大量综合性实例对各种关键技术进行了深入探讨。附录中有和教材密切相关的实验内容等。本书融合多位老师的教学经验,突出重点、结合实际、详略有序、图表丰富、实用性强。

　　全书共分 11 个项目:项目 1 主要介绍了单片机的内外部资源、引脚特点及应用领域;项目 2 主要介绍了汇编语言的指令格式及编程应用;项目 3 介绍了单片机的中断系统和定时计数器应用;项目 4 阐述了 C51 语言程序设计基础及编程技巧;项目 5 介绍了单片机的并行扩展;项目 6 介绍了单片机的串行口及其应用;项目 7 主要介绍了人机交互中常用的矩阵键盘和串行动态显示。项目 8 主要介绍了 A/D 0809、D/A 0832 等接口芯片的应用;项目 9 介绍了单总线数字温度传感器 DS18B20 和液晶模块 LCD1602 的具体应用;项目 10 介绍了单片机串行扩展技术,详细介绍了 I^2C 总线、SPI 总线芯片的协议和时序,并具体介绍了 I^2C 存储芯片 AT24C02 和 SPI 总线存储芯片 25AA040A 的应用;项目 11 介绍了单片机应用系统后向通道中的功率开关器件应用及抗干扰技术。

本书在选材上注重应用,书中给出了一定的综合设计实例,希望能对读者迅速掌握单片机原理与接口技术有所帮助。

项目 1 由刘秀敏编写,项目 2 和项目 11 的 11.3 节及附录 E 由王双岭编写、项目 3 和项目 9 由韩晓燕编写,项目 4 的 4.1~4.6 节和附录 B 由陈会鸽编写,项目 4 的 4.7~4.9 节和附录 A 的实验 1~实验 4 由李立凯编写,项目 5 的 5.1~5.3 节和附录 A 的实验 5~实验 8 由杨蒙蒙编写;项目 5 的 5.4~5.5 节和项目 8 由杨际峰编写;项目 6 的 6.1~6.2 节及项目 11 的 11.1~11.2 节有李景丽编写,项目 7 和项目 10 由刘爱荣编写,项目 6.3~6.4 节和附录 C、D 由张璐璐编写,全书由刘爱荣教授统稿、定稿。另外,中国人民解放军战略支援信息工程大学王志新教授对此书的编写提出了宝贵意见,在此深表感谢。

本书在编写、修订的过程中参考了相关文献,在此向这些文献的作者深表感谢! 由于单片机与接口技术是一门发展迅速的新技术,加上作者水平有限,书中难免存在疏漏、不妥之处,恳请专家和广大读者批评指正。我们的信箱:798960631@ qq.com。

编　者

2022 年 1 月

目 录

项目 1
发光二极管闪烁控制系统设计与制作

本章要点
◆重点掌握单片机的内部结构与外部引脚功能。
◆重点掌握单片机的存储器组织。
◆熟练掌握 Keil μVision 软件与 Proteus 软件的使用。

1.1 认识单片机

1.1.1 单片机是什么样子

单片微型计算机简称单片机(Single Chip Microcomputer),是典型的嵌入式微控制器(Microcomputer Unit)。它是将中央处理器(CPU)、存储器、输入/输出单元、多种 I/O 口和中断系统、定时器/计数器等功能部件全部集成到一块芯片上而构成的一个小而完善的计算机系统。

单片微型计算机是 20 世纪 70 年代初期发展起来的,是微型计算机发展中的一个重要分支。不同生产厂家的不同型号的单片机,由于用途、功能等的不同,具体的结构和性能也有较大的差异,但总的模块结构是一样的。

根据不同的工作环境与工作要求以及不同的制造厂商,人们所使用的单片机封装形式也是不同的。下面就来看看几种不同封装形式的单片机。图 1.1 为 ATMEL 公司的单片机电路符号及实际单片机器件。

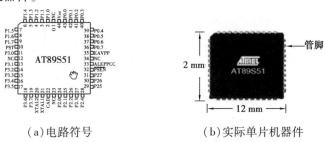

(a)电路符号　　　　　　(b)实际单片机器件

图 1.1　ATMEL 公司的单片机

方形的单片机有两种常见的封装形式,即 PLCC 封装和 TQFP 封装,如图 1.2 所示。

(a)PLCC 封装 (b)TQFP 封装

图 1.2 方形单片机两种常见的封装形式

对于 MCS-51 系列单片机,最常见的封装形式为双列直插式 DIP 封装,如图 1.3 所示。

图 1.3 DIP 封装

1.1.2 单片机的特点及应用领域

(1)单片机的优点

①小巧灵活,成本低,易于产品化;

②易扩展,易构成规模的应用系统;

③可靠性好,适应温度范围宽;

④可方便地实现多级和分布式控制。

(2)单片机应用领域

单片机技术的应用遍布国民经济与人民生活的各个领域,几乎很难找到哪个领域没有单片机的踪迹。单片机广泛应用于仪器仪表、家用电器、医用设备、航空航天、专用设备的智能化管理及过程控制等领域,大致可分为以下几个方面:

①工业自动化:测控、数据采集、机电一体化、智能仪器仪表;

②各种机器人;

③汽车、航空、导航和武器装备;

④数据处理和通信设备:Modem、程控交换;

⑤视听:VCD、DVD、MP3、MP4、手机;

⑥民用:冰箱、空调、洗衣机、电子玩具、万年历;

⑦导弹与控制:导弹控制、鱼雷制导控制智能武器装备、航天飞机导航系统;

⑧计算机外设及电器方面:打印机、绘图仪、硬驱;

⑨多机分布式系统。

(3)简举应用单片机技术实例

交通灯、抢答器、霓虹灯、电子琴、频率调谐器、函数信号发生器、电视机、热水器、电子秤、计费系统程控交换机、复印机、硬驱、智能门铃、监控、报警、门禁等设备都要用到单片机。

1.1.3　MCS-51 系列单片机

MCS-51 系列是 Intel 公司于 1980 年推出的中、高档 8 位单片机,具有性价比高、品种多、兼容性强、开发用的仿真机较完善等优点,所以在国际上和国内的占有率相当高。

MCS-51 系列单片机分为 51 和 52 两个子系列,其中 51 子系列是基本型,而 52 子系列则是增强型,以芯片型号的最末位数字为标志。

另外,ATMEL 公司的 MCS-51 系列单片机是目前最受欢迎的单片机,它提供了丰富的外围接口和专用控制器。ATMEL 公司还把 ISP 技术集成在 MCS-51 单片机中,使用户能够方便地改变程序代码,方便地进行系统调试。

MCS-51 系列单片机的分类见表 1.1。

表 1.1　MCS-51 系列单片机的分类

系　列	片内存储器(字节)				定时器计数器	并行 I/O	串行 I/O	中断源
	片内 ROM			片内 RAM				
	无	有 ROM	有 EPROM					
Intel MCS-51 子系列	8031 80C31	8051 80C51 (4k 字节)	8751 87C51 (4k 字节)	128 字节	2×16	4×8 位	1	5
Intel MCS-52 子系列	8032 80C32	8052 80C52 (8k 字节)	8752 87C52 (8k 字节)	256 字节	3×16	4×8 位	1	6
ATEML 89C 系列 (常用型)	1051(1k)/2051(2k)/4051(4k) (20 条引脚 DIP 封装)			128	2	15	1	5
	89C51(4k)/89C52(8k) (40 条引脚 DIP 封装)			128/256	2/3	32	1	5/6

1.2　让单片机动起来

1.2.1　如何使用单片机

单片机是一个微型计算机芯片,它要工作需要构成单片机应用系统。单片机应用系统是指以单片机芯片为核心,再配以输入、输出、显示等外围接口电路和软件,能够实现一种或多种功能的应用系统。单片机应用系统由硬件和软件两部分组成,二者相互依赖,缺一不可。

软件部分是指编写的应用程序。源程序由一些英文和符号组合而成,单片机这种较低级的电子器件是无法直接识别的,更谈不上根据这些英文和符号的指示执行特定的操作。所以需要某种特定的开发环境把这些指令汇编成单片机能识别的形式——十六进制代码,并在硬盘上以.hex 为后缀进行保存,然后通过编程器或者下载线把.hex 文件中的十六进制代码"装载"到单片机中。完成汇编工作的开发环境目前常用的是 Keil μVision 软件。

硬件部分需要购置元件，进行焊接，对于初学者来说，要想学好单片机，需要投入大量成本，这样可能就会使很多学习者望而却步，只能停留在理论学习的阶段，而单片机学习特别强调理论与实践相结合的学习方法。所以近年来出现的单片机仿真设计软件 Proteus 正在克服这种限制。Keil μVision 软件与 Proteus 软件联合使用可以获得接近全真环境下的单片机系统设计。

1.2.2　Keil μVision 软件的使用

Keil C51 是美国 Keil Software 公司出品的 51 系列兼容单片机 C 语言和汇编语言软件开发系统。与汇编语言相比，C 语言在功能、结构性、可读性、可维护性方面有明显的优势，易学易用，而且大大提高了工作效率和缩短了项目开发周期。另外，它还能嵌入汇编语言。Keil C51 软件提供丰富的库函数和功能强大的集成开发调试工具，全 Windows 界面。下面引导大家学习 Keil μVision 软件的基本使用方法。

在新建项目之前，先建立文件夹 lesson，路径为：D：\lesson。

①双击桌面上的 Keil μVision 4 图标，出现如图 1.4 所示的屏幕。几秒后，出现编辑界面，如图 1.5 所示。

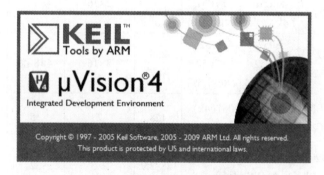

图 1.4　启动 Keil c51 时的屏幕

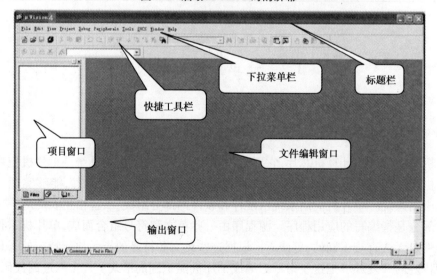

图 1.5　Keil μVision 4 编辑界面及窗口分配

②单击 Project 菜单,选择弹出的下拉式菜单中的 New Project,如图 1.6 所示。

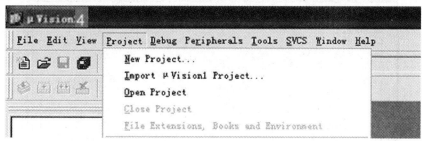

图 1.6　New Project 菜单

接着弹出一个 Windows 文件对话窗口,如图 1.7 所示。在"保存在"栏中选择已建立的 lesson 文件夹中,在"文件名"栏中输入一个 C 程序项目名称,这里项目名设为"lx_1"。保存后的文件扩展名为 uvproj,这是 Keil μVision 4 项目文件扩展名,以后可以直接点击此文件以打开先前做的项目。

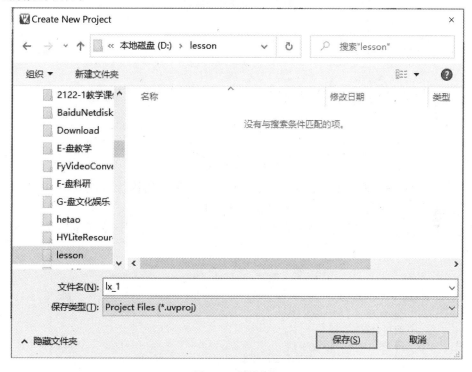

图 1.7　项目窗口

③单击"保存"按钮,进入器件选择窗口。根据需要选择相应型号的器件,这里选择常用的 ATMEL 公司的 AT89C51 单片机。此时,屏幕如图 1.8 所示。单击"确定"按钮后返回主界面,这样工程项目就建立成功了。

④项目建好之后,就可以为工程添加程序。执行"File"菜单中的"New.."命令,新建一个空白文档。这个空白文档就是编写单片机程序的区域。在这里,可以进行编辑、修改等操作,如图 1.9 所示。

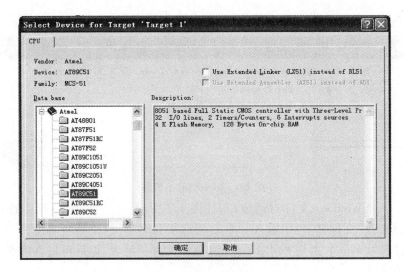

图 1.8　器件选择窗口

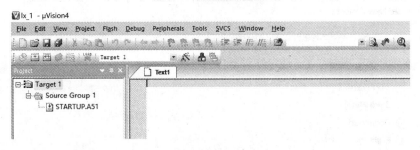

图 1.9　新建文件

这样就可以在文件编辑窗口 Text1 里输入程序了。完成后执行"File"菜单中的"Save"命令进行保存，填写文件名，这里设为："lx_1.c"，如图 1.10 所示。

注意：文件名必须有扩展名，如 c 程序扩展名为.c，汇编程序扩展名为.asm 或.am51。

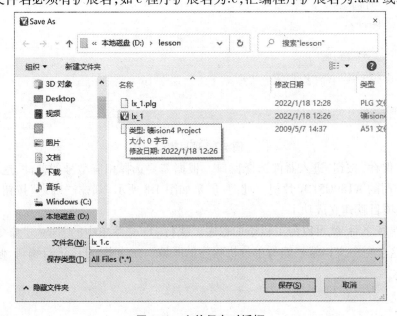

图 1.10　文件保存对话框

⑤保存程序文件后,将其添加到工程中。具体做法为:鼠标右击"Source Group 1",在弹出的菜单中选"Add file to Group'Source Group1'",弹出文件窗口,选择刚刚保存的文件,单击"Add"按钮,关闭文件窗,程序文件已加到项目中了。这时,在 Source Group1 文件夹图标左边出现了一个小+号,说明文件组中有了文件,点击它可以展开查看,如图 1.11 所示。

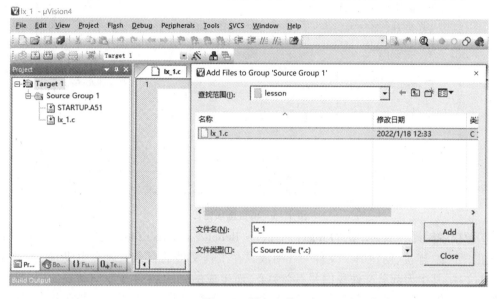

图 1.11　添加文件

⑥向工程添加了源文件后,鼠标右击"Target 1",在弹出的菜单中选"options for target 'Target 1'",如图 1.12 所示。在打开的对话框中选择"Output"选项卡。在这个选项卡中,"Creat HEX File"选项前要打钩,单击"确定"按钮退出,如图 1.13 所示。

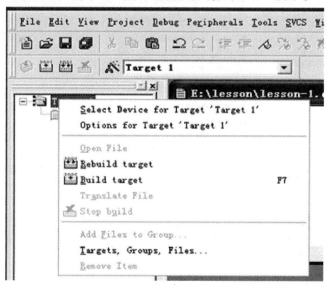

图 1.12　项目功能菜单

7

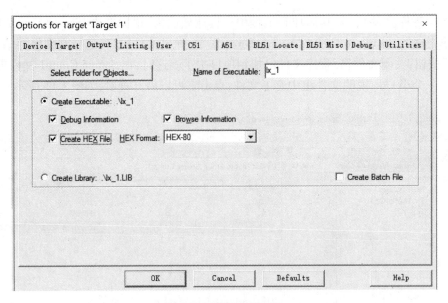

图 1.13　项目选项窗口

⑦源程序编译。从菜单的"Project"中执行"Rebuild all target files"(或者按下图 1.14 圈中的按钮),汇编、连接、创建 Hex 文件一气呵成。在工程文件的目录下就会生成与工程名相同的一些文件,其中大部分文件我们并不必关心,而生成的 Hex 文件是我们需要的! 它是要写到单片机中的最终代码,也就是单片机可以执行的程序,如图 1.14 所示。若在状态窗中有错误提示,就需要修改源程序(如语法、字符有错等)、保存、再次编辑直至没有错误。

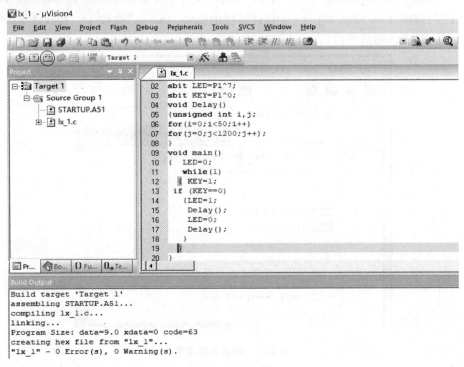

图 1.14　编译程序

1.2.3　Proteus 软件的使用

Proteus 是英国 Labcenter 公司开发的电路分析与实物仿真软件。它运行于 Windows 操作系统上,可以仿真、分析(SPICE)各种模拟器件和集成电路,是目前应用比较广泛的仿真单片机及外围器件的工具。该软件具有以下特点:

◆实现了单片机仿真和 SPICE 电路仿真相结合。具有模拟电路仿真、数字电路仿真、单片机及其外围电路组成的系统仿真、RS232 动态仿真、I^2C 调试器、SPI 调试器、键盘和 LCD 系统仿真的功能;有各种虚拟仪器,如示波器、逻辑分析仪、信号发生器等。

◆支持主流单片机系统的仿真。目前支持的单片机类型有:摩托罗拉 68000 系列、8051 系列、AVR 系列、MSP430 单片机系列、STM32 系列、PIC12 系列、PIC16 系列、PIC18 系列、Z80 系列、HC11 系列以及各种外围芯片。

◆提供软件调试功能。硬件仿真系统具有全速、单步、设置断点等调试功能,同时可以观察各个变量、寄存器等的当前状态,因此在该软件仿真系统中,也必须具有这些功能;同时支持第三方的软件编译和调试环境,如 Keil C51 μVision 4 等软件。

◆具有强大的原理图绘制功能。

◆具有 PCB 设计绘制功能。

下面主要介绍 Proteus ISIS 软件的工作环境和一些基本操作。

(1)进入 Proteus ISIS

双击桌面上的 ISIS 7 Professional 图标或者执行"开始"→"程序"→"Proteus 7 Professional"→"ISIS 7 Professional"命令,出现如图 1.15 所示屏幕,表明进入 Proteus ISIS 集成环境。

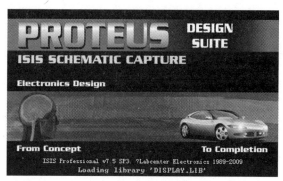

图 1.15　启动时的屏幕

(2)工作界面

Proteus ISIS 的工作界面是一种标准的 Windows 界面,如图 1.16 所示。包括:标题栏、主菜单、标准工具栏、绘图工具栏、对象选择按钮、预览对象方位控制按钮、仿真进程控制按钮、预览窗口、对象选择器窗口、图形编辑窗口。

(3)基本操作

1)元件拾取

用鼠标左键单击对象选择按钮的"P"按钮,弹出"Pick Devices"(元件拾取)对话框,如图 1.17 所示。

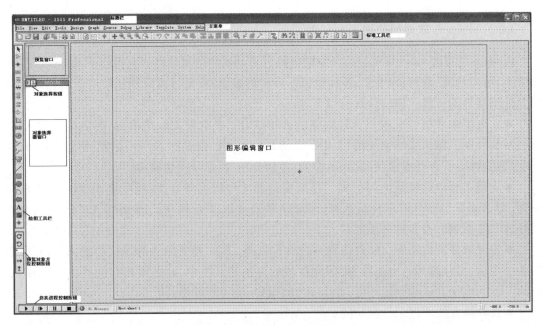

图 1.16　Proteus ISIS 的工作界面

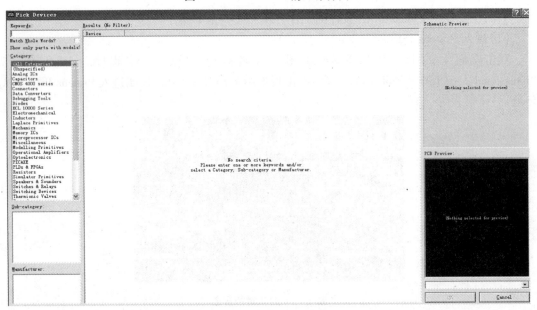

图 1.17　元件拾取对话框

ISIS 7 Professional 的元件拾取就是把元件从元件拾取对话框中拾取到图形编辑界面的对象选择器中。元件拾取共有两种办法。

　◆ 按类别查找和拾取元件。元件通常以其英文名称或器件代号在库中存放。在取一个元件时,首先要清楚它属于哪一大类,然后还要知道它归属于哪一子类,这样就缩小了查找范围;然后在子类所列出的元件中逐个查找,根据显示的元件符号、参数来判断是否找到了所需要的元件。双击找到的元件名,该元件便拾取到编辑界面中了。

　◆ 直接查找和拾取元件。把元件名的全称或部分输入 Pick Devices(元件拾取)对话框中的"Keywords"栏,在中间的查找结果"Results"中显示所有该元件列表,用鼠标拖动右边的滚动条,出现灰色标示的元件即为找到的匹配元件。以电容为例,如图 1.18 所示。这种方法主要用于对元件名熟悉之后,为节约时间而直接查找。对于初学者来说,还是分类查找比较好。

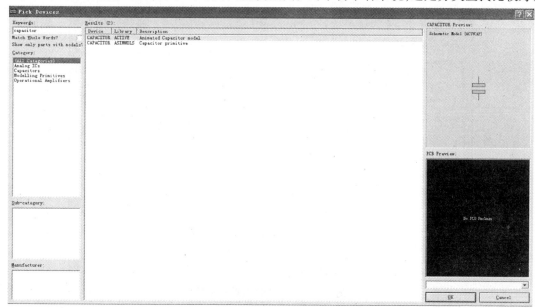

图 1.18 直接拾取元件示意图

2)编辑窗口视野控制

学会合理控制编辑区的视野是元件编辑和电路连接进行前的首要工作。

编辑窗口的视野平移可用以下方法:

◆在原理图编辑区的蓝色方框内,把鼠标指针放置在一个地方后,按"F5"键,则以鼠标指针为中心显示图形。

◆当图形不能全部显示出来时,按住"Shift"键,移动鼠标指针到上、下、左、右边界,则图形自动平移。

◆快速显示想要显示的图形部分时,把鼠标指向左上预览窗口中某处并单击鼠标左键,则编辑窗口内图形自动移动到指定位置。

编辑窗口的视野缩放用以下方法:

◆先把鼠标指针放置到原理图编辑区内的蓝色框内,上下滚动鼠标滚轮即可缩放视野。如果没有鼠标滚轮,可使用图标 来放大和缩小编辑窗口内的图形。

◆放置鼠标指针到编辑窗口内想要放大或缩小的地方,按"F6"(放大)键或"F7"(缩小)键放大或缩小图形,按"F8"键显示整个图形。

3)元件位置的调整和参数的修改

在编辑区的元件上单击鼠标左键选中元件(为红色),在选中的元件上再次单击鼠标右键则删除该元件,而在元件以外的区域内单击右键则取消选择。元件误删除后可用图标 找回。单个元件选中后,按住鼠标左键不松可以拖动该元件。群选:使用鼠标左键拖出一个选择区域,使用图标 来整体移动。使用图标 可整体复制,图标 用来刷新图面。使用界面左下方的四个图标 C 、ↄ 、↔ 、↕ 可改变元件的方向及对称性。

11

改变元件参数(以修改电阻参数为例):左键双击原理图编辑区中的电阻 R1,弹出"Edit Component"(元件属性设置)对话框,把 R1 的 Resistance(阻值)由 10 kΩ 改为 1 kΩ。Edit Component(元件属性设置)对话框如图 1.19 所示。

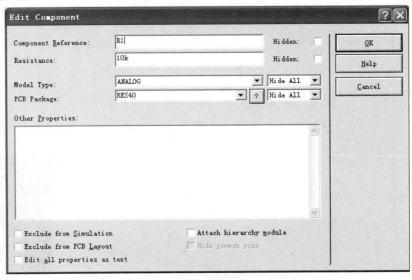

图 1.19　元件属性设置对话框

注意到每个元件的旁边显示灰色的"<TEXT>",为了使电路图清晰,可以取消此文字显示。双击此文字,打开一个对话框,如图 1.20 所示。在该对话框中选择"Style",先取消选择"Visible"右边的"Follow Global"选项,再取消选择"Visible"选项,单击"OK"按钮即可。

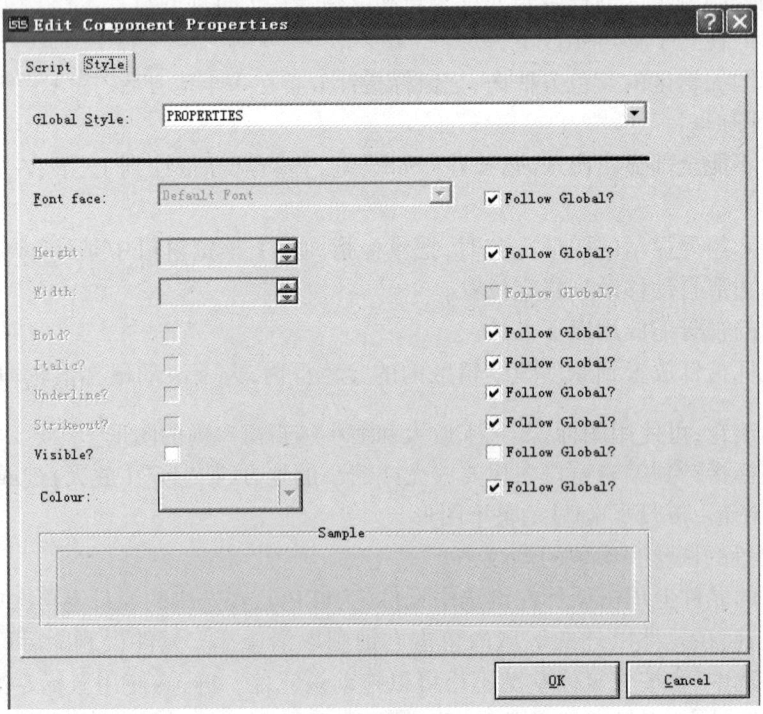

图 1.20　"TEXT"属性设置对话框

4）线路连接

将鼠标指针靠近元件的一端，当鼠标的铅笔形状变为绿色时，表示可以连线了，单击该点，再将鼠标移至另一元件的一端单击，两点间的线路就画好了。如果要删除一根连线，右键双击连线即可。

5）文件保存

执行"File"→"Save Design"命令，出现文件保存对话框，如图1.21所示。选择要保存的文件夹，输入文件名，后缀为.dsn。在设计过程中要养成不断存盘的好习惯。下次打开时，可直接双击"1.dsn"文件，或先运行Proteus，再打开"1.dsn"文件。

图1.21　文件保存对话框

1.2.4　单片机最小系统

单片机最小系统又称为最小应用系统，是指用最小的元件组成的单片机可以工作的系统。对于MCS-51单片机来说，其内部已经包含了一定数量的数据存储器和程序存储器，在外部只需增加电源电路、时钟电路和复位电路即可构成单片机的最小系统。

◆电源电路：向单片机供电。

◆时钟电路：单片机工作的时间基准，单片机的工作速度。

◆复位电路：确定单片机工作的起始状态，完成单片机的启动过程。

该电路的具体设计会在下面的章节中详细介绍。

1.2.5　发光二极管闪烁控制系统设计与制作

先通过一个简单的例子来认识单片机系统的设计与应用。

设计要求：通过按键控制单片机的三个I/O口P1.5、P1.6和P1.7，它们分别接发光二极管 LED1、LED2 和 LED3。按键不按下,三个发光二极管都不亮;按键按下,三个发光二极管同时亮、灭,时间间隔约 10 ms。构成最简单的发光二极管闪烁控制系统。

硬件设计分析:该系统需要单片机最小系统、按键、三个发光二极管,硬件原理图如图 1.22所示。

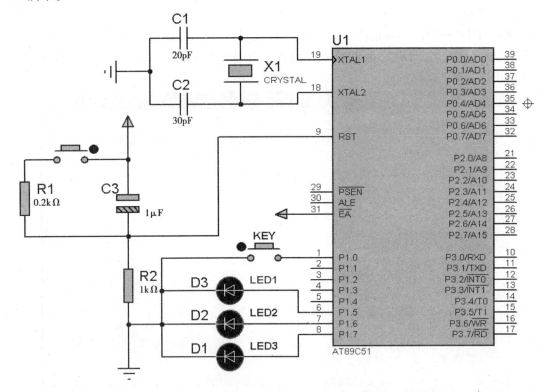

图 1.22　发光二极管闪烁控制系统原理图

软件设计分析:软件主要就是编写源程序代码。结合原理图,可以看到要使发光二极管点亮,需使单片机的 I/O 口的 P1.5、P1.6 和 P1.7 引脚输入高电平,间隔约 10 ms 后输出低电平,这样发光二极管就可以不断闪烁。源程序代码如下:

```c
#include<reg51.h>
sbit LED1=P1^5;
sbit LED2=P1^6;
sbit LED3=P1^7;
sbit KEY=P1^0;
void Delay()
{
    unsigned int i,j;
    for(i=0;i<50;i++)
        for(j=0;j<1200;j++);
}
void main()
{
    LED1=0;
```

```
    LED2 = 0;
    LED3 = 0;
while(1)
{ KEY = 1;
if ( KEY = = 0)
{ LED1 = 1;
LED2 = 1;
LED3 = 1;
Delay( );
LED1 = 0;
LED2 = 0;
LED3 = 0;
Delay( );
    }
 }
 }
```

　　编译源程序生成 HEX 文件,加载到仿真原理图的 AT89C51 单片机中,单击 ▶ 按钮开始仿真,运行结果如图 1.23 所示。实物连接如图 1.24 所示。在实物图中,还可以通过红外传感器的脉冲控制发光二极管闪烁,也可以通过编程对红外脉冲进行计数。

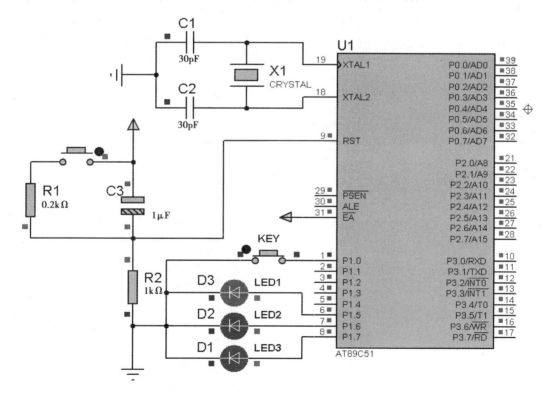

图 1.23　发光二极管点亮时仿真效果

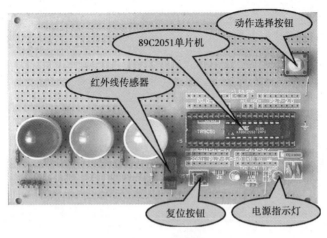

图 1.24　实物图

1.3　从外到内观察单片机

1.3.1　单片机的信号引脚

MCS-51 单片机的封装形式有两种,一种是 40 只引脚的双列直插式(DIP)封装,另一种是 44 只引脚的方形 PLCC 封装。MCS-51 单片机最常用的 40 引脚的双列直插封装方式。图1.25 所示为引脚排列图。

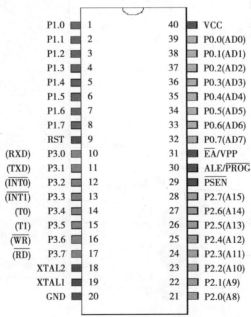

图 1.25　8051 引脚排列图

8051 的 40 个引脚可分为:

◆电源引脚 2 根:VCC、VSS;

◆时钟引脚 2 根:XTAL1、XTAL2;

◆控制引脚 4 根:RST/Vp、EA/Vpp、ALE/PROG、PSEN;

◆I/O 引脚 32 根:P0、P1、P2、P3。

(1)电源引脚

①VCC(40 脚):电源端,接+5V 电源。

②VSS(20 脚):接地端。

(2)时钟引脚

①XTAL1(19 脚):当使用芯片内部时钟,接外部晶振和微调电容的一端。采用外部时钟电路时,此引脚应接地。

②XTAL2(18 脚):当使用芯片内部时钟时,接外部晶振和微调电容的另一端;使用外部时钟时,此引脚应接外部时钟的输入端。

③RST/VPD(9 脚):复位信号/备用电源输入引脚。

当 RST 引脚保持两个机器周期的高电平后,就可以使 8051 完成复位操作。该引脚的第二功能是 VPD,即备用电源的输入端,具有掉电保护功能。若在该引脚接+5 V 备用电源,使用中若主电源 VCC 掉电,可保护片内 RAM 中的信息不丢失。

④ALE/PROG(-)(30 脚):地址锁存允许信号输出/编程脉冲输入引脚。

当 CPU 访问片外存储器时,ALE 输出信号控制锁存 P0 口输出的低 8 位地址,从而实现 P0 口数据与低位地址的分时复用。当 8051 上电正常工作后,自动在 ALE 端输出频率为 $f_{osc}/6$ 的脉冲序列(f_{osc} 代表振荡器的频率)。

该引脚的第二功能 PROG 是对 8751 内部 4 kB EPROM 编程写入时,作为编程脉冲的输入端。

(3)控制引脚

①VPP/EA(-)(31 脚):外部程序存储器地址允许输入端/编程电压输入端。

当 EA(-)接高电平时,CPU 执行片内 ROM 指令,但当 PC 值超过 0FFFH 时,将自动转去执行片外 ROM 指令;当 EA(-)接低电平时,CPU 只执行片外 ROM 指令。对于 8031,由于无片内 ROM,故其 EA(-)必须接低电平。

该引脚的第二功能 VPP 是对 8751 片内 EPROM 编程写入时,作为 21 V 编程电压的输入端。

②PSEN(-)(29 脚):片外 ROM 读选通信号端。

在读片外 ROM 时,PSEN(-)有效,为低电平,以实现对片外 ROM 的读操作。

(4)I/O 引脚

①P0.0—P0.7(39~32 脚):P0 口的 8 位双向 I/O 口线。

P0 口既可作地址/数据总线使用,又可作通用的 I/O 口使用。当 CPU 访问片外存储器时,P0 口分时先作低 8 位地址总线,后作双向数据总线。此时,P0 口就不能再作 I/O 口使用了。

②P1.0—P1.7(1~8 脚):P1 口的 8 位准双向 I/O 口线。

P1 口只能作为 8 位准双向 I/O 口线使用。

③P2.0—P2.7(21~28 脚):P2 口是 8 位准双向 I/O 口线。

P2 口既可作为通用的 I/O 口使用,也可作为片外存储器的高 8 位地址总线,与 P0 口配合,组成 16 位片外存储器单元地址。

④P3.0—P3.7(10~17 脚):P3 口 8 位准双向 I/O 口线。

P3 口除了作为通用的 I/O 口使用之外,每个引脚还具有第二功能,请参看表 1.2。

1.3.2 单片机的内部结构

MCS-51 单片机内部具有以下基本特征:

◆8 位 CPU, 片内有振荡器和时钟电路;

◆片内有 128B/256B 数据存储器 RAM;

◆片内有 0 kB/4 kB/8 kB 程序存储器 ROM;

◆可寻址片外 64 kB 数据存储器和片外 64 kB 程序存储器;

◆片内 21 个特殊功能寄存器(SFR);

◆4 个 8 位的并行 I/O 口(P0—P3);

◆1 个全双工串行口(SIO/UART);

◆2 个 16 位定时器/计数器(TIMER/COUNTER);

◆可处理 5 个中断源,两级中断优先级;

◆内置 1 个布尔处理器和 1 个布尔累加器。

8051 单片机内部结构框图如图 1.26 所示,各功能部件由内部总线连接在一起,去掉 4 kB 的 ROM 部分就成为 8031 的结构框图。

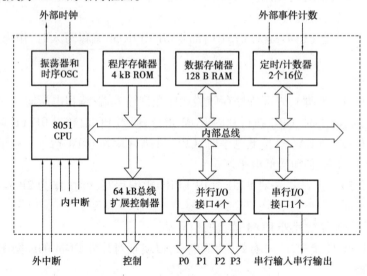

图 1.26　8051 单片机的结构框图

(1)CPU

中央处理器简称 CPU,是单片机的核心,是计算机的控制和指挥中心。8051 内部 CPU 是一个字长为 8 位二进制的中央处理单元,即它对数据的处理是按字节为单位进行的。它由运算器(ALU)和控制器两部分组成。

1)运算器

运算器用于实现算术和逻辑运算。可以对半字节(4 位)、单字节(8 位)等数据进行操作。它由 8 位算术逻辑单元 ALU、两个 8 位的暂存器 TMP1 和 TMP2、8 位累加器 ACC、寄存器

B 和程序状态字 PSW 组成。

　　运算器以 ALU 为核心,基本算术和逻辑运算均在其中操作,如加、减、乘、除、增量、减量、十进制数调整、比较、逻辑与、或、异或、求补循环移位等操作。操作结果的状态由程序状态字保存。

　　2)控制器

　　控制器用来控制计算机各部分协调工作。它包括程序计数器 PC、指令寄存器和指令译码器、定时和控制逻辑电路。此外,数据指针 DPTR、堆栈指针 SP 也包含在控制器之中。

　　3)程序计数器 PC

　　PC 是控制器中最基本的寄存器,不属于特殊功能寄存器,不可访问,在物理结构上是独立的。它是 16 位的地址寄存器,用于存放将要从 ROM 中读出的下一字节指令码的地址,可寻址 64 kB 的程序存储器空间。

　　PC 的基本工作方式有:

　　◆自动加 1。CPU 从 ROM 中每读一个字节,自动执行 PC+1→PC。

　　◆执行转移指令时,PC 会根据要求修改地址。

　　◆执行调用子程序或发生中断时,CPU 会自动将当前 PC 值压入堆栈,将子程序入口地址或中断入口地址装入 PC;子程序返回或中断返回时,恢复原有被压入堆栈的 PC 值,继续执行原顺序程序指令。

　　(2)内部数据存储器

　　内部数据存储器由 128 字节的 RAM 和 RAM 地址寄存器等构成。对于 51 系列单片机,其内部 RAM 为 128 字节;对于 52 系列单片机,其内部 RAM 为 256 字节。

　　(3)内部程序存储器

　　8051 单片机内部有 4 K 字节的 ROM 单元,用于存放程序和程序中的常量数据。

　　(4)并行 I/O 口

　　MCS-51 单片机提供了 4 个 8 位的 I/O 端口,分别命名为 P0、P1、P2、P3。这些端口既可以按字节一次输入或输出 8 位数据,同时它们的每一位都可以独立进行输入或输出操作。

　　(5)定时器/计数器

　　MCS-51 单片机内部有两个 16 位的定时器/计数器,既可以实现定时功能,又可以实现计数功能。MCS-52 单片机内部有 3 个 16 位的定时器/计数器,它增加了一个功能更加强大的 16 位定时器/计数器 T2。

　　(6)中断控制系统

　　MCS-51 单片机内部具有 5 个中断源的管理控制功能,这些中断源可以分为 2 级中断优先级。

　　(7)串行通信接口

　　MCS-51 单片机内部有 1 个全双工的 UART(通用串行收发器),可设置为多种工作模式。

　　(8)时钟电路

　　MCS-51 单片机内部振荡电路配合外部晶振或外部输入的时钟信号,可产生时钟脉冲序列,控制 CPU 内部逻辑电路运行。

19

1.3.3 单片机的并行端口

MCS-51 单片机具有 4 个双向的并行 I/O 端口,每个端口都是 8 位准双向口,共占 32 根引脚,表示为:P0—P3。它们具有系统规定的字节地址,每个口都包含一个锁存器、一个输出驱动器和输入缓冲器。实际上,它们已被归入专用寄存器之列,并且具有字节寻址和位寻址功能。每个口均有一个 8 位锁存器,在上电复位后初态为全"1",使 P0—P3 口均处于输入状态。

这些口在结构和特性上是基本相同的,但又各具特点,以下将分别介绍。

(1)P0 口

P0 口的字节地址为 80H,位地址为 80—87H,口的各位口线具有完全相同但又相互独立的逻辑电路。如图 1.27 所示,它包括 1 个输出锁存器、2 个三态缓冲器、1 个输出驱动电路和 1 个输出控制端。

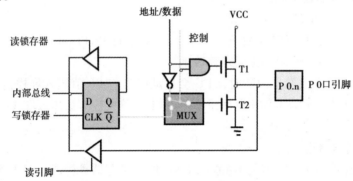

图 1.27 P0 口的位结构图

P0 口是多功能的,对于单片应用时,它是双向的、可位寻址操作的 8 位 I/O 端口,既可以按字节进行 8 位的数据输入输出,又可以按位单独进行输入输出操作。P0 口既可作数据/地址总线用,也可作通用 I/O 口用。

1)P0 口作数据/地址总线使用

在访问外部存储器时,P0 口是一个真正的双向数据总线端口,并分时复用作为数据总线和低 8 位地址总线。

2)P0 口作通用 I/O 端口使用

◆P0 口用作输出端口时,外部必须接上拉电阻才能正确输出高电平;

◆P0 口用作输入端口时,在进行输入操作前,应该先向该端口的输出锁存器写"1"。

(2)P1 口

P1 口的字节地址为 90H,位地址为 90—97H,口的各位口线具有完全相同但又相互独立的逻辑电路。P1 口是一个有内部上拉电阻的准双向口,其口线逻辑电路如图 1.28 所示。P1 口只能作为通用的 I/O 口使用,所以在电路结构上和 P0 口不同,主要表现为:

①它只传送数据,所以不需要多路转接开关 MUX。

②因为只用来传送数据,因此输出电路中有上拉电阻,且上拉电阻和场效应管共同组成了输出驱动电路。

◆P1 口作为输出口使用时,外电路无须接上拉电阻。

◆P1 口作为输入口使用时,应先向其锁存器写入"1",使输出驱动电路的场效应管截止。

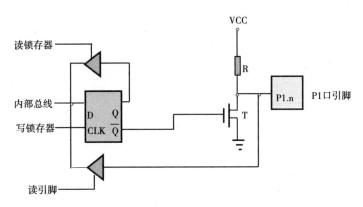

图 1.28　P1 口的位结构图

(3)P2 口

P2 口的字节地址为 A0H,位地址为 A0—A7H,口的各位口线具有完全相同但又相互独立的逻辑电路。其口线逻辑电路如图 1.29 所示。P2 口是 8 位准双向 I/O 口,具有两种功能:一是作通用 I/O 口用,与 P1 口相同;二是 P2 口作地址总线使用。当系统中接有外部存储器时,P2 口用于输出高 8 位地址 A15—A8,与 P0 口一起组成 16 位地址总线。

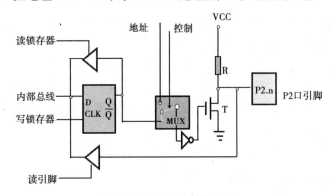

图 1.29　P2 口的位结构图

(4)P3 口

P3 口的字节地址为 B0H,位地址为 B0—B7H,口的各位口线具有完全相同但又相互独立的逻辑电路。其口线逻辑电路如图 1.30 所示。P3 口是一个多用途的端口,也是一个准双向口,作为第一功能使用时,其功能同 P1 口。当作第二功能使用时,每一位功能定义见表 1.2。

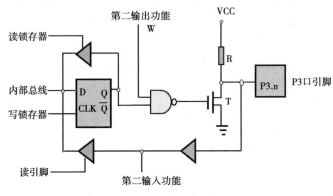

图 1.30　P3 口的位结构图

21

表 1.2　P3 口的第二功能

端口功能	第二功能
P3.0	RXD,串行输入口
P3.1	TXD,串行输出口
P3.2	$\overline{INT0}$,外部中断 0 输入口
P3.3	$\overline{INT1}$,外部中断 1 输入口
P3.4	T0,定时器 0 外部输入
P3.5	T1,定时器 1 外部输入
P3.6	$\overline{WR}$,外部数据存储器写选通信号输出
P3.7	$\overline{RD}$,外部数据存储器读选通信号输入

（5）端口小结

①系统总线：

地址总线（16 位）：P0 口（地址低 8 位）、P2 口（地址高 8 位）；

数据总线（8 位）：P0 口（地址/数据分时复用,借助 ALE）；控制总线（6 根）：P3 口的（P3.6—P3.7）第二功能和 9、29、30、31 脚。

②供用户使用的端口：P1 口、部分未作第二功能的 P3 口。

③P0 口作地址/数据时,是真正的双向口,三态,负载能力为 8 个 LSTTL 电路；P0 口作输出口时必须外接上拉电阻才有高电平输出。P1 ~ P3 是准双向口,负载能力为 4 个 LSTTL 电路。

④P0 ~ P3 在用作输入之前必须先写"1",即：(P0) = FFH ~ (P3) = FFH。

1.3.4　单片机的时钟与复位电路

(1)单片机的时钟电路

单片机本身是一个复杂的同步时序电路,是在同步时钟信号的指挥下工作的。单片机的时钟电路用来产生单片机工作所需的同步时钟信号,而时序所研究的则是指令执行中各信号之间的相互时间关系。

时钟电路通常有两种方式:内部时钟方式和外部时钟方式。

1)内部时钟方式

8051 片内设有一个由反相放大器所构成的振荡电路,XTAL1 和 XTAL2 分别为振荡电路的输入端和输出端。在 XTAL1 和 XTAL2 引脚上外接定时元件,内部振荡电路就产生自激振荡,如图 1.31(a)所示。在 XTAL1 和 XTAL2 之间跨接晶体振荡器和微调电容,组成并联谐振回路,从而构成一个稳定的自激振荡器。电容值在 5 ~ 30 pF 选择,电容的大小可起频率微调作用。目前,51 系列单片机的晶振频率 f_{osc} 为 1.2 ~ 12 MHz,其典型值为 6 MHz、11.0592 MHz、12 MHz 等。

2)外部时钟方式

外部时钟方式就是把外部已有的时钟信号引入单片机内,如图 1.31(b)所示。这样得到的时钟信号通过内部的时钟电路,经过分频得到相应的时钟信号。

外部时钟方式主要用于多单片机系统。引入唯一的公用外部脉冲信号作为各单片机的时钟脉冲。这时外部的脉冲信号是经 XTAL2 引脚注入,而将 XTAL1 接地。

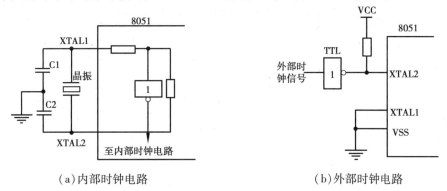

（a）内部时钟电路　　　　　　　（b）外部时钟电路

图 1.31　单片机时钟电路

（2）单片机的时序

时序就是进行某种操作时,各种数据、控制信号先后出现的顺序。时序是用定时单位来描述的,MCS-51 系列单片机的时序定时单位共有 4 个,从小到大依次是:时钟周期、状态周期、机器周期、指令周期。51 单片机时序如图 1.32 所示。

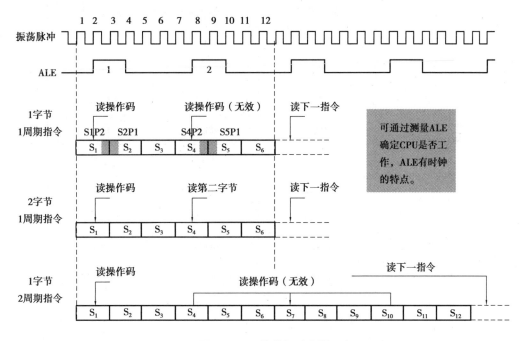

图 1.32　51 单片机时序图

1）时钟周期

时钟周期是由振荡电路产生的时钟脉冲的周期,又称为拍节,是最基本、最小的定时单位。

2）状态周期

它是将时钟脉冲二分频后的脉冲信号。状态周期是时钟周期的两倍。状态周期又称 S

周期。S 周期内有两个时钟周期,即分为两拍,分别称为 P1 和 P2。

3)机器周期

机器周期是 MCS-51 系列单片机工作的基本定时单位。它是 CPU 完成一次读或写操作所需要的周期。一个机器周期含有 6 个状态周期,分别为 S1,S2,…,S6,每个状态周期有两拍,分别为 S1P1,S1P2,S2P1,S2P2,…,S6P1,S6P2。即

$$1 个机器周期 = 6 个状态周期 = 12 个时钟周期$$

4)指令周期

指令周期是执行一条指令所占用的全部时间。MCS-51 单片机的指令周期根据指令的不同可包含有一、二、四个机器周期。

(3)单片机的复位电路

复位是单片机的初始化操作,其目的为:

①完成单片机的初始化,即把 PC 初始化为 0000H,使单片机从 0000H 单元开始执行程序。

②当程序运行出错或操作错误使系统处于死锁状态时,可通过复位重新启动单片机。

复位操作除了把 PC 初始化为 0000H 之外,还对一些特殊功能寄存器(专用寄存器)有影响,它们的复位状态见表 1.3。

表 1.3 单片机复位后内部各寄存器状态

寄存器	复位状态	寄存器	复位状态
PC	0000H	TCON	00H
A	00H	T2CON	00H
B	00H	TH0	00H
PSW	00H	TL0	00H
SP	07H	TH1	00H
DPTR	0000H	TL1	00H
P0~P3	0FFH	SCON	00H
IP	XX000000B	SBUF	XXH
IE	0X000000B	PCON	0XXX0000B
TMOD	00H		

单片机对复位信号的要求:一是高电平有效信号;二是有效时间应持续 24 个振荡脉冲周期(二个机器周期)以上。MCS-51 单片机通常采用上电自动复位和按键手动复位两种方式,如图 1.33 所示。

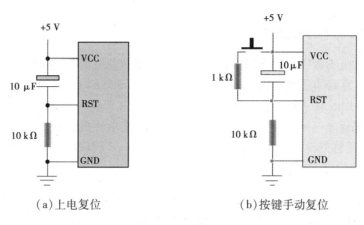

（a）上电复位　　　　　　　　　（b）按键手动复位

图 1.33　复位电路

1.4　认识单片机的存储器组织

1.4.1　初识单片机的存储器

存储器的功能是存储信息,包括程序和数据。存储这两种信息的存储器分别称为程序存储器和数据存储器。MCS-51 单片机的存储器采用的是哈佛结构,即把程序存储器和数据存储器分开,有各自的寻址系统、控制信号和功能。

MCS-51 单片机的存储器结构如图 1.34 所示。

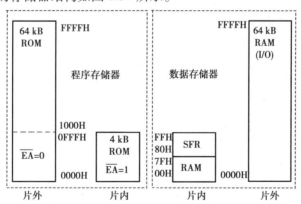

图 1.34　MCS-51 单片机的存储器结构图

MCS-51 的存储器在物理结构上配置有四个存储器空间:片内程序存储器、片外程序存储器、片内数据存储器、片外数据存储器。

MCS-51 的存储器配置在逻辑结构上有三个存储器地址空间:

◆ 片内外统一编址的 64 k 字节的程序存储器空间,地址范围(0000H—FFFFH);

◆ 片内 256 字节的数据存储器地址空间,地址范围(00H—FFH),(包括特殊功能寄存器);

◆ 片外 64 k 字节的数据存储器地址空间,地址范围(0000H—FFFFH)。

在访问三个不同的逻辑空间时应采用不同的寻址方式和不同形式的指令。

1.4.2　单片机的程序存储器

MCS-51 单片机的程序存储器用于存放编好的程序和表格常数,它以程序计数器 PC 作地址指针,由于 PC 为 16 位计数器,因此,可寻址的地址空间为 64 kB(2^{16})(0000H—FFFFH)。

8051 单片机片内有 4 kB 的 ROM 存储单元,简称内部程序存储器地址范围(0000H—0FFFH)。当内部程序存储器单元不够使用时,可在 8051 单片机的外部扩展程序存储器。扩展的程序存储器简称外部程序存储器,地址范围(1000H—FFFFH)。程序执行时到底访问哪个地址空间的程序存储器,由$\overline{EA}$信号来控制。

$\overline{EA}$=1 时,选择访问内部程序存储器。当 PC 的值在内部程序存储器范围之内,CPU 访问内部程序存储器;但如果 PC 的值大于内部程序存储器编址范围时,CPU 自动访问外部程序存储器。

$\overline{EA}$=0 时,选择访问外部程序存储器。此时,不管 PC 值大小,CPU 总是访问外部程序存储器。

对于 8031 单片机来说,内部无程序存储器,必须外接程序存储器,所以设计时$\overline{EA}$应始终接低电平,使系统只从外部 ROM 中取指令。

在 MCS-51 单片机的程序存储器中,有 6 个单元地址具有特殊用途,是保留给系统使用的。0000H 是系统的启动单元,系统上电或复位后,(PC)= 0000H,即单片机从 0000H 单元开始取指令执行。如果主程序不从 0000H 单元开始,应在该单元中存放一条无条件转移指令,以便直接转去执行指定的主程序。其余 5 个特殊单元分别对应 5 个中断源的中断服务入口地址,见表 1.4。

表 1.4　MCS-51 单片机复位/中断入口地址

入口地址	名　称
0000H	程序计数器 PC 地址
0003H	外部中断 0 入口地址
000BH	定时器 T0 溢出中断
0013H	外部中断 1 入口地址
001BH	定时器 T1 溢出中断
0023H	串行口接收/发送中断

一般来说,在上述各中断地址区,应存放中断服务程序。MCS-51 单片机在响应中断后,应按中断种类,自动转到各中断区的中断服务程序的首地址去执行中断服务程序。但在通常情况下,8 个单元难以存下一个完整的中断服务程序。因此,通常只在上述中断地址区首地址开始存放一条无条件转移指令,以便中断响应后,通过中断地址区再转到中断服务程序的实际入口地址去。

1.4.3　单片机的数据存储器

MCS-51 单片机的数据存储器用于存放运算中间结果、标志位待调试的程序等。数据存储器一旦掉电,其数据将丢失。

MCS-51 单片机内部有 128B 的数据存储器,分为工作寄存器区(00H—1FH)、位寻址区(20H—2FH)、数据缓冲区(又称用户 RAM 区)(30H—7FH)。内部 RAM 区中不同的地址区域功能结构如图 1.35 所示。对于 MCS-52 单片机,其内部 RAM 低 128 B 的数据存储器的功能和 MCS-51 单元相同,而高 128 B 的 RAM 地址空间和单片机的特殊功能寄存器区重叠。

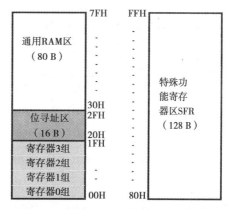

图 1.35　片内 RAM 地址区域功能结构图

(1)工作寄存器区

00H—1FH 单元为工作寄存器区,也称为通用寄存器,用于临时寄存 8 位信息。该区有 32 个单元,分为 4 个通用工作寄存器组,每一组有 8 个工作寄存器,编号为 R0—R7。4 个工作寄存器组的每一个都可以作为 CPU 的当前工作寄存器组,其余各组可作为一般数据存储器使用。当前工作寄存器组通过程序状态字 PSW 中的 RS1、RS0 两位来选择,其对应关系见表 1.5。CPU 复位后默认第 0 组为当前工作寄存器组。

表 1.5　工作寄存器组地址分配表

RS1	RS0	寄存器组	片内 RAM 地址
0	0	0	00H—07H
0	1	1	08H—0FH
1	0	2	10H—17H
1	1	3	18H—1FH

(2)位寻址区

20H—2FH 单元为位寻址区。既可作为一般 RAM 单元使用,进行字节操作,也可对单元中的每一位进行位操作。这 16 个单元中的每一位都有一个位地址,位地址范围为 00H—7FH。通常把各种程序状态标志、位控制变量设在位寻址区内。同样,位寻址区的 RAM 单元也可以作一般的数据缓冲器使用。字节地址和位地址的对应关系见表 1.6。

表 1.6　字节地址与位地址的对应关系

字节地址	位地址							
	D7	D6	D5	D4	D3	D2	D1	D0
20H	07H	06H	05H	04H	03H	02H	01H	00H
21H	0FH	0EH	0DH	0CH	0BH	0AH	09H	08H
22H	17H	16H	15H	14H	13H	12H	11H	10H
23H	1FH	1EH	1DH	1CH	1BH	1AH	19H	18H
24H	27H	26H	25H	24H	23H	22H	21H	20H
25H	2FH	2EH	2DH	2CH	2BH	2AH	29H	28H

续表

字节地址	位地址							
	D7	D6	D5	D4	D3	D2	D1	D0
26H	37H	36H	35H	34H	33H	32H	31H	30H
27H	3FH	3EH	3DH	3CH	3BH	3AH	39H	38H
28H	47H	46H	45H	44H	43H	42H	41H	40H
29H	4FH	4EH	4DH	4CH	4BH	4AH	49H	48H
2AH	57H	56H	55H	54H	53H	52H	51H	50H
2BH	5FH	5EH	5DH	5CH	5BH	5AH	59H	58H
2CH	67H	66H	65H	64H	63H	62H	61H	60H
2DH	6FH	6EH	6DH	6CH	6BH	6AH	69H	68H
2EH	77H	76H	75H	74H	73H	72H	71H	70H
2FH	7FH	7EH	7DH	7CH	7BH	7AH	79H	78H

(3)数据缓冲区

30H—7FH 单元是数据缓冲区,也称为用户使用区,共 80 个单元。它用于存放各种数据和中间结果,一般作为对堆栈或数据缓冲使用,由用户使用时规定。

1.4.4 单片机的特殊功能寄存器

特殊功能寄存器(Special Function Register,SFR)是指有特殊用途的寄存器集合。MCS-51 单片机内的锁存器、定时器、串行口数据缓冲器以及各种控制寄存器和状态寄存器都是以特殊功能寄存器的形式出现的,它们分散地分布在内部 RAM 高 128 单元中,地址空间范围为 80H—FFH,用于存放单片机相应功能部件的控制命令、状态或数据。其数量共 22 个,其中可寻址的为 21 个。21 个特殊功能寄存器的名称、符号与地址分布见表 1.7。其中,字节地址的低位地址为 0H 或 8H 的 SFR 可以进行位寻址。

表 1.7 SFR 的名称与地址

SFR 名称	符号	字节地址	位地址							
P0 口	P0	80H	87H	86H	85H	84H	83H	82H	81H	80H
堆栈指针	SP	81H								
数据指针低字节	DPL	82H								
数据指针高字节	DPH	83H								
定时器/计数器控制	TCON	88H	TF1	TR1	TF0	TR0	IE1	IT1	IE0	IT0
定时器/计数器方式控制	TMOD	89H	GATE	C/$\overline{\text{T}}$	M1	M0	GATE	C/$\overline{\text{T}}$	M1	M0
定时器/计数器 0 低字节	TL0	8AH								
定时器/计数器 1 低字节	TL1	8BH								

续表

SFR 名称	符号	字节地址	位地址							
定时器/计数器 0 高字节	TH0	8CH								
定时器/计数器 1 高字节	TH1	8DH								
P1 口	P1	90H	97H	96H	95H	94H	93H	92H	91H	90H
电源控制	PCON	97H	SMOD	—	—	—	GF1	GF0	PD	IDL
串行控制	SCON	98H	SM0	SM1	SM2	REN	TB8	RB8	TI	RI
串行数据缓冲器	SBUF	99H								
P2 口	P2	A0H	A7H	A6H	A5H	A4H	A3H	A2H	A1H	A0H
中断允许控制	IE	A8H	EA	—	ET2	ES	ET1	EX1	ET0	EX0
P3 口	P3	B0H	B7H	B6H	B5H	B4H	B3H	B2H	B1H	B0H
中断优先级控制	IP	B8H	—	—	PT2	PS	PT1	PX1	PT0	PX0
程序状态字	PSW	D0H	C	AC	F0	RS1	RS0	OV	—	P
累加器	ACC	E0H	E7H	E6H	E5H	E4H	E3H	E2H	E1H	E0H
B 寄存器	B	F0H	F7H	F6H	F5H	F4H	F3H	F2H	F1H	F0H

（1）累加器

累加器通常用 A 或 ACC 表示，可字节寻址，也可位寻址。它是算术运算和数据传送中使用频率最高的单元，是 8 位寄存器，用于存放一个操作数或中间结果。

MCS-51 单片机中，大部分单操作数指令的操作数取自 A。很多双操作数指令中的一个操作数也取于 A，加、减、乘、除运算指令的运算结果都存放在 A 或 A 和 B 寄存器中。

（2）B 寄存器

它是一个 8 位寄存器，主要用于乘除运算。乘法运算时，A 为被乘数，B 为乘数，其积的高 8 位存于 B 中，低 8 位存于 A 中。除法运算时，A 为被除数，B 为除数，其商存放在 A 中，余数存放在 B 中。此外，它也作为一般数据寄存器使用。

（3）程序状态字

程序状态字 PSW 是一个 8 位的标志寄存器，用于寄存指令执行的状态信息，以提供程序查询和判别。在状态字中，有些状态位是根据指令执行结果，由硬件自动完成设置的，而有些状态位则必须通过软件方法设定。PSW 的各位定义见表 1.8。

表 1.8　PSW 的各位定义

位　序	PSW.7	PSW.6	PSW.5	PSW.4	PSW.3	PSW.2	PSW.1	PSW.0
位标志	CY	AC	F0	RS1	RS0	OV	—	P

◆CY：进位标志位。最高位有进位（加法时）或有借位（减法时），则 CY＝1，否则，CY＝0。在执行某些算术和逻辑运算时，可被硬件或软件进行置位或清零。

◆AC：辅助进位标志位。在加减运算中，当有低 4 位向高 4 位进位或借位时，AC 由硬件置位,否则 AC 位被清零。在 BCD 码进行十进制数运算时需要十进制调整,此时要用到 AC 位状态进行判断。

◆F0:用户标志位。这是一个由用户自定义的标志位,用户根据需要用软件来置位或清零。编程时,该标志位特别有用。

◆RS1 和 RS0:寄存器组选择位。它用于设定当前通用寄存器的组号。这两个选择位的状态是由软件设置的,被选中的寄存器组即为当前通用寄存器。

◆OV:溢出标志位。当进行算术运算时,如果产生溢出,则由硬件将 OV 位置 1,否则,由硬件清零。

在带符号数加减法运算中,OV = 1 表示加减运算超出了 A 所能表示的符号数有效范围 (-128~+127),即产生了溢出,因此运算结果是错误的,否则,OV = 0 表示运算结果正确,即无溢出产生。

在乘法运算中,OV = 1 表示乘积超过 255,即乘积分别在寄存器 B 与 A 中;反之,OV = 0 表示乘积只在 A 中。在除法运算中,OV = 1 表示除数为 0,除法不能进行,否则 OV = 0,除数不为 0,除法可正常进行。

◆P:奇偶标志位。该位始终跟踪累加器 A 中二进制数 1 的个数的奇偶性,如果有奇数个 1,则 P = 1,否则 P = 0。凡是改变 A 中内容的指令均会影响 P 的标志位。

(4) 堆栈指针

堆栈指针 SP 是一个 8 位专用寄存器。它指出堆栈顶部在内部 RAM 中的位置。系统复位后,SP 初始化为 07H。由于堆栈最好在内部 RAM 的 30H—7FH 单元中开辟,故在程序设计时应注意把 SP 值初始化为 30H 之后。堆栈包括出栈和入栈,原则为先进后出。

(5) 数据指针

它是 MCS-51 中唯一的 16 位寄存器,为专用地址指针寄存器,主要用于存放 16 位地址,作间址寄存器使用。它的寻址范围是 64 kB,由 DPH、DPL 两个 8 位 SFR 组成,用于片外数据存储器的间接访问,或程序存储器查表等。当访问片外的数据存储器时,DPTR 的输出也就是片外数据存储器的地址。

总 结 与 思 考

1.单片机的定义。

2.单片机的应用领域及 51 单片机的外观。

3.与单片机应用紧密相连的两个软件:Keil μVision 软件和 PROTEUS 软件。

4.单片机的内部硬件结构、存储结构。

5.熟悉了单片机的硬件结构以及外围电路的设计,那么设计好的单片机系统可以工作了吗?

习 题 1

1.1　什么是单片机？MCS-51 单片机内部由哪些功能部件组成？各部分有什么功能？

1.2　MCS-51 单片机的 P0—P3 口在功能上各有什么用途和区别？当它们作 I/O 口使用时,具有哪些特点？

1.3　MCS-51 单片机存储器在结构上有什么特点？MCS-51 单片机存储器的最大寻址空间为多大？

1.4　MCS-51 单片机的时钟周期、状态周期、机器周期、指令周期的含义是什么？当晶振频率为 6 MHz 时,它们分别为多少？

1.5　MCS-51 单片机中片内 RAM 低 128 B 单元分为哪三部分？各部分的主要功能是什么？

1.6　什么是复位？单片机的复位电路有哪几种？试画图说明。

1.7　程序状态字 PSW 各位的定义是什么？

项目 2

应用 51 单片机汇编语言程序控制 LED 彩灯

本章要点
◆ 了解汇编语言的功能和作用。
◆ 重点掌握 51 系列单片机汇编语言的指令格式和寻址方式。
◆ 重点掌握 51 系列单片机汇编语言的指令系统。
◆ 重点掌握 51 系列单片机汇编语言的编程步骤、方法和技巧。

本章首先介绍汇编语言的功能和作用,重点讲述了 51 系列单片机的汇编语言的指令格式和寻址方式及指令系统,在此基础上重点介绍了如何使用汇编语言编写 51 系列单片机的程序,最后以 LED 电子彩灯的设计和制作具体讲述 51 系列单片机的汇编语言程序开发过程。

2.1　认识单片机的语言

一个只有单片机和外围电路的电路板称为单片机系统的硬件,是不能工作的。必须在单片机上运行各种结合该单片机硬件系统编写的功能程序(软件),才能实现该单片机系统的运算、测量、控制、通信等功能。不同类型的单片机有不同的指令系统。本章将主要介绍 51 系列单片机的汇编语言及其指令系统。

2.1.1　单片机使用的语言

单片机的核心 CPU 包括运算器和控制器两个主要部分,它们都是用数字逻辑电路构成的,数字逻辑电路只能处理二进制代码 0 和 1。因此,单片机仅仅能够识别二进制形式的机器语言程序,就是用二进制代码表示的计算机能直接识别和执行的指令的合集,它是计算机的一种最低级的语言形式。

如果直接使用机器语言来设计程序,编写起来不仅烦琐,也容易出错,给程序的阅读、修改、调试等环节带来极大的困难。为了克服这些困难,人们在开发应用单片机的实际工作中,通常都使用更适合记忆和阅读的汇编语言进行编程。

汇编语言采用便于人们记忆的一些符号或者字符串来表示程序中的指令,程序中的指令通常与二进制的机器语言指令——对应。用汇编语言编写的程序简称源程序。单片机不能直接识别汇编语言程序。通常,开发人员需要在微型计算机上运行一个由单片机制造商提供的一种名字叫汇编器的(Keil μVision 或 Proteus)软件,该软件可以自动将汇编语言程序翻译成单片机可执行的二进制机器语言程序。这种机器程序就称为目标程序,烧写到单片机程序存储器中的程序就是二进制目标程序。

随着微型计算机技术的发展,各种高级语言都可以用来编写单片机程序,其中最典型的就是 C 语言和 C++语言。目前,人们常用的 8 位低端单片机以使用 C 语言为主。同汇编语言程序一样,单片机不能直接识别 C 语言编写的程序,开发人员需要在微型计算机上运行(Keil μVision 或 Proteus)编译器软件。该编译器软件先将 C 语言编写的程序翻译成汇编语言程序,再由汇编器软件将汇编语言程序翻译成单片机可执行的二进制机器语言程序。

把高级语言编写的程序翻译成汇编语言程序的过程叫编译。

把汇编语言程序翻译成单片机可执行的二进制机器语言程序的过程叫汇编。

2.1.2 认识单片机的汇编语言

从实际应用看,使用 C 语言等高级语言开发单片机程序比较简单和方便。但是相对于用汇编语言直接编写的程序,用 C 语言及高级语言编写的程序存在编译后形成的汇编程序代码长、单片机执行效率低的问题。同时,对于初学者而言,直接使用 C 语言等高级语言编写程序不利于初学者进一步熟悉单片机的内部结构和运行过程,而且也不利于其编写出更加优化的高级语言程序代码。因此,对初学者,建议不要忽略汇编语言的学习。

汇编语言提供了一种不涉及机器指令编码和实际存储器地址来编写源程序的方法。为了更好地掌握和使用汇编语言,需要掌握汇编器的一些规定和说明,例如:汇编语言的指令格式、数字进制表示方法、表达式格式、伪指令、程序格式等。另外,作为编写程序的基础,要了解程序结构的 4 种基本结构:顺序结构、分支结构、循环结构和子程序结构。

2.1.3 汇编语言的指令格式与寻址方式

(1)汇编语言的指令格式

51 系列单片机的汇编器规定,其汇编语言指令最多包含标号、操作码、操作数和注释四个区段,指令格式如下:

标号: 操作码 目的操作数,源操作数 ;注释

例如,把立即数 15 送到累加器 A 的指令为:

LOOP:MOV A,#15 ;把十进制立即数 15 送到累加器 A

这四个字段不是必需的,但其顺序不能颠倒。标号区段由用户定义的符号组成,必须由英文字母开始,以英文冒号结束,其可以单独占用一行,标号区段可缺省;在没有标号的语句中,操作码前面必须保留一个或一个以上的空格;操作码与操作数必须在同一行且它们之间必须保留一个以上的空格;操作数如果是 2 个或 3 个,必须用英文逗号隔开;在需要时可以加注释,注释以英文分号开始,可以是英文或中文注释,可以在操作数之后,也可以单独占用一行,且可以从任何一列开始。

1)标号

用在操作码之前的标号表示该指令在单片机程序存储器中的符号地址。使用跳转指令、

查表指令或子程序调用等指令时,必须给指令提供跳转的位置、表的首地址或子程序起始的位置。这些位置通常是某条可执行的指令的地址、表的第一个数据的地址或者是子程序的第一条可执行指令的地址。但是在编写程序时,不知道这些指令或数据将来在程序存储器中的具体地址,因此用标号表示该指令或数据的符号地址。在程序汇编时,它被赋予该指令在程序存储器中的具体地址。

标号由用户定义的符号组成,必须由英文字母开始,英文冒号结束;标号不能使用操作码、寄存器名或其他在系统中已经有固定用途的字符串;一个标号在程序中只能使用一次。

2)操作码

和其他 3 个字段可以为缺省不同,操作码字段在任何情况下都不能缺省。操作码就是指令助记符,它是指令功能名称的英文缩写,表示指令的操作类型和操作性质,是汇编语言中的关键词,因此不可缺省。

在其前面没有标号时,操作码不能顶格书写,必须在前面至少插入一个空格。

3)操作数

操作数字段是指令的操作对象,只能是数据或地址,但是它们可以用数值形式或符号形式表示。

数值可以是二进制、十进制或十六进制,以后缀 B 表示二进制,以后缀 D(可以省略)表示十进制,以后缀 H 表示十六进制(为区别于操作数区段出现的字符,在字母开始的十六进制数据前面要加 0)。各种数制的表示法见表 2.1。

因为操作对象只能是数据或地址,所以,当用符号表示操作对象时,所使用的符号必须是之前定义过的标号(因为标号表示指令所在的地址)、在系统中已经定义过的寄存器(系统定义的寄存器都有具体的地址与其相对应)或用户自己定义的代表数据或地址的字符串。

不同类型的指令,操作数也不相同,可以有三个、两个、一个或没有操作数。当操作数为两个或三个时,它们之间由逗号分隔开。

当操作数为数值形式时:数值前加"#"号表示数值,不加"#"号表示地址。

表 2.1　51 系列单片机汇编语言中的数制表示

数　制	格　式	举　例
十六进制	十六进制 H	9EH 0F3H
十进制	十进制 D 十进制	125D 89
二进制	二进制 B	10110100B

4)注释

注释部分可有可无,但是最好养成注释的习惯。对程序做一些注释和说明,便于以后阅读、交流、修改和调试程序。注释不是程序的功能部分,以英文分号开始。编译器对注释不做任何处理,因此注释可以使用中文。加注释时,一般应该说明指令的作用和执行条件,在用到子程序时,要说明子程序的入口条件、出口条件和该子程序的功能。

（2）汇编语言的寻址方式

指令的一个重要组成部分就是操作数,由它指定参与运算的数据或者数据所存储的地址。所谓寻址,就是寻找操作数的存放地址;所谓寻址方式,就是寻找操作数或操作数所在地址的方法。51 系列单片机有立即寻址、直接寻址、寄存器寻址、寄存器间接寻址、基址寄存器加变址寄存器间接寻址、相对寻址和位寻址 7 种寻址方式。

1）单片机存储器的编址方式

在讲这些寻址方式之前,我们先了解一下 51 系列单片机的存储器编址方式和常用的数据转移指令 MOV,MOVC 和 MOVX 的不同。

目前,市面上的单片机有两种存储器编址方式,分别为统一编址和独立编址。

所谓统一编址,是指单片机的所有存储器使用不同的起始地址,它们分布在一个统一地址空间的不同位置,互相不重叠,如图 2.1（a）所示。图中阴影部分为没有使用的地址空间,其优点是数据转移指令少,缺点是在相同寻址宽度下,各存储器的空间受限。

所谓独立编址,是指单片机的多个存储器使用相同的 00H 作为起始地址,它们都有自己独立的地址空间,如图 2.1（b）所示。其优点是在相同寻址宽度下,各存储器的空间可以做到最大,缺点是要用不同的数据转移指令对不同的存储区域进行操作。

51 系列单片机就是采用了独立编址的存储器编址形式,其存储器地址空间分布如图 2.1（b）所示,分为程序存储器、片内数据存储器和片外数据存储器,它们的起始地址都是 0。51 系列单片机使用 MOVC,MOV 和 MOVX 指令对它们进行操作。

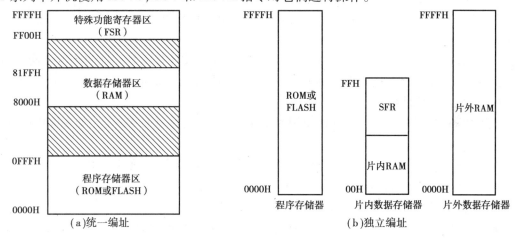

图 2.1　单片机存储器的编址方式

◆使用 MOVC 指令对程序存储器进行操作,该指令主要用来对存放于程序存储器中的固定数据表进行查表操作。

◆使用 MOV 指令对片内数据存储器进行操作,51 系列单片机的特殊功能寄存器（SFR）、用户 RAM、位寻址区和工作寄存器区都在片内数据存储器中。因此,该指令使用最多,因为对 I/O 口、集成功能模块、逻辑运算和算术运算都需要在片内数据存储器中进行。

◆使用 MOVX 指令对片外数据存储器进行操作。该指令使用时会启用 51 系列单片机的地址数据复用总线。当 51 系列单片机的外围电路采用其地址数据复用总线的设计时,对该外围电路的操作必须使用 MOVX 指令。该外围电路可以是符合地址数据复用总线标准的RAM,也可以是 A/D、I/O 口扩展等其他符合地址数据复用总线标准的电路。

2) 描述指令的常用符号说明

在讲这些寻址方式之前我们还需要对描述指令的一些符号作简单的说明：

◆ #data——指令中的 8 位立即数。

◆ #data16——指令中的 16 位立即数。

立即数就是有效的数值。前面讲到，数字前面加"#"号表示数值，不加"#"号表示地址。#data 表示 8 位二进制数值，#data16 表示 16 位二进制数值。

例如：指令 MOV　A，#data；

具体使用时，#data 处可以写具体的数值。

比如 MOV　A，#20H；

该指令中#20H 表示十六进制 20H。注意前面的"#"号不能省略。

◆ direct——8 位内部数据存储单元地址。它可以是一个内部数据 RAM 单元(0~127) 或特殊功能寄存器地址或地址符号。

例如：指令 MOV　direct，A；

具体使用时 diredt 表示地址。

比如 MOV　58H，A；

注意该指令中 58H 前没有使用"#"号，表示其是地址。

◆ addr11——11 位目标地址，用于 ACALL 和 AJMP 指令，转至当前 PC 所在的同一个 2 kB 程序存储器地址空间内。

◆ addr16——16 位目标地址，用于 LCALL 和 LJMP 指令，可指向 64 kB 程序存储器地址空间的任何地方。

addr11，addr16 与 direct 都表示地址，但是，它们有两点不同：一是地址的宽度不同；二是常用表示方法不同。direct 一般直接使用 8 位地址值或定义好的地址符号，而 addr11 和 addr16 一般只使用地址标号。

例如：指令 LJMP　addr16。具体使用时，addr16 一般表示地址编号，比如 LJMP LOOP。注意该指令中 LOOP 为某条指令前的标号。

◆ Rn——表示当前工作寄存器区中的工作寄存器，n 取 0~7，表示 R0~R7。

例如：指令 MOV　A，Rn；

具体使用时 Rn 可以取 R0~R7，比如 MOV　A，R1。

◆ @Ri——通过寄存器 R1 或 R0 间接寻址的 8 位内部数据 RAM 单元(0~255)，i=0,1。

Rn 与@Ri 的不同是：前者的操作对象是自己，后者操作对象是把自己存储值看作地址所对应的空间。

例如：指令 MOV　A，@Ri；

具体使用时，@Ri 只能是@R0 和@R1。

比如 MOV　A，@R1；

如果该指令中的 R1 中的存储值为 20H，该指令与 MOV　A，20H 的操作相同。

注意：在以 MOVX 为操作码的指令中使用@Ri 将启用 51 系列单片机 P0 口的地址数据复用总线。

◆ @DPTR——通过寄存器 DPTR 间接寻址的 16 位地址寄存器。

@DPTR 与@Ri 的不同有两点：一是间接寻址的宽度不同；二是寻址存储器不同。@Ri

出现在 MOV 操作码指令中寻址片内数据存储器,出现在 MOVX 操作码指令中将启用 51 系列单片机的 P0 口的地址数据复用总线功能寻址片外数据存储器;而@ DPTR 出现在 MOVX 操作码指令中将启用 51 系列单片机的 P0 口和 P2 口的地址数据复用总线功能寻址片外数据存储器,出现在 MOVC 操作码指令中将实现程序存储器的查表功能。

例如:指令 MOVX　A, @ DPTR;

◆rel——补码形式的 8 位偏移量,用于相对转移和所有条件转移指令。偏移量相对于当前 PC 计算,在 -128 ~ +127 范围内取值。

例如:指令

◆A——累加器。

◆B——特殊功能寄存器,专用于乘(MUL)和除(DIV)指令。

◆C——进位标志位。

◆bit——内部数据 RAM 或部分特殊功能寄存器里的可寻址位的位地址。

例如:指令 SETB　bit;具体使用时,bit 可以为支持位寻址的寄存器位或片内 RAM 的位寻址区,比如 SETB　TR0。该指令中 TR0 为定义好的某寄存器的位名称。指令 SETB　30H。该指令中 30H 表示位寻址区的地址,不是片内 RAM 的地址。

◆$\overline{bit}$——只用于注释中,表示对该位操作数取反。

◆(X)——只用于注释中,表示把 X 的数值看作地址所对应的存储器空间中的内容。

例如:指令 MOV　A, 40H　 ;把(40H)赋值给 A。

该指令注释中(40H)是地址 40H 所对应的空间的内容,不是 40H 本身。

◆((X))——表示以 X 单元的内容为地址的存储器单元内容,即(X)作地址,该地址单元的内容用((X))表示。

◆→ ——在注释中表示赋值的方向

例如:MOV　A, P1　 ;P1→A。

该指令注释的意思是把 P1 的值赋给 A。

3)七种寻址方式

①立即寻址。立即寻址是指操作数本身包含在指令中,作为指令的一部分。汇编指令中,在一个数字的前加"#"号表示该数字为立即寻址,即人们平时说的数值。

例如:MOV　A, #70H　　 ;70H→A

此指令的功能是将立即数 70H 送入累加器 A 中。

　　　MOV　DPTR, #LOOP　 ;把标号 LOOP 对应的地址作为立即数赋给 DPTR

　　　MOV　DPTR, #2015H　 ;2015H→DPTR

上述两条指令中,寄存器 DPTR 是 16 位宽。

②直接寻址。直接寻址是指指令中操作数的地址码部分直接给出了有效地址,用于直接寻址片内 RAM,包括其中的位寻址区与特殊功能寄存器区。

一般直接使用数字地址寻址片内 RAM 的低 128 字节。

例如:MOV　A, 30H　 ;(30H) →A

此指令的功能是将片内 RAM 的 30H 单元中的内容送入累加器 A。

一般直接使用特殊功能寄存器(SFR)的英文名字对片内 RAM 中的特殊功能寄存器寻址,因为特殊功能寄存器是在系统中已经定义过的寄存器,都有具体的地址与其名字相对应。

例如:MOV　A, P1　　;(P1)→A

　　　MOV　A, 90H　　;(90H)→A

上述两条指令的作用是一样的,因为特殊功能寄存器 P1 的片内 RAM 的地址就是 90H。

③寄存器寻址。支持寄存器寻址的寄存器有:工作寄存器 R0~R7、累加器 A、通用寄存器 B、数据指针寄存器 DPTR 和进位标志位 C。

寄存器寻址是指指令中操作数给出的是某一通用寄存器的名字,寄存器的内容为操作数。

例如:MOV　A, R0　　;(R0)→A

该指令的功能是将 R0 中的内容送入累加器 A。

④寄存器间接寻址。寄存器间址是指指令中寄存器内容为操作数的地址而不是操作数本身。操作数不能从寄存器中直接得到,而只能通过寄存器间接得到。寄存器间接寻址用符号"@"表示。

寄存器间接寻址只能使用工作寄存器 R0、R1 作为间接寻址寄存器来寻址片内 RAM 的(00H—FFH),可以使用数据指针寄存器 DPTR 或工作寄存器 R0、R1 为间接寻址寄存器来寻址片外 RAM。

例如:MOV　A,@R0　　;((R0))→A

该指令的功能是以 R0 中的内容为地址,将此地址对应的片内 RAM 的内容赋给累加器 A。

　　　　　MOVX　A, @DPTR　　　;((DPTR))→A

该指令的功能是以 16 位寄存器中的内容为地址,将此地址对应的片外 RAM 的内容赋给累加器 A。

⑤变址寻址。变址寻址是指指令中的操作数存放在以变址寄存器和基址寄存器的内容相加形成的数为地址的单元中。其中变址寄存器必须是累加器 A,基址寄存器必须是程序计数器 PC 或数据指针寄存器 DPTR。变址寻址只适用于程序存储器 ROM,通常用于查表。

例如: MOVC　A,@A+DPTR　　　;((A)+(DPTR))→A

此指令的功能是将累加器 A 的内容与数据指针寄存器 DPTR 中的内容相加,并将相加的结果作为地址,并将该地址的内容送入寄存器 A。

⑥相对寻址。相对寻址是指指令以当前 PC 的内容作为基地址,加上指令中给定的偏移量所得结果作为转移地址。偏移量必须在-128~+127 之内,用补码表示。

例如:JC　DELAY　;CY=1 跳转到标号 DELAY 处继续执行,否则顺序执行。

注意标号 DELAY 的地址与该指令的地址之差必须在-128~+127 范围内。

⑦位寻址。位寻址是指指令的操作数是二进制数的某一位。位地址表示一个可作位寻址的单元。

可用于位寻址的空间有内部 RAM 的位寻址区, 字节地址为 20H—2FH,相应的位地址为 00H—7FH 和特殊功能寄存器中的字节地址可以被 8 整除即地址以 0、8、F 结尾的特殊功能寄存器空间。

位寻址是 51 系列单片机的特有功能。利用位寻址指令可使单片机方便地进行位逻辑运算,给系统控制带来了诸多方便。

为了提高程序的可读性,汇编语言中有以下四种方式表示位地址:

①直接使用位寻址区地址单元。

例如：MOV C, 07H ；CY←(07H)

07H 为位地址，它表示 20H 字节单元的第 7 位，即 20H.7。

②采用某个字节单元第几位表示。

例如：MOV C, 20H.7 ；CY←(07H)

③对于可位寻址的特殊功能寄存器，可以采用其寄存器名称加位数的方法或直接用位名称来表示

例如：SETB PSW.7 ；CY←1

CLR C ；CY←0

④也可以通过伪指令定义的符号名称访问位单元，见 2.1.9 节。

2.1.4 数据传送类指令

数据传送类指令主要用于数据的传送、保存和交换。数据传送是一种最基本的操作，数据传送类指令是编程时使用最频繁的指令，其性能高低对整个程序执行效率起很大的作用。

数据传送类指令的操作是把源操作数传送到指令所指定的目标操作数中，指令执行后，源操作数不变，也不影响 PSW 中的标志位，目的操作数被源操作数所代替。

数据传送类指令共有 29 条，见表 2.2。它们分为内部数据传送指令、外部数据传送指令、堆栈操作指令和数据交换指令等四类。

表 2.2 数据传送类指令

汇编语言指令	功能说明	字节数	周期数
MOV A, Rn	寄存器传送到累加器	1	1
MOV A, direct	直接地址传送到累加器	2	1
MOV A, @Ri	累加器传送到外部 RAM(8 地址)	1	1
MOV A, #data	立即数传送到累加器	2	1
MOV Rn, A	累加器传送到寄存器	1	1
MOV Rn, direct	直接地址传送到寄存器	2	2
MOV Rn, #data	累加器传送到直接地址	2	1
MOV direct, Rn	寄存器传送到直接地址	2	1
MOV direct, direct	直接地址传送到直接地址	3	2
MOV direct, A	累加器传送到直接地址	2	1
MOV direct, @Ri	间接 RAM 传送到直接地址	2	2
MOV direct, #data	立即数传送到直接地址	3	2
MOV @Ri, A	直接地址传送到直接地址	1	2
MOV @Ri, direct	直接地址传送到间接 RAM	2	1
MOV @Ri, #data	立即数传送到间接 RAM	2	2
MOV DPTR, #data16	16 位常数加载到数据指针	3	1

续表

汇编语言指令	功能说明	字节数	周期数
MOVC A, @ A+DPTR	代码字节传送到累加器	1	2
MOVC A, @ A+PC	代码字节传送到累加器	1	2
MOVX A, @ Ri	外部 RAM(8 地址)传送到累加器	1	2
MOVX A, @ DPTR	外部 RAM(16 地址)传送到累加器	1	2
MOVX @ Ri, A	累加器传送到外部 RAM(8 地址)	1	2
MOVX @ DPTR, A	累加器传送到外部 RAM(16 地址)	1	2
PUSH direct	直接地址压入堆栈	2	2
POP direct	直接地址弹出堆栈	2	2
XCH A, Rn	寄存器和累加器交换	1	1
XCH A, direct	直接地址和累加器交换	2	1
XCH A, @ Ri	间接 RAM 和累加器交换	1	1
XCHD A, @ Ri	间接 RAM 和累加器交换低 4 位字节	1	1
SWAP A	累加器 A 高低半字节交换	1	1

(1)内部传送指令(16 条)

内部数据传送指令是以 MOV 为操作码的指令,主要实现 CPU 内部数据存储器之间的数据传送,从源操作数传送到目的操作数中。它提供了丰富的传送操作,通过不同的寻址方式和操作数,可以访问内部所有的数据存储器和特殊功能寄存器。

1)将数据传送到累加器 A 的指令(4 条)

MOV A, Rn

MOV A, direct

MOV A, @ Ri

MOV A, #data

上述 4 条指令都是将操作数传送到累加器 A。源操作数分别是寄存器 Rn、片内 RAM 单元和特殊功能寄存器、寄存器间接寻址的内部 RAM 字节,以及立即数。

它们分别采用的寻址方式是寄存器寻址、直接寻址、寄存器间接寻址和立即寻址。

2)将数据传送到工作寄存器 Rn 的指令(3 条)

MOV Rn, A

MOV Rn, direct

MOV Rn, #data

上述 3 条指令都是将操作数传送到工作寄存器 Rn 的指令。源操作数分别是累加器 A、片内 RAM 单元和寄存器 SFR,以及立即数。

它们分别采用的寻址方式是寄存器寻址、直接寻址和立即寻址。

3)将 1 个字节数据传送到直接地址(片内 RAM 单元或 SFR 寄存器)指令(5 条)

MOV direct, A

```
MOV    direct, Rn
MOV    direct, direct
MOV    direct, @ Ri
MOV    direct, #data
```

上述 5 条指令都是将操作数传送到直接地址,即内部 RAM 单元或 SFR 寄存器中的指令。源操作数分别是累加器 A、寄存器 Rn、直接地址(即内部 RAM 单元和 SFR)、间址寄存器 Ri,以及立即数。

它们分别采用的寻址方式是寄存器寻址、直接寻址、寄存器间接寻址和立即寻址。

4)将一个字节数据传送到以间接寄存器寻址的片内 RAM 空间的指令(3 条)

```
MOV    @ Ri, A
MOV    @ Ri, direct
MOV    @ Ri, #data
```

上述 3 条指令都是将操作数传送到以 Ri 为间接地址的内部数据存储器单元中。源操作数分别是累加器 A、直接地址(即片内 RAM 单元和 SFR),以及立即数。

它们分别采用的寻址方式是寄存器寻址、直接寻址和立即寻址。

例:设片内 RAM 中,30H 单元的内容为 60H,分析运行下面程序后各有关单元的值:

```
MOV    50H,   #30H     ; 60H→(50H)
MOV    R0,    #50H     ; 50H→R0
MOV    A,     @ R0     ; (R0) → A
MOV    R1,    A        ; A→R1
MOV    40H,   @ R1     ; (R1) →(40H)
```

程序运行结果是:(A)= 30H,(R0)= 50H,(R1)= 30H,(40H)= 60H,(50H)= 30H。

5)16 位数据传送指令(1 条)

```
MOV    DPTR,   #data16
```

这条指令是将 16 位立即数送入寄存器 DPTR 中。其中,高 8 位数据送入 DPH 中,低 8 位数据送入 DPL 中。

它采用的寻址方式是立即寻址。

(2)外部传送指令(6 条)

CPU 与外部数据存储器和程序存储器之间进行数据传送的指令为外部传送指令。这类指令都是通过累加器 A 来完成的。

1)访问外部数据存储器

访问外部数据存储器均采用寄存器间接寻址方式,而间接寻址的寄存器为 R0、R1 和 DPTR。其中,R0、R1 为 8 位寄存器,间接寻址范围为 256B。用 16 位的数据指针寄存器 DPTR 作间接寻址寄存器,它的寻址范围为 64 kB 地址空间。

```
MOVX   @ DPTR, A
MOVX   A, @ DPTR
```

上述 2 条指令中,DPTR 内容指示外部数据存储器的 16 位地址。第 1 条指令是把寄存器 A 的内容送到以 DPTR 的内容为地址指示的外部数据存储器中,第 2 条指令是把以 DPTR 的内容为地址指示的外部数据存储器的内容送到寄存器 A 中。

注意:上述两条指令的运行,将在 51 系列单片机的 P0 口和 P2 口启用地址数据复用总线。

MOVX　A, @Ri

MOVX　@Ri, A

上述 2 条指令中,Ri(R1 或 R2)内容指示外部数据存储器的 8 位地址。第 1 条指令是把寄存器 A 的内容送到以 Ri 的内容为地址指示的外部数据存储器中,第 2 条指令是把以 Ri 的内容为地址指示的外部数据存储器的内容送到寄存器 A 中。

注意:上述两条指令的运行,将在 51 系列单片机的 P0 口启用地址数据复用总线。

例:将外部数据存储器 8000H 单元的内容送入内部数据存储器 40H 单元。

MOV　DPTR, #8000H　; 8000H→DPTR

MOVX　A, @DPTR　　 ;(DPTR)→A

MOV　40H, A　　　　 ; A→(40H)

2)访问程序存储器

访问外部数据存储器均采用变址寻址方式,而变址寻址的寄存器为 DPTR 和 PC。程序存储器除了存放程序外,还可存放表格数据。对表格数据的操作所用的指令为查表指令,它们是:

MOVC　A, @A+DPTR

MOVC　A, @A+PC

第 1 条指令为远查表指令,可在 64 kB 的程序存储器空间寻址。基地址寄存器为 DPTR,因此,表格可在整个程序存储器的任何位置存放。

第 2 条指令为近查表指令,查表范围为查表指令后 256 B 的地址空间。此指令的基地址寄存器为 PC,查表的地址为(A)+(PC),其中(PC)为程序计数器的当前内容,即查表指令的地址再加 1。

例:把字节表 DM 的第 6 个数据送 P1 口。

MOV　DPTR, #DM ; 把 DM 表的首地址→DPTR

MOV　A, #5　　　 ; 和 C 语言的数组一样,表的第一个数偏移为 0,第 n 个数偏移为 n-1

MOVC　A, @A+DPTR ;(A+DPTR)→A

MOV　P1, A　　　 ; A→P1

DM: DB 52H,0F6H,88H,6DH,0ADH,5AH,20H　; 定义的 DM 表,DM 为标号,表示 DM 表的首地址

　　　　　　　　　　　　　　　　　　　 ; DB 为伪指令,表示此表以一个字节为一个值

编程时,常用第一条查表指令。

(3)交换指令(4 条)

1)半字节交换指令

SWAP　A

XCHD　A, @Ri

上述两条指令均为半字节交换指令:第 1 条指令的功能为累加器低 4 位与高 4 位交换;第 2

条指令的功能为内部 RAM 字节低 4 位内容与累加器 A 低 4 位内容交换。

2)字节交换指令。

XCH　A,Rn

XCH　A,@Ri

XCH　A,direct

上述 3 条指令的功能是将累加器 A 的内容和源操作数内容相互交换。源操作数分别是寄存器 Rn、间址寄存器 Ri,以及直接地址(即内部 RAM 单元和 SFR)。

它们分别采用的寻址方式是寄存器寻址、寄存器间接寻址和直接寻址。

(4)堆栈操作指令(2 条)

堆栈是为了执行中断程序或进行子程序调用时保护断点、保护现场,可将断点和现场待保护的数据压入栈内保存起来;执行完程序后,从栈内弹出这些数据,恢复现场并返回。保存数据为入栈,弹出数据为出栈。入栈和出栈的指令共两条:

PUSH　direct

POP　direct

上述两条指令中:direct 既可以是直接地址,也可以是寄存器名字,人们常使用后者。

第 1 条指令为入栈指令,将直接地址中的内容压入堆栈。具体操作为:先将堆栈指针寄存器 SP 的内容加 1,然后将数据压入堆栈。

第 2 条指令为出栈指令,将当前堆栈指针寄存器 SP 所指示的单元的内容弹出,传送到指令指定的直接地址单元中,然后修改 SP 的内容,使 SP 的内容减 1。

注意:PUSH 和 POP 要成对使用。

2.1.5　算术运算指令

算术运算指令是 51 系列单片机指令系统中能完成单字节的加、减、乘、除等算术运算以及 BCD 码调整的指令。该类指令会影响程序状态标志寄存器 PSW 中的某些标志位。其中,加减指令的执行结果会影响 PSW 中的进位位 C、溢出位 OV、辅助进位位 AC 和奇偶校验位 P;乘除指令的执行结果会影响 PSW 中的进位位 C、溢出位 OV 和奇偶校验位 P;但是,加 1、减 1 指令的执行结果不影响 PSW 中的任何标志位。

算术运算类指令共有 24 条,见表 2.3。

(1)加法指令(4 条)

ADD　A,Rn

ADD　A,direct

ADD　A,@Ri

ADD　A,#data

上述 4 条指令的功能是将源操作数的内容与累加器 A 相加,结果存入累加器 A 中。源操作数分别是寄存器 Rn、直接地址(即内部 RAM 单元和 SFR)、间址寄存器 Ri,以及立即数。

它们分别采用的寻址方式是寄存器寻址、直接寻址、寄存器间接寻址和立即寻址。

(2)带进位位的加法指令(4 条)

ADDC　A,Rn

ADDC　A,direct

ADDC A,@Ri

ADDC A,#data

上述 4 条指令的功能是将源操作数的内容与累加器 A 相加,再加上进位标志位 C 的内容,将结果存放在累加器 A 中。

注意:带进位的加法指令主要应用于多字节的加法运算。使用此指令进行单字节或多字节的最低 8 位数的加法运算时,应先将进位标志位 C 清零。

以上介绍的 8 条加法指令的运算结果要影响 PSW 中的某些标志位:

①相加过程中,如果位 7 有进位,则进位 CY 置 1,否则清零;

②如果位 3 有进位,则辅助进位 AC 置 1,否则清零;

③如果位 6 有进位而位 7 无进位,或者位 7 有进位而位 6 无进位,则溢出标志 OV 置 1,否则清零;

④当累加器 A 中有奇数个"1"时,奇偶校验位 P=1,累加器 A 中有偶数个"1"时,P=0。

表 2.3　算术运算类指令

汇编语言指令	功能说明	字节数	周期数
ADD A,Rn	寄存器与累加器求和	1	1
ADD A,direct	直接地址与累加器求和	2	1
ADD A,@Ri	间接 RAM 与累加器求和	1	1
ADD A,#data	立即数与累加器求和	2	1
ADDC A,Rn	寄存器与累加器求和(带进位)	1	1
ADDC A,direct	直接地址与累加器求和(带进位)	2	1
ADDC A,@Ri	间接 RAM 与累加器求和(带进位)	1	1
ADDC A,#data	立即数与累加器求和(带进位)	2	1
SUBB A,Rn	累加器减去寄存器(带借位)	1	1
SUBB A,direct	累加器减去直接地址(带借位)	2	1
SUBB A,@Ri	累加器减去间接 RAM(带借位)	1	1
SUBB A,#data	累加器减去立即数(带借位)	2	1
INC A	累加器加 1	1	1
INC Rn	寄存器加 1	1	1
INC direct	直接地址加 1	2	1
INC @Ri	间接 RAM 加 1	1	1
INC DPTR	数据指针加 1	1	2
DEC A	累加器减 1	1	1
DEC Rn	寄存器减 1	1	1
DEC direct	直接地址减 1	2	2
DEC @Ri	间接 RAM 减 1	1	1

续表

汇编语言指令	功能说明	字节数	周期数
MUL　AB	累加器和 B 寄存器相乘	1	4
DIV　AB	累加器除以 B 寄存器	1	4
DA　A	累加器十进制调整	1	1

例:计算 20D8H 和 856FH 的和,把结果的低 8 位放到片内 RAM 的 40H,高 8 位放在 41H。如图 2.2 所示。编程如下:

```
MOV    A, 0D8H    ; 0D8H→A
ADD    A, #6FH    ; A+6FH→A
MOV    40H, A     ; A→(40H)
MOV    A, #20H    ; 20H→A
ADDC   A, #85H    ; A+85H+C→A
MOV    41H, A     ; A→(41H)
```

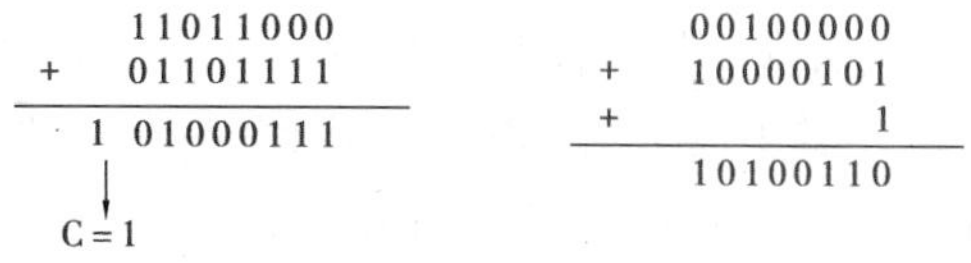

```
   11011000              00100000
 + 01101111            + 10000101
 ──────────            +        1
 1 01000111            ──────────
      │                 10100110
    C = 1
```

图 2.2　16 位加法计算过程

(3)带借位的减法指令(4 条)

```
SUBB   A, Rn
SUBB   A, direct
SUBB   A, @ Ri
SUBB   A, #data
```

以上 4 条指令的功能是将累加器 A 中的内容减去源操作数的内容,再减去进位标志位 C 的内容(C 中保留着低位字节向高位字节的借位),其结果存放在累加器 A 中。

注意:带借位的减法指令主要用于多字节数的减法运算。使用此指令进行单字节或多字节的最低字节的减法运算时,应先将进位标志位 C 清零。

以上介绍的 4 条减法指令的运算结果要影响 PSW 中的某些标志位:

①进行减法过程中如果位 7 需借位,则 CY 置位,否则 CY 清零;

②如果位 3 需借位,则 AC 置位,否则 AC 清零;

③如果位 6 需借位而位 7 不需借位,或者位 7 需借位而位 6 不需借位,则溢出标志 OV 置 1,否则清零;

④当累加器 A 中有奇数个"1"时,奇偶校验位 P=1,累加器 A 中有偶数个"1"时,P=0。

(4)加 1 指令(5 条)

```
INC    A
INC    Rn
INC    direct
INC    @ Ri
INC    DPTR
```

上述 6 条指令的功能是将指定单元的内容加 1,结果仍送回到该单元中。该组指令使用的寻址方式有寄存器寻址、直接寻址和寄存器间接寻址。上述指令的运算结果不影响 PSW 中的任何标志位。

(5)减 1 指令(4 条)

DEC　A

DEC　Rn

DEC　direct

DEC　@ Ri

以上 4 条指令的功能是把指令所指单元的内容减 1,结果仍送回到该单元中。该组指令使用的寻址方式有寄存器寻址、直接寻址和寄存器间接寻址。上述指令的运算结果不影响 PSW 中的任何标志位。

(6)乘法指令(1 条)

MUL　AB

乘法指令的功能是将累加器 A 和寄存器 B 中的 8 位无符号整数进行相乘,所得的乘积为 16 位。其中,积的高 8 位存于 B 中,积的低 8 位存于 A 中。如果积大于 255,则溢出标志位 OV 置 1,否则 OV 清零;P 仍由累加器 A 中 1 的奇偶性决定;进位标志位 C 总是为"0"。

注意:51 系列单片机没有硬件乘法器,其乘法操作是通过把被乘数(存放于 A 中)相加乘数(存放于 B 中)次得到的。因此在使用乘法指令时,为了节约指令的执行时间,应当将两个数中较小的一个存放于寄存器 B 中。

例:计算 32H 和 86H 的乘积,低 8 位放到片内 RAM 的 40H,高 8 位放在 41H。编程如下:

```
MOV  A, #86H        ;86H→A
MOV  B, #32H        ;32H→B,86H 和 32H 两者中 32H 较小,所以其放入 B 中
MUL  AB             ;A＊B 高 8 位→B,A＊B 低 8 位→A
MOV  40H, A         ;A→(40H)
MOV  A, B           ;B→A,注意:不能直接将 B 的值存储
MOV  41H, A         ;A→(41H)
```

(7)除法指令(1 条)

DIV　AB

除法指令的功能是将累加器 A 中的 8 位无符号整数,除以寄存器 B 中 8 位无符号整数,所得到的商的整数部分存于 A 中,余数部分存于 B 中。当除数为零时,结果产生溢出,则溢出标志位 OV 置 1,否则 OV 清零;P 仍由累加器 A 中 1 的奇偶性决定;进位标志位 C 总是为"0"。

(8)BCD 码修正指令(1 条)

DA　A

BCD 码调整指令用来对 BCD 码的加法运算结果进行修正。它紧跟在加法指令 ADD 和 ADDC 指令之后。使累加器中的内容调整为二位 BCD 码。单片机进行相应的调整规则是:BCD 码相加后,当低 4 位大于 9 或位 3 有进位时,在低 4 位上加 06H;当高 4 位大于 9 或位 7 有进位时,在高 4 位上加 6H。

例:(A)= 46H,(R5)= 28H。执行下述指令后累加器 A 的值:

```
ADD  A, R5
DA   A
```

因为 DA 指令的出现,可以把 A 中存储的 46H 看作 BCD 码 46,把 R5 中存储的 28H 看作 BCD 码 28,它们的和为 BCD 码 74。具体的运算过程如图 2.3 所示。

2.1.6　逻辑运算指令

逻辑运算类指令包括逻辑与、逻辑或、逻辑异或、循环移位、清零与求反共 24 条指令,见表 2.4。这些指令中的操作数都是 8 位,它们的寻址方式有寄存器寻址、直接寻址、寄存器间接寻址以及立即寻址。这些指令在执行时不影响 PSW 寄存器中的标志位。

```
  01000110    [46] BCD
+ 00101000    [28] BCD
─────────────────────
  01101110    低4位大于9
+     0110    加6修正
─────────────────────
  01110100    [74] BCD
```

图 2.3　BCD 加法计算过程

表 2.4　逻辑运算类指令

汇编语言指令	功能说明	字节数	周期数
ANL　A, Rn	寄存器"与"到累加器	1	1
ANL　A, direct	直接地址"与"到累加器	2	1
ANL　A, @Ri	间接 RAM"与"到累加器	1	1
ANL　A, #data	立即数"与"到累加器	2	1
ANL　direct, A	累加器"与"到直接地址	2	1
ANL　direct, #data	立即数"与"到直接地址	3	2
ORL　A, Rn	寄存器"或"到累加器	1	2
ORL　A, direct	直接地址"或"到累加器	2	1
ORL　A, @Ri	间接 RAM"或"到累加器	1	1
ORL　A, #data	立即数"或"到累加器	2	1
ORL　direct, A	累加器"或"到直接地址	2	1
ORL　direct, #data	立即数"或"到直接地址	3	1
XRL　A, Rn	寄存器"异或"到累加器	1	2
XRL　A, direct	直接地址"异或"到累加器	2	1
XRL　A, @Ri	间接 RAM"异或"到累加器	1	1
XRL　A, #data	立即数"异或"到累加器	2	1
XRL　direct, A	累加器"异或"到直接地址	2	1
XRL　direct, #data	立即数"异或"到直接地址	3	1
CLR　A	累加器清零	1	2
CPL　A	累加器求反	1	1
RL　A	累加器循环左移	1	1
RLC　A	带进位累加器循环左移	1	1
RR　A	累加器循环右移	1	1
RRC　A	带进位累加器循环右移	1	1
SWAP　A	累加器高、低 4 位交换	1	1

（1）**逻辑与运算指令（6 条）**

ANL　A, Rn

ANL　A, direct

ANL　A, @ Ri

ANL　A, #data

ANL　direct, A

ANL　direct, #data

上述 6 条指令的功能是将源操作数的内容与目的操作数的内容按位进行相与运算后，将结果存放在目的操作数中，而源操作数的内容不变。源操作数分别是累加器 A、寄存器 Rn、直接地址（即内部 RAM 单元和 SFR）、间址寄存器 Ri，以及立即数。目的操作数可以是累加器 A，也可以是直接地址（即内部 RAM 单元和 SFR）。

它们使用的寻址方式有寄存器寻址、直接寻址、寄存器间接寻址、立即寻址。

在编程时，经常使用逻辑与运算来对一个字节的某些位清零，其他位则不变。把源操作数的相应位写为 0 来清零目的操作数的相应位，把源操作数的相应位写为 1 来保持目的操作数的相应位不变。

例：从 P1.0 ~ P1.3 口读入 4 位值，并把它放入片内 RAM 的地址为 30H 的空间。编程如下：

MOV　A, P1　　　; P1→A

ANL　A, #0FH　　; 清零 A 的高 4 位，而低 4 位保持不变。因为 P1 口的高 4 位不是我们要读取的值

MOV　30H, A　　　; A→(30H)

（2）**逻辑或运算指令（6 条）**

ORL　A, Rn

ORL　A, direct

ORL　A, @ Ri

ORL　A, #data

ORL　direct,　A

ORL　direct,　#data

上述 6 条指令的功能是将源操作数的内容与目的操作数的内容按位进行相或运算后，将结果存放在目的操作数中，而源操作数的内容不变。

在编程时，经常使用逻辑或运算来对一个字节的某些位置 1，其他位则不变。把源操作数的相应位写为 1 来置 1 目的操作数的相应位，把源操作数的相应位写为 0 来保持目的操作数的相应位不变。

例：把寄存器 A 的第 0 位和第 2 位置 1，其他位不变。编程如下：

ORL　A, #00000101

（3）**逻辑异或运算指令（6 条）**

XRL　A, Rn

XRL　A, direct

XRL　A, @ Ri

XRL　A,#data

XRL　direct,A

XRL　direct,#data

上述 6 条指令的功能是将源操作数的内容与目的操作数的内容进行异或运算后,将运算结果存放在目的操作数中,而源操作数的内容不变。

在编程时,经常使用逻辑异或运算来对一个字节的某些位求反,其他位则不变。把源操作数的相应位写为 1 来求反目的操作数的相应位,把源操作数的相应位写为 0 来保持目的操作数的相应位不变。

例:把片内 RAM 的 30H 存储的字节的高 4 位取反,并从 P1 口输出。编程如下:

MOV　A,30H　　　;(30H)→A

XRL　A,#0F0H　　;把累加 A 的高 4 位取反,低 4 位保持不变

MOV　P1,A　　　 ;A→P1

(4)循环移位指令(4 条)

1)不带进位左移位指令

RL　A

这条指令的功能是把累加器 A 的内容向左循环移 1 位,位 7 循环移入位 0,如图 2.4 所示,结果不影响寄存器 PSW 中的任何标志位。

图 2.4　不带进位左移　　　　　　　图 2.5　不带进位右移

2)不带进位右移位指令

RR　A

这条指令的功能是把累加器 A 的内容向右循环移 1 位,位 0 循环移入位 7,如图 2.5 所示,结果不影响寄存器 PSW 中的任何标志位。

3)带进位左移位指令

RLC　A

这条指令的功能是将累加器 A 的内容和进位标志 C 一起向左循环移 1 位,进位标志位 C 移入累加器 A 的位 0,累加器 A 的位 7 移入进位标志位 C,如图 2.6 所示,结果影响寄存器 PSW 中的进位标志位 C。

在编程时,经常使用该指令做乘法操作。先把进位标志位 C 清零,再执行该指令一次相当于累加器 A 的值乘以 2,进位在进位标志位 C 中。使用该功能可以高效地进行乘数为 2^n 的操作,n 为几就左移几次(每次左移前都要清零进位标志位 C)。

图 2.6　带进位左移　　　　　　　图 2.7　带进位右移

4)带进位右移位指令

RRC　A

这条指令的功能是将累加器 A 的内容和进位标志 C 一起向右循环移 1 位,进位标志位 C 移入累加器 A 的位 7,累加器 A 的位 0 移入进位标志位 C,如图 2.7 所示,结果影响寄存器

PSW 中的进位标志位 C。

在编程时,经常使用该指令做除法操作。先把进位标志位 C 清零,再执行该指令一次相当于累加器 A 的值除以 2。使用该功能可以高效地进行除数为 2^n 的操作,n 为几就左移几次(每次左移前都要清零进位标志位 C)。例如:为了计算某物理量几次采集结果的平均值,习惯上每采集 10 次就求一次平均值,但是对单片机而言,最好采集 8 次或 16 次,因为计算平均值时,只需将采集结果的和右移 3 次或 4 次即可。

(5)清零指令(1 条)

CLR   A

该指令对累加器 A 进行清零操作。

(6)取反指令(1 条)

CPL   A

该指令将累加器 A 中的内容取反,取反后仍存放在累加器 A 中。

2.1.7 控制转移指令

控制转移类指令用于控制程序的执行方向。这类指令通过修改 PC 的值来控制程序走向。51 系列单片机有无条件转移指令、条件转移指令、比较转移指令、循环转移指令、子程序调用与返回指令和空操作指令共 17 条,见表 2.5。

表 2.5   控制转移类指令

汇编语言指令	功能说明	字节数	周期数
JMP @A+DPTR	相对 DPTR 的无条件间接转移	1	2
JZ rel	累加器为 0 则转移	2	2
JNZ rel	累加器为 1 则转移	2	2
CJNE A, direct, rel	比较直接地址和累加器,不相等转移	3	2
CJNE A, #data, rel	比较立即数和累加器,不相等转移	3	2
CJNE Rn, #data, rel	比较寄存器和立即数,不相等转移	2	2
CJNE @Ri, #data, rel	比较立即数和间接 RAM,不相等转移	3	2
DJNZ Rn, rel	寄存器减 1,不为 0 则转移	3	2
DJNZ direct, rel	直接地址减 1,不为 0 则转移	3	2
NOP	空操作,用于短暂延时	1	1
ACALL add11	绝对调用子程序	2	2
LCALL add16	长调用子程序	3	2
RET	从子程序返回	1	2
RETI	从中断服务子程序返回	1	2
AJMP add11	无条件绝对转移	2	2
LJMP add16	无条件长转移	3	2
SJMP rel	无条件相对转移	2	2

（1）无条件转移指令（4 条）

当执行到无条件转移指令时，程序会无条件跳转到指令所指定的地址处，从该处再继续执行程序。

1）长转移指令

　　LJMP　addr16

此指令是以 16 位地址为转移的目标地址。它将 16 位目标地址装入程序计数器 PC，使程序执行此指令后，无条件转移到 addr16 处执行。长转移指令也可以在 64 kB 范围内任意转移。addr16 一般使用标号。

2）相对转移指令

　　SJMP　rel

8 位地址 rel 是相对当前 PC 的跳转偏移量，其取值范围为 $-128 \sim +127$，并且以补码的形式存在。正数表示程序向后跳转，负数表示程序向前跳转，rel 一般直接使用标号，编译器会自动计算偏移量并赋给 rel。

注意：在使用时，LJMP 指令要比 SJMP 指令好用得多，因为 LJMP 不需要考虑 $-128 \sim +127$ 的偏移量。所以，对初学者，建议使用 LJMP 指令。但是 LJMP 指令占用 3 字节的程序存储器，而 SJMP 指令只占用 2 字节的程序空间，使用 SJMP 可以节约程序存储器。

3）绝对转移指令

　　AJMP　addr11

这是 2 kB 范围内的无条件跳转指令，把程序的执行转移到指定的目标地址。目标地址必须与 AJMP 后面一条指令的第一个字节在同一页（2 kB 区域）的存储区内。因为 51 系列单片机 64 kB 寻址区分成 32 页（每页 2 kB）。addr11 一般直接使用标号即可。

注意：应用 AJMP 指令实现多分支程序设计，因 AJMP　rel 是 2 字节指令，故应将分支序号先乘以 2，才能实现正确跳转；对 3 字节的 LJMP 指令，应将分支序号先乘以 3，才能实现正确跳转。

4）散转转移指令

　　JMP　@A+DPTR

转移的目标地址由地址寄存器 DPTR 和累加器 A 的内容相加形成。该指令执行后不改变寄存器 DPTR 和累加器 A 的值，不影响 PSW 中的任何标志位。

此指令常常用于有多个分支的程序，多条转移指令连续存放。DPTR 存放目标地址的首地址，在程序运行时动态决定累加器 A 中的内容，以确定该时刻跳转的目的地址，去执行相应的分支程序。类似 C 语言中的 switch-case 结构。

编写程序，实现如下功能：

当（A）= 0 时，跳转到标号 PART0 开始执行；

当（A）= 1 时，跳转到标号 PART1 开始执行；

当（A）= 2 时，跳转到标号 PART2 开始执行；

当（A）= 3 时，跳转到标号 PART3 开始执行。

编程如下：

```
MOV A,#n ;（n 为分支号）
MOV  DPTR, #TABLE
```

```
            CLR  C
            RLC  A ;因为 AJMP   rel 是两字节指令,所以需要把分支号乘以 2 才能实现正确跳转
            JMP     @ A+DPTR
TABLE：  AJMP   PART0
            AJMP   PART1
            AJMP   PART2
            AJMP   PART3
```

(2)条件转移指令(2 条)

◆ 累加器为零转移指令

　　JZ　rel

上述指令中的 rel 为转移的相对地址,取值范围-128~+127,以补码形式表示。执行此指令时,首先对累加器 A 的值进行判断。当累加器 A 的值为零时,转移转至当前 PC+rel 的目标地址,否则程序顺序执行。rel 一般直接使用标号,编译器会自动计算偏移量并赋给 rel。

◆ 累加器非零转移指令

　　JNZ　rel

上述指令中的功能是当累加器 A 的内容不为零时跳转,否则程序顺序执行。

(3)比较转移指令(4 条)

CJNE　A, #data, rel

CJNE　A, direct, rel

CJNE　Rn, #data, rel

CJNE　@ Ri, #data, rel

上述 4 条指令的 rel 为转移的相对地址,取值范围-128~+127,以补码形式表示。它们的功能是比较前面两个操作数的大小,如果它们的值不相等,则转移到 PC+rel 的目标地址继续执行。如果第一个操作数(无符号整数)小于第二个操作数则进位标志位 C 置 1,否则进位标志位 C 清零。不影响任何一个操作数的内容。

操作数有寄存器寻址、直接寻址、寄存器间接寻址和立即寻址等方式。这组指令使用起来很方便,就是将两个操作数进行比较,不相等就跳到标号 rel 处继续执行;相等就执行下一条指令。

(4)减 1 不为 0 转移指令(2 条)

　　DJNZ　Rn, rel

　　DJNZ　direct, rel

上述两条指令的功能是源操作数减 1,结果送回到源操作数中。如果结果不为 0,则跳到标号 rel 处继续执行;等于 0,则程序顺序执行。源操作数分别是寄存器 Rn、直接地址(即内部 RAM 单元和 SFR)。

该指令采用的寻址方式有寄存器寻址和直接寻址两种方式。该指令通常用于实现循环计数。

(5)子程序调用与返回指令(4 条)

1)绝对子程序调用指令

　　ACALL　addr11

　　该指令中 addr11 为调用的子程序入口,即该子程序第一条指令所在处的标号。执行此指令时,单片机先将此指令的下一条指令的地址压栈保护,再跳转到子程序的入口处开始执行子程序。

　　注意:该指令中 addr11 为 11 位目标地址,因此子程序的目标地址(入口)必须和调用子程序前的 PC 的值在同一页(2 kB 区域)的存储区内。因为 51 系列单片机 64 kB 寻址区分成32 页(每页 2 kB)。

　　2)长子程序调用指令

　　LCALL　addr16

　　该指令中 addr16 为调用的子程序入口,即该子程序第一条指令所在处的标号。执行此指令时,单片机先将此指令的下一条指令的地址压栈保护,再跳转到子程序的入口处开始执行子程序。

　　注意:与 ACALL 不同的是,该指令中 addr16 为 16 位目标地址,因此子程序的目标地址(入口)没有任何限制。

　　注意:在使用上,LCALL 指令要比 ACALL 指令好用得多,因为 LCALL 不需要考虑程序存储器同一页的问题,所以,对初学者,建议使用 LCALL 指令。但是 LCALL 指令占用 3 字节的程序存储器,而 ACALL 指令只占用 2 字节的程序空间,大量使用可以节约程序存储器。

　　3)子程序返回指令

　　RET

　　和 C 语言的函数返回不同,汇编语言不支持返回值,而且必须在子程序的最后加上一条子程序返回指令。

　　该指令实现由子程序返回主程序。当执行该指令时,机器自动将调用子程序时压栈的下一条指令的地址从堆栈中弹出,赋给 PC,单片机从调用子程序的下一条指令继续执行。

　　4)中断返回指令

　　RETI

　　该指令的操作与 RET 指令相似,但是它是中断程序专用的,它不仅能使中断服务程序返回,还能同时释放中断逻辑。

　　(6)空操作指令(1 条)

　　NOP

　　该条指令除了使 PC 内容加 1 外执行下一条指令外,在该指令周期内不产生任何操作,常常用于产生一个机器周期的延时。

2.1.8　位操作指令

　　51 系列单片机内部有一个布尔处理机,它由位累加器 C、内部数据存储器中位寻址区的128 位位地址、11 个有位寻址功能的特殊功能寄存器以及 17 条位操作指令构成。布尔处理机可以完成位传送、位逻辑运算和位条件转移等操作,见表 2.6。

　　17 条位操作指令均以位为操作对象。在汇编语言中,位地址的表达方式有以下 4 种:

　　◆直接地址方式(地址为片内 RAM 位寻址区的位地址),如 50H。

　　◆利用特殊功能寄存器名的位地址方式,如 P1.0。

　　◆利用特殊功能寄存器的位名称方式,如 TE0。

◆用户使用伪指令事先定义过的符号地址。

表 2.6 位操作类指令

汇编语言指令	功能说明	字节数	周期数
CLR C	清进位位	1	1
CLR bit	清直接寻址位	2	1
SETB C	置位进位位	1	1
SETB bit	置位直接寻址位	2	1
CPL C	取反进位位	1	1
CPL bit	取反直接寻址位	2	1
ANL C, bit	直接寻址位"与"到进位位	2	2
ANL C, /bit	直接寻址位的反码"与"到进位位	2	2
ORL C, bit	直接寻址位"或"到进位位	2	2
ORL C, /bit	直接寻址位的反码"或"到进位位	2	2
MOV C, bit	直接寻址位传送到进位位	2	1
MOV bit, C	进位位位传送到直接寻址	2	2
JC rel	如果进位位为 1 则转移	2	2
JNC rel	如果进位位为 0 则转移	2	2
CLR C	清进位位	1	1
JB bit, rel	如果直接寻址位为 1 则转移	3	2
JNB bit, rel	如果直接寻址位为 0 则转移	3	2
JBC bit, rel	直接寻址位为 1 则转移并清除该位	2	2

(1)位数据传送指令(2 条)

MOV C, bit

MOV bit, C

第 1 条指令是将位地址中的内容传送至位累加器 C(即进位标志位 C);

第 2 条指令是将位累加器 C 中的内容传送至位地址中。

(2)位逻辑操作指令(6 条)

ANL C, bit

ANL C, / bit

ORL C, bit

ORL C, / bit

CPL C

CPL bit

上述指令中前两条指令是位逻辑与指令。第 1 条指令将位地址中的内容与位累加器 C 中的内容相与,结果存放在 C 中。第 2 条指令将位地址中的内容取反,与 C 中的内容相与,结果存放在 C 中。

第 3、4 条指令是位逻辑或指令。第 3 条指令将位地址中的内容与位累加器 C 中的内容相或,结果存放在 C 中。第 4 条指令将位地址中的内容取反,与 C 中的内容相或,结果存放在 C 中。

最后两条指令是位逻辑取反指令,分别对 C 及直接位地址中的内容进行取反操作运算,其结果存放在 C 及直接位地址中。

(3)位状态控制指令(4 条)

```
CLR    C
CLR    bit
SETB   C
SETB   bit
```

上述指令中前两条指令为位清零指令,分别对 C 和直接位地址进行清零操作。后两条指令为位置 1 指令,分别对 C 和直接位地址进行置"1"操作。

(4)位条件转移指令(5 条)

1)进位标志位 C 为 1 转移指令

```
JC    rel
```

该指令的功能是当进位标志位 C =1 时,转移至 PC+rel 的目标地址处执行程序;当 C =0 时,程序顺序执行。

2)进位标志位 C 为 0 转移指令

```
JNC   rel
```

该指令的功能是当进位标志位 C =0 时,转移至 PC+rel 的目标地址处执行程序;当 C =1 时,程序顺序执行。

3)直接寻址位的内容为 1 转移指令

```
JB   bit   rel
```

该指令的功能是当直接寻址位中的内容为 1 时,转移至 PC+rel 的目标地址处执行程序;当直接寻址位中的内容为 0 时,程序顺序执行。

4)直接寻址位的内容为 0 转移指令

```
JNB  bit   rel
```

该指令的功能是当直接寻址位中的内容为 0 时,转移至 PC+rel 的目标地址处执行程序。当直接寻址位中的内容为 1 时,程序顺序执行。

5)直接寻址位的内容为 1 转移,并将该位清零指令

```
JBC  bit   rel
```

该指令的功能是当直接寻址位的内容为 1 时,转移至 PC+rel 的目标地址处执行程序,并将该位的内容清零。当直接寻址位的内容为 0 时,程序顺序执行。

上述 5 条指令的 rel 为转移的相对地址,取值范围−128 ~ +127,以补码形式表示。rel 一般直接使用标号,编译器会自动计算偏移量并赋给 rel。

2.1.9　伪指令

伪指令是计算机将汇编语言翻译成机器码时用于控制翻译过程的指令。伪指令只提供

汇编控制信息,如规定程序存放的首地址,为源程序预留存储区,以及规定汇编语言程序何时结束等。它们都是单片机不能执行的指令,无对应的机器码,见表2.7。

表 2.7　伪指令

汇编语言伪指令	功能说明
ORG	指明程序的开始位置
DB	定义字节型数据表
DW	定义双字节型数据表
EQU	给一个表达式或一个字符串起名
DATA	给一个 8 位的内部 RAM 起名
$	所在指令的地址
BIT	给一个可位寻址的位单元起名
END	指出源程序到此为止

(1)定位伪指令

格式:ORG　n

ORG 规定紧接其后的程序或数据块的起始地址。n 规定其后的程序或数据块从地址 n 开始存放。n 可以是十进制常数,也可以是十六进制常数(一般使用十六进制常数)。

(2)定义字节伪指令

格式:DB　X1, X2, …Xn

该伪指令的功能是把 Xi 存入从标号开始的连续单元中。该伪指令常用来建立常数表,其中 Xi 为 8 位数据或 ASCII 码,表示 ASCII 码时应使用单引号。

例如：　ORG　1000H

　　　　DB　20H, 21H, 22H

此时(1000H)= 20H,(1001H)= 21H,(1002H)= 22H。

(3)定义双字节伪指令

格式:DW　X1, X2, …Xn

该伪指令的功能是把 Xi 存入从标号开始的连续单元中。其中,Xi 为 16 位数值常数,16 位数据占两个存储单元,先存高 8 位,再存低 8 位。

例如：　ORG　1000H

　　　　DW　1234H, 05FEH

此时 (1000H)= 12H,(1001H)= 34H,(1002H)= 05H,(1003H)= 0FEH。

(4)赋值伪指令

格式:字符名称 x　EQU　值 n

该伪指令的功能是将数据或地址 n 赋给字符名称,使 x 与 n 等值。其中,n 可以是单字节数据,也可以是双字节数据,还可以是工作寄存器,以及直接地址。

例如：　STA1　EQU　20H　　　;STA1 与 20H 等值

　　　　LED1　EQU　P1　　　;LED1 与 P1 的内容等值

```
MOV   A , STA1     ; A←(20H)
MOV   LED1, A      ; P1←A
```

使用赋值伪指令,可给程序的编制、调试、修改带来方便。如果在程序中要多次使用某一数据,可以使用 EQU 指令将该数据赋给一个字符名。一旦此数据发生变化,只要改变 EQU 指令中的数据即可。使用 EQU 指令,必须先赋值后使用。

(5)片内RAM字节命名伪指令

格式:变量 x　DATA　片内 RAM 地址 n

此伪指令的功能是给变量 x 赋一个确定的片内 RAM 字节地址 n。该伪指令用于在片内 RAM 空间定义变量。

例如:　RES　DATA 30H　;把片内 RAM 的地址 30H 命名为 RES
```
MOV   A, #58H      ; 58H→A
ADD   A, #23H      ; A+23H→A
MOV   RES, A       ; A→(30H)
```

(6)跳转到本句伪指令

格式:操作码　操作数, $

$ 的作用是跳转到本指令的首地址。该伪指令多用于程序的控制转移中,可以避免在指令前再写标号,减少录入字符数。上述格式中,可以没有操作数。

例如:　　AJMP $
　　LOOP:AJMP LOOP

上述两条指令的功能相同,都是跳转到自己所在的指令行,原地踏步。

```
          DJNZ   R0, $
LOOP: DJNZ   R0, LOOP
```

上述两条指令的功能相同,首先 R0-1→R0,当 R0≠0 时跳转到自己所在的指令行,原地踏步。

(7)位命名伪指令

格式:位变量 x　BIT　位地址 n

此伪指令的功能是给位变量 x 赋一个确定的片内 RAM 空间中的直接位地址 n、特殊功能寄存器名的位地址或特殊功能寄存器的位名称。

例如:　LED2　BIT　P1.1　;LED2 代表 P1.1
```
STA2   BIT   30H    ; STA2 代表片内 RAM 位寻址区的直接位地址 30H
MOV    C, STA2      ; (30H)→C
MOV    LED2, C      ; C→P1.1
```

(8)结束汇编伪指令

格式:END

此伪指令的功能是指示源程序到此结束,常将其放在汇编语言源程序的末尾。

2.2 汇编语言程序设计技巧

汇编语言的编写与其他高级语言(如 C 语言)一样,都分为顺序结构、分支结构和循环结构三种结构。

2.2.1 顺序结构

汇编语言和 C 语言一样,都是按照从上到下、从左到右的顺序执行程序的。但是,程序起始执行点是不一样的:C 语言是从主函数 main( )开始执行程序的,不管 main( )在整个程序文件的什么位置;51 系列单片机是从程序存储器地址 0000H 开始执行的,所以在编写 51 系列单片机的汇编语言程序时,必须把第一条要执行的程序放在程序存储器地址 0000H 处。为了准确无误地做到这一点,我们需要借助 ORG 伪指令。另外,由于 51 单片机程序存储器的特殊性(比如后序章节讲到的中断入口地址和监控程序),一般在程序存储器的地址 0000H 处放一条 AJMP 指令直接跳转到主程序,初学者要使用 ORG 伪指令把主程序定位在程序存储器 0050H 开始的地方,以避开 51 单片机程序存储器的特殊区间。

例如:　　　ORG　　0000H　　　;把下面的一条指令强行定位在程序存储器的地址
　　　　　　　　　　　　　　　　　　0000H 处

　　　　　　　AJMP　　MAIN　　　;跳转到标号 MAIN 处开始执行

　　　　　　　ORG　　0050H　　　;把下面的一条指令强行定位在程序存储器的地址
　　　　　　　　　　　　　　　　　　0050H 处

　　MAIN:　　MOV　A,#46H　　;46H→A

　　　　　　　MOV　R5,#25H　　;25H→R5

　　　　　　　ADD　A,R5　　　;A+R5→A

　　　　　　　DA　A　　　　　;对寄存器 A 进行 BCD 码调整

　　HERE:SJMP HERE　　　　　;一直执行该指令,死循环

注意:上述程序的最后一条死循环指令很重要,必不可少。因为与 C 语言等高级语言不同,C 语言在程序执行完毕时,计算机 CPU 的控制权将由操作系统接手,由操作系统决定 CPU 接下来执行什么程序。但是,我们编写的汇编语言程序是直接在单片机上运行的,没有操作系统的支持,所以汇编语言的主程序不是循环调用子程序,就是在主程序的最后一条加上死循环程序,以避免 CPU 执行不可知的程序指令。因为没有循环,单片机会顺序地调用程序存储器中的指令,当调用的范围超出程序的存储范围时,单片机的运行是不可预知的,也是不允许的。

2.2.2 分支结构

在解决实际问题的过程中,往往需要根据条件而执行不同的处理程序,这种程序结构称为分支结构。与高级语言 C 语言的 if-else 结构和 switch-case 结构自动判断、自动跳转相比,51 系列单片机要实现分支结构程序,必须使用指令系统中的控制转移类指令:JB、JNB、JC、

JNC、JZ、JNZ、CJNE、JBC 等。这些指令可以完成正负判断、大小判断、溢出判断等任务。同时由于要自己处理跳转问题,分支程序的设计要点如下:

◆定义标志位或标志字节,建立条件转移指令可以测试的条件。

◆在指令系统中选用合适的条件转移指令。

◆在转移的目标地址处设定标号。

分支程序有两分支结构、多分支结构和散转分支结构三种基本形式。

(1)两分支结构

两分支结构如图2.8所示,相当于C语言中的if-else结构,其中 if 可以单独使用。

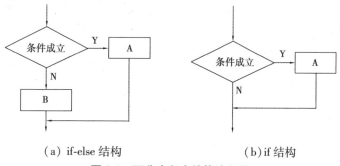

（a）if-else 结构　　　　　　　　（b）if 结构

图2.8　两分支程序结构流程图

例如:从51系列单片机的P1口读入一个值,当该值<128时存储于片内 RAM 的地址30H处,否则存储于片内 RAM 的地址50H处。

在编写程序之前,要先处理条件:P1口读入值<128。51系列单片机没有直接支持大于或小于跳转的指令,只能先进行减法运算,再通过与进位标志位 C 有关的跳转指令实现分支跳转;同时还要至少设置两个标号来分别指示条件不满足时的跳转目标地址和退出该分支结构的跳转目标地址。具体编程如下:

```
        MOV   A, P1      ;读取 P1 口的值,P1→A
        CLR   C          ;0→C,为了不影响单字节的减法运算
        SUBB  A, #128    ;A-128→A
        JNC   ELSE       ;如果 C=0,表示 P1 口的值≥128,跳转到 ELSE 执行,存
                          储在 50H 处
        MOV   A, P1      ;如果 C=1,表示 P1 口的值<128,重新读取 P1,因为读入
                          累加器 A 的值被减法运算的结果覆盖了
        MOV   30H, A     ;A→(30H)
        SJMP  OUT        ;if 执行完毕,不再执行 else 的内容,直接退出两分支结构
ELSE:   MOV   A, P1      ;重新读取 P1,因为读入累加器 A 的值被减法运算的结果
                          覆盖了
        MOV   50H, A     ;A→(50H)
OUT:    ……             ;两分支结构退出点的其他指令
```

(2)多分支结构

多分支结构如图2.9所示,相当于C语言中的 if-elseif…-else 结构,其中 else 可以省略。

例如:读按键键值程序,按键分别按在 P1.0—P1.3 上。当有按键按下时,对应的口为 0,

否则为 1。当 P1.0 为 0 时,键值为 1;当 P1.1 为 0 时,键值为 2;当 P1.2 为 0 时,键值为 3;当 P1.3 为 0 时,键值为 4;无按键按下时,键值为 0;一旦检测到有一个按键按下,则不再检测其他按键,把相应的键值存储到片内 RAM 的地址 30H 处。

程序流程图如图 2.10 所示。

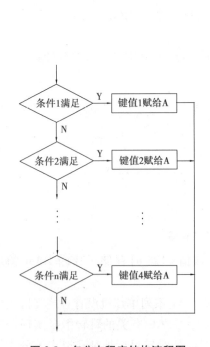

图 2.9　多分支程序结构流程图

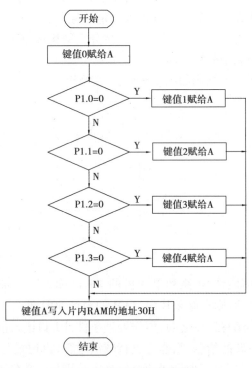

图 2.10　读键值程序流程图

编程如下:

	MOV	A, #00H	; 00H→A
	JB	P1.0, NEXT	; P1.0 为 1,连接在 P1.0 口的按键没有按下,跳转到 NEXT
	MOV	A, #01H	; P1.0 为 0,则不跳转,且 01H→A
	SJMP	OUT	; 已经检测到按键按下,不再检测其他按键,直接存储返回
NEXT:	JB	P1.1, NEXT1	; P1.1 为 1,连接在 P1.0 口的按键没有按下,跳转到 NEXT1
	MOV	A, #02H	; P1.1 为 0,则不跳转,且 02H→A
	SJMP	OUT	; 已经检测到按键按下,不再检测其他按键,直接存储返回
NEXT1:	JB	P1.2, NEXT2	; P1.2 为 1,连接在 P1.0 口的按键没有按下,跳转到 NEXT2
	MOV	A, #03H	; P1.2 为 0,则不跳转,且 03H→A
	SJMP	OUT	; 已经检测到按键按下,不再检测其他按键,直接存储返回

```
NEXT2：JB      P1.3，OUT        ；P1.3 为 1,连接在 P1.0 口的按键没有按下,直
                                  接存储键值
        MOV   A，#01H          ；P1.3 为 0,则不跳转,且 04H→A
        OUT：  MOV  30H，A       ；存储键值,A→(30H)
```

（3）散转分支结构

散转分支结构,相当于 C 语言中的 switch-case 结构,可以使用多分支结构指令实现散转分支结构程序设计;也可以利用基址寄存器加变址寄存器间接转移指令"JMP　@ A+DPTR",根据累加器 A 的内容实现散转分支结构程序设计。

例如　编写键值处理程序,实现如下功能:

键值存储于片内 RAM 中地址为 30H 的地方。

当键值=0 时,什么都不做;

当键值=1 时,跳转到标号 KEY1 开始执行;

当键值=2 时,跳转到标号 KEY2 开始执行;

当键值=3 时,跳转到标号 KEY3 开始执行;

当键值=4 时,跳转到标号 KEY4 开始执行。

在这里仅介绍使用指令"JMP　@ A+DPTR",编程如下:

```
        MOV   A，30H          ；(30H)→A,读取键值
        JZ    OUT             ；A=0,键值为 0,则跳出该程序段
        CLR   C
        RLC   A               ；因为 AJMP  rel 是两字节指令,所以需要把键值乘
                              以 2 才能实现正确跳转
        MOV   DPTR，#TABLE   ；TABLE 对应的地址→DPTR
        JMP   @ A+DPTR        ；实现散转跳转功能
TABLE：AJMP   KEY1            ；跳转到标号 KEY1 处开始执行
        AJMP   KEY2            ；跳转到标号 KEY2 处开始执行
        AJMP   KEY3            ；跳转到标号 KEY3 处开始执行
        AJMP   KEY4            ；跳转到标号 KEY4 处开始执行
OUT：  ……                    ；跳出该程序段的其他指令
```

2.2.3　循环结构

在解决实际问题时,一段程序需要被重复执行多次,只是每次参加运算的操作数不同,这时就要用到循环结构程序来完成。循环结构的程序可以缩短程序代码,减小程序所占的存储空间。

与高级语言 C 语言的 while 结构和 for 结构自动判断、自动修改、自动结束循环相比,51 系列单片机要实现循环结构程序,必须考虑以下四部分内容:

◆ 循环初始化

初始化部分主要用来设置循环的初始值,包括各工作单元的初始值以及循环的次数。这部分程序虽然只执行一次,但对于程序的运行十分重要,是完成循环结构程序设计的第一步。

◆循环体

循环体是循环结构程序的主体部分,是需要多次执行的程序。

◆循环修改

执行循环程序时,每执行一次,都要对参与工作的各工作单元的地址进行修改,以指向下一个待处理的单元。

◆循环控制

循环控制部分首先对循环次数进行修改,然后对循环结束条件进行判断。如果不满足循环结束条件,继续执行循环;如果满足循环结束条件,则退出循环,继续执行循环体后面的程序。

构成循环结构程序的形式和方法是多种多样的。根据循环结构层次的不同,可以把循环结构程序分为单重循环结构和多重循环结构。一个循环结构中不再包含其他的循环结构程序,则称该循环结构程序为单重循环结构程序。如果一个循环程序中包含有其他循环程序,则称该循环程序为多重循环程序。典型的循环结构流程图如图 2.11(a)所示,也可以将处理部分和控制部分位置对调,如图 2.11(b)所示。

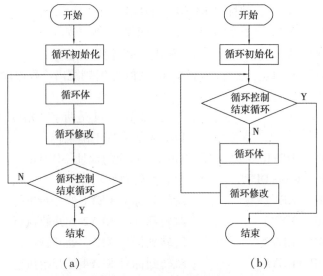

（a）　　　　　　　　　　　　（b）

图 2.11　顺序结构流程图

常用的循环控制方式有条件控制法和计数器控制法两种。

条件控制法在不知道要循环的次数只知道循环的条件时采用,此时可以根据给定的条件"标志位"或"标志字节"来判断程序是否继续循环。一般参照分支结构方法中的条件来判别指令。

计数器控制法就是把要循环的次数放入计数器中,程序每循环一次,计数器的值就减 1,直到计数器的内容为零时循环结束,一般用 DJNZ 指令。

(1)单重循环结构程序

例如:从单片机的片内 RAM 地址 40H 起存放有一个字符串,该字符串以字符内容 #00 为结尾标志,编程将该字符串传送到片外 RAM 地址 2000H 开始的连续单元中。

在开始编写程序之前,要先对循环进行初始化,要事先安排好寄存器间接寻址的寄存器,片内 RAM 寻址用 R0,赋初始地址值 40H,片外 RAM 寻址用 DPTR,赋初始地址值 2000H;循环体是从片内 RAM 取一个字节,并存储到片外 RAM;循环修改为每循环一次 R0 和 DPTR 的值加 1。因为字符串的长度不能够确定,因此,不能用计数器控制法来判断循环何时结束,应该以片内 RAM 中的内容是否为#00 来判断循环是否结束。

程序流程图如图 2.12 所示。

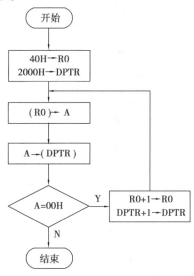

图 2.12　单重循环程序流程图

编程如下:

```
        MOV    R0, #40H          ; 40H→R0
        MOV    DPTR, #2000H      ; 2000H→DPTR
LOOP: MOV    A, @R0            ; (R0)→A
        MOVX @ DPTR, A          ; A→(DPTR)
        JZ     OUT              ; 如果 A = 0,字符串转移结束,退出循环体,否则
                                  继续执行下一条指令
        INC    R0               ; R0+1→R0
        INC    DPTR             ; DPTR+1→DPTR
        AJMP LOOP               ; 跳转到 LOOP,继续执行循环体
OUT:  ……                      ; 跳出循环体的其他指令
```

(2)多重循环结构程序

例如:软件延时 50 ms 程序,如果 51 系列单片机采用 12 MHz 的晶振,其机器周期为 1 μs,其每执行一条指令的周期约为 2 μs。

在开始编写程序之前,要先对外循环进行初始化,选用 R6 作为外循环的次数计数器,并赋初始值 100;外循环体是整个内循环(内循环的初始化、循环体、循环修改和循环控制);外循环修改为每循环一次 R6 的值减 1;判断 R6 是否为 0 来判断循环是否结束外循环。然后再对内循环进行初始化,选用 R7 作为内循环的次数计数器,并赋初始值 250;内循环体是原地跳转。内循环修改为每循环一次 R7 的值减 1;判断 R7 是否为 0 来判断循环是否结束内循环。要实现 50 ms 的延时,内外循环的次数为 25 000。

程序流程图如图 2.13 所示。

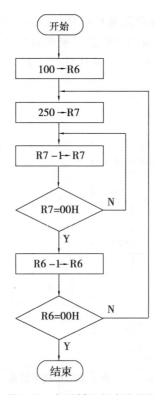

图 2.13　多重循环程序流程图

编程如下：

```
        MOV    R6, #100        ; 100→R6
LOOP1: MOV    R7, #250        ; 250→R7
LOOP2: DJNZ   R7, LOOP2       ; R7-1→R7, 如果 R7≠0, 跳转到该处再次执行该指令
                               ; 如果 R7=0, 退出内循环, 执行下一条指令
                               ; 此时该内循环共执行了 250 次, 约耗时 2 μs×250＝500 μs
        DJNZ   R6, LOOP1       ; R6-1→R6, 如果 R6≠0, 跳转到 LOOP1 处继续执行
                               ; 该外循环每执行 1 次, 它上面的内循环要执行约500 μs
                               ; 后, 才再次执行该外循环。当 R6＝0, 退出外循环, 此时
                               ; 该外循环共执行了 10 次, 总耗时 500 μs×100＝50 ms
```

该软件延时程序的大约延时时间的计算公式为：$T＝2×R7×R6$ μs。

2.2.4　子程序结构

当执行子程序调用指令时,单片机先将当前的 PC 值(断点地址,也是子程序调动指令的下一条指令的地址)压入堆栈,然后将 PC 修改为调用指令中标号所代表的地址,从子程序开始执行,从而实现了子程序的调用。子程序的最后一条指令必须是子程序返回指令 RET。执行 RET 指令时,单片机将原来存在堆栈中的断点地址弹出给 PC,程序返回子程序调用指令下面的指令继续执行,从而实现了子程序的正确返回。具体过程如图 2.14 所示。

另外,子程序还支持嵌套调用,即被调用的子程序还可以调用其他子程序,其具体过程如图 2.15 所示。

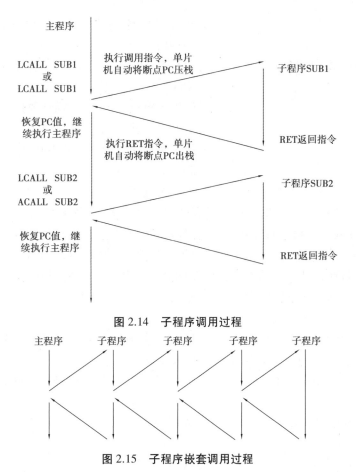

图 2.14　子程序调用过程

图 2.15　子程序嵌套调用过程

与 C 语言等高级语言的函数不同,汇编语言的子程序不能携带参数,也不能有返回值;而且子程序的第一条指令必须带标号(一般为子程序名),以便子程序调用指令的使用,同时子程序的最后一条指令必须是子程序返回指令 RET。

例如:软件延时 0.5s 子程序,如果 51 系列单片机采用 12 MHz 的晶振,其机器周期为 1 μs,其每执行一条指令的周期约为 2 μs。

DELAY：MOV　R5,#100		;子程序入口,标号为 DELAY,100→R5
LOOP1：MOV　R6,#10		;10→R6
LOOP2：MOV　R7,#250		;250→R7
LOOP3：DJNZ　R7,LOOP3		;R7−1→R7,如果 R7≠0,跳转到该处再次执行该指令
		;如果 R7=0,退出内循环,执行下一条指令
		;此时该内循环共执行了 250 次,约耗时 2×250=500 μs
DJNZ R6,LOOP2		;R6−1→R6,如果 R6≠0,跳转到 LOOP2 处继续执行
		;该指令每执行 1 次,内循环要执行约 500 μs
		;当 R6=0,退出中循环,执行下一条指令

           ; 此时中循环共执行了 10 次, 总耗时 $500 \times 10 =$

           5 000 μs = 5 ms

  DJNZ R5, LOOP1   ; R7−1→R7, 如果 R7≠0, 跳转到 LOOP1 处继续

           执行

           ; 该指令每执行 1 次, 中循环要执行约 5 ms

           ; 当 R7=0, 退出外循环, 退出该子程序

           ; 此时外循环共执行了 100 次, 总耗时 $5 \times 100 =$

           500 ms = 0.5 s

  RET   ; 子程序返回

该软件延时程序的大约延时时间的计算公式为: $T = 2 \times R7 \times R6 \times R5$ μs。

注意: 要是在调用子程序时带参数或返回值, 必须按约定首先在片内 RAM 开辟子程序的参数和返回值的存储空间。在调用子程序前先把参数写入约定好的参数存储空间, 然后调用子程序; 子程序运行时, 从约定的参数存储空间读入参数值, 并执行相应的操作, 在子程序返回前将返回值写入约定的返回值存储空间; 子程序返回后, 调用程序从约定的存储空间读回返回值。

例如: 求 3 个数的平均值子程序, 该程序 3 个参数存储在片内 RAM 的地址 30H—32H 处, 返回值(平均值)存储在片内 RAM 的地址 33H 处。

  AVER: MOV A, 30H   ; 子程序入口, 标号为 AVER, (30H)→A

     ADD A, 31H   ; A+(31H)→A

     ADD A, 32H   ; A+(32H)→A

     MOV B, #3   ; 3→B

     DIV AB   ; A÷B→A

     MOV 33H, A   ; A→(34H)

     RET   ; 子程序返回

如果要调用上述求平均值的子程序计算 23, 65, 58 三个数的平均值, 并把结果存储到片内 RAM 的地址 50H 处, 编程如下:

    MOV A, #23   ; 写参数, 23→A

    MOV 30H, A   ; A→(30H)

    MOV A, #23   ; 写参数, 65→A

    MOV 30H, A   ; A→(31H)

    MOV A, #23   ; 写参数, 58→A

    MOV 30H, A   ; A→(32H)

    LCALL AVER   ; 调用求平均值子程序 AVER

    MOV A, 33H   ; 读取子程序返回值, (33H)→A

    MOV 50H, A   ; A→(50H)

2.2.5 汇编语言主程序的完整结构

与高级语言 C 语言的主函数 main( ) 相比, 使用汇编语言编写的主程序有以下几点需要注意:

◆51 系列单片机从程序存储器 0000H 开始执行,而 C 语言从主函数 main( )开始执行。

◆由于 51 系列单片机程序存储器的特殊性(比如后序章节讲到的中断入口地址和监控程序),一般在程序存储器的地址 0000H 处放一条 AJMP 指令直接跳转到主程序。初学者可使用 ORG 伪指令把主程序定位在程序存储器 0050H 开始的地方,以避开 51 单片机程序存储器的特殊区间。

◆汇编语言主程序开始是初始化程序,初始化结束后是开总中断指令,然后是循环调用子程序,由于没有操作系统帮助管理 CPU,所以,调用子程序的循环必须是死循环。

汇编语言主程序的完整形式如下:

```
        ORG    0000H
        AJMP   MAIN
        ORG    0050H
MAIN: 初始化子程序或指令
        SETB   EA              ; 开总中断,由后续的知识可知,单片机在初始化时不
                                  允许中断
LOOP: LCALL  子程序 1         ; 调用子程序 1
        LCALL  子程序 2         ; 调用子程序 2
        ……
        LCALL  子程序 n         ; 调用子程序 n
        AJMP   LOOP            ; 循环调用各子程序
```

2.3　LED 电子彩灯的设计与制作

2.3.1　循环点亮 LED

用单片机控制 8 个 LED 发光二极管完成如图 2.16 所示的功能。

图 2.16 中,"X"表示灭,"O"表示亮,每一行为一次显示状态,每两个显示状态间隔 0.5 s,循环显示。

2.3.2　硬件电路与软件程序设计

把 8 个一般红色 LED 分别连接在单片机 P1.0—P1.7 脚上。LED 和单片机管脚之间还应该有一个限流电阻,因为一般红色LED 的管压降为 1.7~2.2 V,使其发光的安全电流为 1~10 mA,而 51 单片机 P1 口的驱动能力为 5 V、20 mA,为了保护 LED 安全工作,应该串联限流电阻,其最小限流电阻的计算公式见式2.1,其最小限流电阻为 330 Ω,选择 1 kΩ 的限流电阻是没问题的。同时,因为单片机的最大灌入电流比输出电流大,所以,选择相应管脚输出 0 时,点亮 LED。

```
XXXXXXXX
XXXXXXXO
XXXXXXOO
XXXXXOOO
XXXXOOOO
XXXOOOOO
XXOOOOOO
XOOOOOOO
```

图 2.16　子程序嵌套调用过程

$$R_{min} = (供电电压 - 最小管压降)/最大工作电流 = (5 - 1.7V)/10 \text{ mA} = 330 \ \Omega \qquad (2.1)$$

单片机要运行,除了上述电路外,还需要复位电路和时钟电路。同时因为当今的 51 系列

单片机都使用内部程序存储器,所以 EA 脚接高电平。另外,为了使单片机的供电电流更纯净,可在其电源脚两端并联一个 104 瓷片电容进行高通滤波,并联一个 16 V、100 μF 的电解电容进行低通滤波,上述两个电容的选型都是经验值。具体的硬件电路原理图如图 2.17 所示。

2.2 节已经详细介绍了软件延时程序的编写过程和延时时间的计算。在这里仅仅对主程序的编写进行讨论。在开始编写程序之前,要先对循环进行初始化,要事先安排好第一个输出值 11111110B 存放于累加器 A 中,并立即送 P1 口显示,并延时保持 0.5 s;循环体是累加器 A 的值立即送 P1 口显示,并延时保持 0.5 s 到片外 RAM;循环修改为每循环一次累加器 A 左移一位,第 0 位补零;可以确认循环次数 8,可以使用计数器控制法来判断循环何时结束,也可以判断累加器 A 是否为#00 来判断循环是否结束,这里选择后者。

主程序流程图如图 2.18 所示。

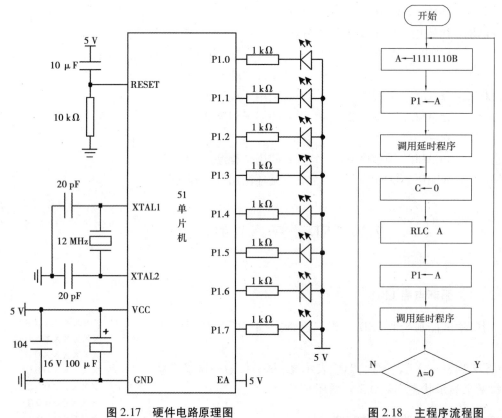

图 2.17　硬件电路原理图　　　　图 2.18　主程序流程图

编程如下:

ORG	0000H	;把下面的一条指令强行定位在程序存储器的地址 0000H 处
AJMP	MAIN	;跳转到标号 MAIN 处开始执行
ORG	0050H	;把下面的一条指令强行定位在程序存储器的地址 0050H 处
MAIN: MOV	SP, #60H	;初始化堆栈指针,60H→SP
START: MOV	A, #11111110B	;11111110B→A
MOV	P1, A	;A→P1

```
                ACALL   DELAY            ;调延时子程序
PART：  CLR  C                           ;0→C
                RLC   A                  ;累加器 A 左移一位,第 0 位补 0
                MOV   P1, A              ;A→P1
                ACALL   DELAY            ;调延时子程序
                JNZ   PART               ;若 A≠0,则跳转到 PART 处继续执行
                AJMP   START             ;若 A=0,则跳转到 START 处继续执行

DELAY：MOV   R5, #100                     ;延时 0.5 s 子程序,详细注释见 2.2.4 节
LOOP1：MOV   R6, #10
LOOP2：MOV   R7, #250
LOOP3：DJNZ   R7, LOOP3
                DJNZ   R6, LOOP2
                DJNZ   R5, LOOP1
                RET
                END
```

2.3.3　仿真和实物制作

跑马灯

跑马灯仿真图如图 2.19 所示。单片机的 P1 口分别连接了 8 个发光二极管的阴极,8 个发光二极管的阳极并接在一起与+5 V 电源相连。当 P1 口的引脚输出为低电平"0"时,相应的发光二极管被点亮;当 P1 口的引脚输出为高电平"1"时,对应的发光二极管熄灭。

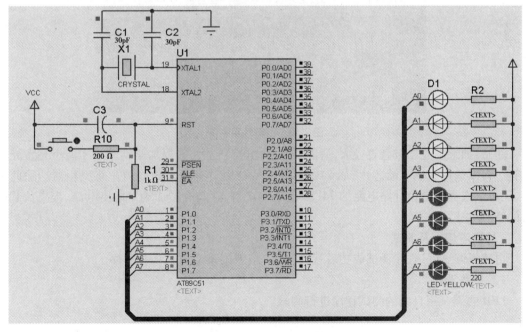

图 2.19　跑马灯仿真图

69

2.3.4　电路制作

按照图 2.19 所示电路原理,利用单片机最小系统外接 8 个发光二极管(LED),保留最小系统中其他部分不变,买好 LED、最小系统的复位电路元件、晶振电路元件,同时购买 STC89S51 单片机和其对应的单片机插座,此插座的插座脚数要与单片机脚数相同。单片机控制 8 个发光二极管闪烁电路所需的元器件清单见表 2.8。

表 2.8　元器件清单

元器件名称	参　数	数量	元器件名称	参　数	数量
单片机	STC89C51	1	弹性按键		1
电阻	200 Ω	8	电阻	10 kΩ	1
发光二极管		8	电解电容	22 μF	1
晶体振荡器	12 MHz	1	IC 插座	DIP40	1
瓷片电容	30 pF	2	5 V 电源接头		1

(1)硬件电路板制作

在万能板上按电路图焊接元器件,完成电路板制作。焊接好的电路板实物照片如图2.20所示。

图 2.20　跑马灯实物展

注意:如果发光二极管直径大,所需要的驱动电流也大,需要加驱动芯片才能点亮发光二极管。可以选用集成驱动芯片,如 74LS240,它是一块具有驱动功能的 8 路反相器。除此之外,还可以选择集电极开路电路的 74LS06、74LS07 等,它具有增加端口扇出电流、提高负载能力的特点。

(2)程序烧写及测试

电路板调试好,程序调试成功后就可按 2.4 节或附录 C 方法固化程序。

(3)电路调试

LED 的调试用自编的测试程序进行测试。

2.4　如何将程序"装入"单片机

前面的章节介绍了指令/程序。有人会问:单片机能认识这些指令吗? 这些指令放在单片机中的什么地方? 这些指令是如何进入单片机的? 单片机又是怎样找到这些指令的?

前面章节的单片机指令如"SETB""CLR""ACALL""SJMP"等称为指令的助记符,即帮助人们记忆单片机指令的符号。这种符号由美国 Intel 公司设计,都是英文或英文缩写,只能被人们所识别,单片机这种较低级的电子器件是无法直接识别的,更谈不上根据这些英文和符号的指示执行特定的操作。所以必须通过某种编译程序把这些指令转换成单片机能识别的、能执行的控制代码(指令的十六进制代码),俗称机器码。将指令的助记符转换成机器码的过程称为编译。如指令"SETB　P1.0"经编译后其机器码为"D2H 90H",指令"CLR　P1.0"经编译后其机器码为"C2H 90H"。不同的指令其对应的机器码不同,因而能被单片机识别、执行。用助记符编写的程序经计算机中开发环境编译成机器码后以 HEX 文件格式保存在计算机硬盘上。单片机中有个专门用于存储程序代码的地方,称为程序存储器(ROM)。将程序装入到单片机,本质上是将程序代码写入单片机 ROM 中,"写入"也称为"装载""下载""烧写"等。

通常可以用下面两种方法中的任意一种将 HEX 文件"写入"到单片机中。

2.4.1　利用编程器将程序写入单片机

将程序烧写到可编程目标芯片如单片机、存储器等的装置被称为"编程器"(Programmer),也称"烧写器",如图 2.21 所示。

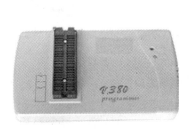　　　　

(a)专业编程器　　　　　　　(b)一种较廉价的编程器

图 2.21　不同类型的编程器

编程器的特点是有一个插座,可把单片机或其他存储器芯片插到其中,然后用编程器插座的一个小扳手把单片机或存储器芯片夹(锁)住,这样,单片机或存储器的每一个金属引脚与编程器插座的每一个插孔实现了电气连接,单片机或存储器芯片就做好了接收数据的准备。编程器通过串口、USB 口或并口与普通计算机连接,计算机中装有烧写单片机的应用程序控制编程器工作,将 HEX 文件中的十六进制代码写入单片机 ROM 中,如图 2.22 所示。根据程序的长度和编程器的烧写速度,这个烧写过程会持续几秒到几分钟不等。烧写好后,松开编程器插座上的小扳手,将单片机取下来。这时,单片机的程序存储器(ROM)中已经装好了需要执行的各种指令。把单片机插到用户电路板中,接通电源,则单片机就自动开始执行指令,实现对外部器件的控制。

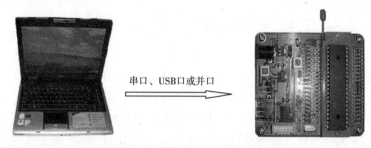

图 2.22　利用编程器将程序写入单片机

专业编程器可烧写的芯片品种很多,其数量可达数百种甚至更多,其中生产型的编程器烧写速度快,并且可一次烧写多个芯片,所以它们的售价一般都比较高,在几百元以上。在一般学习场合使用这样的编程器,多少有点大材小用。

2.4.2　利用下载线将程序写入单片机

市面上新型单片机如前面提到的 AT89S51 和 STC89C51RC 等,几乎都支持 ISP(In System Programming)下载功能,俗称在线下载。所谓在线下载,就是不使用编程器而用下载线在用户电路板上直接将程序烧写到可编程目标芯片如单片机、存储器上等。

下载线本质上是一种更简单、更廉价的编程装置,其市场售价一般几十元。常用的下载线有串口型和并口型,如图 2.23 所示。

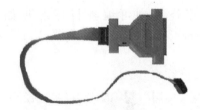

(a)RS-232 串口型下载线　　　　　　　　(b)并口型下载线

图 2.23　常见的下载线类型

(1)RS-232 串口型下载线

如图 2.23(a)所示,其一端与计算机 RS-232 串口相连,另一端通过电路板的串口连接单片机的 UART 串口。它可将程序下载到单片机中的 F1ash-ROM 区。电路板上除了需要安排 RS-232 到 TTL 的电平转换环节外,不再需要其他硬件辅助电路。这些带 UART 串口下载功能的单片机,其工作原理是:在单片机上电复位后的一段时间(几十到几百毫秒)内,芯片自动检测有无来自单片机串口的有效命令。如果没有,就运行芯片内的用户程序;如果有,就进行 ISP 下载。支持串口型下载的单片机有很多,如前面提到的 STC 公司的 51 系列单片机 STC89C51/52RC 等,这些芯片内部安排有专门的 Flash-ROM 区,出厂时已固化有 ISP 引导程序。

(2)并口型下载线

如图 2.23(b)所示,其一端与计算机并口(打印机接口)相连;另一端通过电路板的 ISP 接口连接单片机的 SPI 口。它也可将程序下载到单片机中的 F1ash-ROM 区。这些单片机以 SPI 口的方式支持串行在线编程,它的 4 个引脚 P1.4、P1.5、P1.6、P1.7 分别构成 SPI 口的 $\overline{\text{SS}}$、

MOSI、MISO 和 SCK,当引脚 RST 被置为高电平时,允许对芯片进行在线编程和校验。此时计算机并口以双向口方式工作,是 SPI 通信的主设备,而单片机是 SPI 通信的从设备。采用并口型下载线烧写程序的单片机有前面提到的 Atmel 公司的 AT89S51/52 等。

一种自行开发的 51MCU-1 型单片机教具电路板如图 2.24 所示。

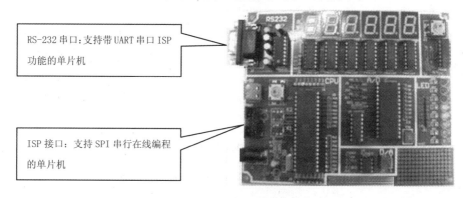

RS-232 串口:支持带 UART 串口 ISP 功能的单片机

ISP 接口:支持 SPI 串行在线编程的单片机

(a)教具提供的两种用来在线烧写程序的接口

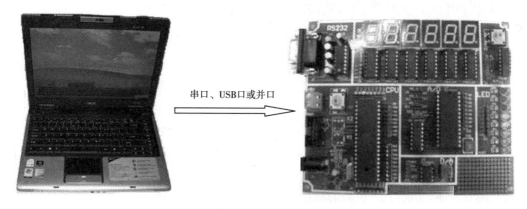

串口、USB口或并口

(b)利用下载线将程序写入单片机

图 2.24　51MCU-1 型单片机教具电路板

该电路板可采用上述两种类型的下载线将程序写入新型单片机:电路板上有一个 RS-232 串口和 ISP 接口,RS-232 串口用来将目标程序 HEX 文件下载到带 UART 串口 ISP 功能的单片机,如 STC 公司的 51 系列单片机;ISP 接口用来将程序下载到支持 SPI 串行在线编程的单片机,如 Atmel 公司的 51 系列单片机。

利用下载线烧写单片机时,下载线的一端连接计算机,另一端与电路板相连,如图 2.24(b)所示。通过专用工具软件如 STC-ISP、Atmel MCU ISP 等,就能把 hex 机器码文件烧写到单片机中。程序烧写完后,可直接在电路板上运行程序、检验程序功能。

总结与思考

本章介绍了单片机汇编语言的定义,介绍了 51 系列单片机的汇编语言格式、寻址方式;详细介绍了 51 系列单片机的数据传递指令、算术运算指令、逻辑运算指令、控制转移指令、位操作指令和汇编语言伪指令;在此基础上,详细介绍了汇编语言顺序、分支、循环三种基本结构程序的设计和编写,以及子程序和主程序的编写要求和过程。

通过对本章的学习,应当了解到单片机汇编语言的编程与高级语言大体相同,也是顺序、分支、循环三种基本结构。在编程以前,最好使用这三种基本结构先画出程序的流程图,再使用汇编语言编写程序。

本章的学习内容具有承上启下的作用。在本章以前,主要讲述单片机的定义和 51 系列单片机的内部组成,外部引脚和寄存器等硬件;本章以后,主要讲述 51 系列单片机典型模块(如中断,定时器,串口等)的编程使用和按键,显示,A/D 采集和 D/A 输出等典型外围电路的设计和程序的编写。学好本章的汇编语言指令和编程技巧,是后续学习单片机的基础。

习 题 2

2.1　设内部 RAM 中 40H 单元的内容为 30H,写出当执行下列程序段后寄存器 A、R0 和内部 RAM 中 30H、31H、32H 单元的内容为何值?

```
MOV  A,40H
MOV  R0, A
MOV  A, #20H
MOV  @R0, A
MOV  A, #60H
MOV  32H, A
INC  R0
MOV  @R0, #70H
```

2.2　编写程序,实现对 16 位数的减法运算。

2.3　简述软件延时程序的原理,利用时间计算公式计算延时 1 s,2 s 和 5 s 时 R5、R6、R7 的值。

2.4　设累加器 A=01010101B,写出分别执行下列指令后的结果累加器 A 的值。

```
ANL  A, # 00001111B
ORL  A, # 00001111B
XRL  A, # 00001111B
```

2.5　简述转移指令 AJMP addr11、SJMP rel、LJMP addr16 的不同。

2.6　画出单片机的三种基本程序结构流程图。

2.7　单片机支持分支结构程序的常用指令有哪几条?

2.8　能否从一个子程序内部使用转移指令直接跳转到另一个子程序执行?

2.9　能否使用转移指令从主程序跳到子程序?

2.10　能否使用转移指令从子程序跳到主程序?

2.11　在片内 RAM 地址 40H 到 4FH 的存储单元中存有 16 个无符号数,编程找出其中的最小值,放入片内 RAN 的地址为 50H 的单元。

项目 **3**
简易秒表的设计与制作

本章要点
◆重点掌握单片机的中断系统及应用。
◆重点掌握单片机的定时器/计数器的结构及工作原理。
◆重点掌握单片机的定时器/计数器的应用。

本章主要介绍单片机的中断系统、单片机的定时器/计数器结构及工作原理,在此基础上讲述了中断系统的应用和定时器/计数器的应用;重点介绍了利用单片机的定时器/计数器设计,简易方波发生器、简易计时器和简易秒表的硬件电路设计和软件程序设计。

3.1　认识单片机的中断系统

单片机都具有实时处理能力,即能对外部或是内部发生的事件作出及时处理,这是靠中断技术来实现的。

3.1.1　单片机中断的魅力

单片机对外部或内部事件的处理方式有两种:查询方式和中断方式。如果单片机没有中断功能,单片机就只能采用程序查询方式,即 CPU 不断查询是否有事件发生。显然,采用程序查询方式,CPU 不能再做别的事,而是在大部分时间处于等待状态,使 CPU 的工作效率较低。

为了提高 CPU 的利用效率和进行实时数据处理,CPU 常采用中断方式对外部或是内部事件进行处理。

(1)中断的基本概念

当 CPU 正在处理某项事件时,如果外部或内部发生了紧急情况要求 CPU 迅速去处理,于是 CPU 暂停当前正在处理的工作,转去处理这紧急情况,待紧急情况处理完以后再回到原来被中断的地方继续执行原来被中断的程序,这一过程就称为中断,如图 3.1 所示。

现实生活中的中断例子也屡见不鲜。例如某学生正在做作业时突然手机铃响了,他可能会暂停做作业而去接电话,待电话接完,他会重新接着做作业。这种暂停手头任务转去执行其他紧急任务,待紧急任务处理完后再接着执行原来任务的现象就是中断,如图 3.2 所示。

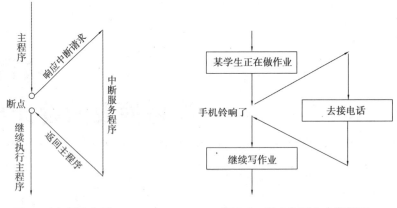

图 3.1　中断示意图　　　　图 3.2　现实生活中中断例子

引起紧急情况的来源称为中断源。中断源可分为两大类:一类来自单片机内部,称为内部中断源;另一类来自单片机外部,称为外部中断源。

中断源要求服务的请求称为中断请求或中断申请,对中断请求或中断申请提供的服务称为中断服务,能实现中断功能的硬件和软件称为中断管理系统,中断管理系统处理事件的过程称为中断响应过程。

单片机处理中断有 4 个步骤:中断请求、中断响应、中断处理和中断返回。中断源向 CPU 提出中断请求,CPU 暂时中止执行的程序,转去执行中断服务程序。为了保证中断服务程序执行完还能返回到原来被打断的地方(即断点)继续执行原来的程序,系统硬件会自动把断点地址 PC 值压入堆栈,同时,用户还得注意保护有关的工作寄存器、累加器、标志位信息,这称为现场保护。最后执行中断返回指令,从堆栈中自动弹址 PC,继续执行被中断的程序。

(2)MCS-51 **中断系统**

1)MCS-51 单片机的中断源

MCS-51 单片机的中断源共有 5 个,可分为如下三类:

◆外部中断:/INT0、/INT1。

◆定时中断:T0、T1。

◆串行口中断。

说明:

◆外部中断源:当/INT0(P3.2)引脚、INT1(P3.3)引脚出现低电平或下降沿时。

◆定时中断源:内部定时/计数器 T0、T1 定时时间到,或计数值超限溢出时。

◆串行口中断源:一帧串口数据发送/接收完成,即一帧数据送出或收到时。

CPU 响应中断后,只知道有中断源请求中断服务,并不知道是 5 个中断源中的哪个中断源。CPU 寻找哪个中断源发出中断请求的过程即为中断识别。中断识别的目的是获取中断服务程序入口地址。每个中断源都有一个位于 ROM 内的中断服务程序入口地址。中断服务程序入口地址见表3.1。

表 3.1　中断服务程序入口地址

中断源	中断服务程序入口	中断号
外部中断 0(/INT0)	0003H	0
定时器 T0 中断(T0)	000BH	1
外部中断 1(/INT1)	00013H	2
定时器 T1 中断(T1)	001BH	3
串行口中断(TI/RI)	00023H	4

C51 中不必考虑中断向量,使用中断号即可。C51 中断服务函数声明的格式:
函数名（ ）　　interrupt n［using m］
　　　　　　　｛函数体语句｝
其中:interrupt n 表示是一个关于中断源 n 的中断服务函数;using m 表示该中断函数将使用第 m 组工作寄存器。若缺省 using 项,则系统默认为是当前工作寄存器组。

2)MCS-51 单片机中断系统的结构

MCS-51 单片机有 5 个中断源,每个中断源具有两个中断优先级,用户可用软件来设置优先级别的高低;也可用软件屏蔽或接受所有中断请求,或用软件来屏蔽或接受某一个中断请求。MCS-51 单片机中断系统结构图如图 3.3 所示。

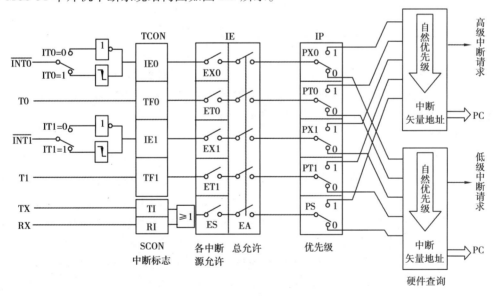

图 3.3　MCS-51 单片机中断系统结构图

由图 3.3 可知,系统为每个中断源设立了中断请求标志位,该中断请求标志可由中断源硬件进行修改(置 1 或清 0);由中断请求标志位的值,CPU 即可确定是否有突发事件的发生。

在每个机器周期的 S6 期间,CPU 对中断请求信号进行检测,而在下一个机器周期对采样到的中断进行查询;当某一中断源发出中断请求时,CPU 能根据相关条件(如中断优先级、是否允许中断)进行判断,决定是否响应这个中断请求。若允许响应这个中断请求,CPU 在执行完相关指令后,会自动完成断点地址压入堆栈、中断矢量地址送入程序计数器 PC、撤除本次中断请求标志,转入执行相应中断服务程序。

在这里,是否允许中断是由各个中断源的中断允许标志位和系统总中断允许标志位决定的。系统为每个中断源设立了中断允许标志,在系统总中断允许标志位为 1 的情况下,当某个中断源的中断允许标志为 1 时,可自动执行相应中断函数,否则不予响应。中断允许标志可在程序中由软件修改。

系统为每个中断源设立了中断优先级标志。当该标志为 1 时,可优先执行相应中断函数,否则按请求先后顺序响应。中断优先级标志可在程序中由软件修改。

3)与 MCS-51 单片机中断系统有关的 SFR

由图 3.3 可知,与 MCS-51 单片机中断系统有关的 SFR 主要有以下几个:

◆定时器控制寄存器 TCON ——主要用于保存中断信息。

◆串行口控制寄存器 SCON ——主要用于保存中断信息。

◆中断允许寄存器 IE ——主要用于控制中断的开放和关闭。

◆中断优先级寄存器 IP——主要用于设定优先级别。

◆硬件查询电路——主要用于判定 5 个中断源的自然优先级别。

①TCON(88H):定时器控制寄存器,控制定时器的启动与停止,并保存 T0、T1 的溢出中断标志和外部中断的中断标志见表 3.2。

表 3.2　定时器控制寄存器 TCON 的格式

TCON	TF1	TR1	TF0	TR0	IE1	IT1	IE0	IT0
位地址	8FH	8EH	8DH	8CH	8BH	8AH	89H	88H

TF1(TCON.7):定时器 1 溢出标志位。定时器 1 被启动计数后,从初值开始进行加 1 计数,当定时器 1 计满溢出时,由硬件自动使 TF1 置 1,并申请中断。该标志一直保持到 CPU 响应中断后,才由硬件自动清 0。也可用软件查询该标志,并由软件清 0。

TR1(TCON.6):定时器 1 启停控制位。

IT1(TCON.2):外部中断 1 触发方式选择位。当 IT1 = 0 时,外部中断 1 为电平触发方式。在这种方式下,CPU 在每个机器周期的 S5P2 期间对 INT1(P3.3)引脚采样,若采到低电平,则认为有中断申请,硬件自动使 IE1 置 1;若为高电平,认为无中断申请或中断申请已撤除,硬件自动使 IE1 清 0。在电平触发方式中,CPU 响应中断后硬件能自动使 IE1 清 0。当 IT1 = 1 时,外部中断 1 为边沿触发方式。CPU 在每个机器周期的 S5P2 期间采样 INT1(P3.3)引脚。若在连续两个机器周期中采样到先高电平后低电平,则认为有中断申请,硬件自动使 IE1 置 1,此标志一直保持到 CPU 响应中断时,才由硬件自动清 0。在边沿触发方式下,为保证 CPU 在两个机器周期内检测到先高后低的负跳变,输入高低电平的持续时间至少要保持 12 个时钟周期。

IE1(TCON.3):外部中断 1 请求标志位。IE1 = 1 表示外部中断 1 向 CPU 申请中断。当CPU 响应外部中断 1 的中断请求时,由硬件自动使 IE1 清 0。

TF0(TCON.5):定时器 0 溢出标志位。其功能同 TF1。

TR0(TCON.4):定时器 0 启、停控制位。其功能同 TR1。

IE0(TCON.1):外部中断 0 请求标志位。其功能同 IE1。

IT0(TCON.0):外部中断 0 触发方式选择位。其功能同 IT1。

②SCON(98H):串行口控制寄存器,低 2 位 TI 和 RI 保存串行口的接收中断和发送中断标志,见表 3.3。

表 3.3 串行口控制寄存器 SCON 的格式

SCON	SM0	SM1	SM2	REN	TB8	RB8	TI	RI
位地址	9FH	9EH	9DH	9CH	9BH	9AH	99H	98H

TI(SCON.1):串行发送中断请求标志。CPU 将一个字节数据写入发送缓冲器 SBUF 后启动发送,每发送完一帧数据,硬件自动使 TI 置 1。但 CPU 响应中断后,硬件并不能自动使 TI 清 0,必须由软件使 TI 清 0。

RI(SCON.0):串行接收中断请求标志。在串行口允许接收时,每接收完一帧数据,硬件自动使 RI 置 1。但 CPU 响应中断后,硬件并不能自动使 RI 清 0,必须由软件使 RI 清 0。

③IE(A8H):中断允许寄存器,控制 CPU 对中断的开放或屏蔽以及每个中断源是否允许中断,见表 3.4。

表 3.4 中断允许寄存器 IE 的格式

IE	EA	—	—	ES	ET1	EX1	ET0	EX0
位地址	AFH			ACH	ABH	AAH	A9H	A8H

中断总允许标志——EA,1→允许全部,0→禁止全部。

串口中断允许标志——ES,1→允许,0→禁止。

定时中断 0 允许标志——ET0,1→允许,0→禁止。

定时中断 1 允许标志——ET1,1→允许,0→禁止。

外部中断 0 允许标志——EX0,1→允许,0→禁止。

外部中断 1 允许标志——EX1,1→允许,0→禁止。

④IP(B8H):中断优先级寄存器,设定各中断源的优先级别,见表 3.5。

表 3.5 中断优先级寄存器 IP 的格式

IP	—	—	—	PS	PT1	PX1	PT0	PX0
位地址				BCH	BBH	BAH	B9H	B8H

串口中断优先级标志——PS,1→高优先,0→低优先。

定时中断 0 优先级标志——PT0,1→高优先,0→低优先。

定时中断 0 优先级标志——PT1,1→高优先,0→低优先。

外部中断 0 优先级标志——PX0,1→高优先,0→低优先。

外部中断 1 优先级标志——PX1,1→高优先,0→低优先。

优先级原则:

◆高级中断请求可以打断正在执行的低级中断;

◆同级或低级中断请求不能打断正在执行的中断;

◆ 同级中断源同时提出请求时按自然优先级响应：

／INT0→ T0 → ／INT1→T1→TI/RI

◆ 单片机复位时，IP 各位都被置 0，所有中断源为低级中断。

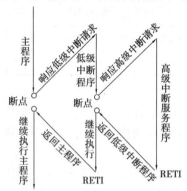

图 3.4　2 级中断嵌套示意图

中断标志汇总表见表 3.6。

表 3.6　中断标志汇总表

中断源名称	中断请求标志	中断允许标志	中断优先标志	中断触发方式标志	中断编号
$\overline{\text{INT0}}$	IE0	EX0	PX0	IT0	0
T0	TF0	ET0	PT0	—	1
$\overline{\text{INT1}}$	IE1	EX1	PX1	IT1	2
T1	TF1	ET1	PT1	—	3
TI/RI	TI/RI	ES	PS	—	4

CPU 响应中断必须满足如下条件（必须同时满足）：

◆ 有中断源发出中断请求。

◆ 中断总允许位 EA＝1。

◆ 请求中断的中断源的中断允许位为 1。

4）中断请求的撤除

CPU 响应某中断请求后，在中断返回前，应该撤销该中断请求，否则会引起另一次中断。不同中断源中断请求的撤除方法是不一样的。

①定时器溢出中断请求的撤除

CPU 在响应中断后，硬件会自动清除中断请求标志 TF0 或 TF1。

②串行口中断的撤除

在 CPU 响应中断后，硬件不能清除中断请求标志 TI 和 RI，而要由软件来清除相应的标志。

③外部中断的撤除

外部中断为边沿触发方式时，CPU 响应中断后，硬件会自动清除中断请求标志 IE0 或 IE1。

外部中断为电平触发方式时，CPU 响应中断后，硬件会自动清除中断请求标志 IE0 或

IE1,但由于加到 INT0 或 INT1 引脚的外部中断请求信号并未撤除,中断请求标志 IE0 或 IE1 会再次被置1,所以在 CPU 响应中断后应立即撤除 INT0 或 INT1 引脚上的低电平。

3.1.2 单片机中断的应用

在使用单片机的中断功能时,需对中断系统进行初始化。其初始化步骤如下:

①开放 CPU 中断和有关中断源的中断允许,设置中断允许寄存器 IE 中相应的位。

②根据需要确定各中断源的优先级别,设置中断优先级寄存器 IP 中相应的位。

③根据需要确定外部中断的触发方式,设置定时器控制寄存器 TCON 中相应的位。

【例 3.1】 如图 3.5 所示电路,要求采用中断方式编程实现按键按压一次,发光二极管的状态反转一次,发光二极管初始状态为灭。

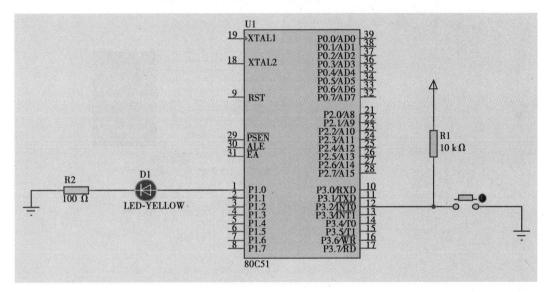

图 3.5 例 3.1 电路图

参考程序如下:

```
#include<reg51.h>
sbit button = P3^2;          //定义位变量
sbit led = P1^0;             //定义位变量

void int0( ) interrupt 0     //外部中断 0 中断子程序
{
    led = ~led;              //状态取反
}

void main( )
{
    button = 1;             //为输入做准备
    EA = 1;                //开总中断
```

```
IT0 = 1;           //设置外部中断 0 为下降沿触发
EX0 = 1;           //开外部中断 0 的中断开关
led = 0;           //初始状态为灭
while(1);
}
```

【例 3.2】　如图 3.6 所示电路,要求采用中断方式编程实现按键按压一次,数码管的值加 1,到 F 时重新从 0 开始,数码管初始状态为黑屏。

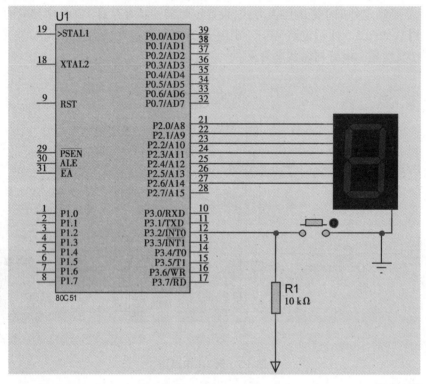

图 3.6　例 3.2 电路图

参考程序如下:

```c
#include<reg51.h>
sbit button = P3^2;
unsigned char duan[ ] = {0x3f,0x06,0x5b,0x4f,0x66,0x6d,0x7d,0x07,0x7f,0x6f,
        0x77,0x7c,0x39,0x5e,0x79,0x71};
unsigned char i;

void int0( ) interrupt 0
{
    P2 = duan[i];
        i++;
        if(i == 16)
            i = 0;
```

```
    }

void main( )
    {
        button = 1;
        EA = 1;
        ITO = 1;
        EX0 = 1;
        P2 = 0;
        while(1);
    }
```

【例3.3】 如图3.7所示电路,编程验证两级外部中断的嵌套效果。要求key1优先级为低,key2优先级为高,key1按键按压一次LED发光二极管闪烁5次,key2按键按压一次数码管从0循环显示到F。LED发光二极管初始状态为灭,数码管初始状态为黑屏。

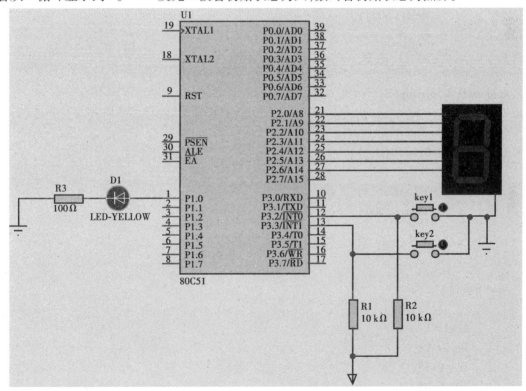

图3.7 例3.3电路图

参考程序如下:

```
#include<reg51.h>
sbit key1 = P3^2;
sbit key2 = P3^3;
sbit led = P1^0;
unsigned char duan[ ] = {0x3f,0x06,0x5b,0x4f,0x66,0x6d,0x7d,0x07,0x7f,
```

$$0x6f,0x77,0x7c,0x39,0x5e,0x79,0x71\} ;$$

```c
void delay(unsigned int z)
{
        unsigned int x,y;
        for(x=z;x>0;x--)
                for(y=125;y>0;y--);
}

void int0() interrupt 0
{
        unsigned char j;
        for(j=0;j<10;j++)
        {
                led = ~led;
                delay(500);
        }
}

void int1() interrupt 2
{
        unsigned char i;
        for(i=0;i<16;i++)
        {
                P2=duan[i];
                delay(500);
        }
}

void main()
{
        key1=1;
        key2=1;
        IE=0x85;
        IP=0x04;
        IT0=1;
        IT1=1;
        P2=0;
        led=0;
        while(1);
}
```

3.2　认识单片机的定时器/计数器

定时器/计数器是单片机系统一个重要的部件,其工作方式灵活、编程简单、使用方便,可用来实现定时控制、延时、频率测量、脉宽测量、信号发生、信号检测等。此外,定时/计数器还可作为串行通信中波特率发生器。

3.2.1　单片机的定时器/计数器

MCS-51单片机有两个16位定时器/计数器,分别为T0和T1。T0和T1又分别可分为两个8位定时器/计数器,名为TH0/TL0和TH1/TL1。

MCS-51单片机的定时器/计数器的本质都是计数器。计数在生活中处处可见,例如录音机上的计数器、家里用的电度表、汽车上的里程表等。定时器的本质是计数器,例如一个闹钟定时10 min后响,只要秒针走600次即可,可见,定时时间与计数次数之间十分相关。

对MCS-51单片机来说,当选择单片机的机器周期作为计数对象时,它们是定时器;当对通过T0引脚(P3.4)或T1引脚(P3.5)引入的外部脉冲作为计数对象时,它们是计数器。定时/计数功能由软件控制和切换,如图3.8所示。

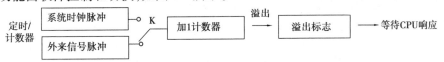

图3.8　MCS-51单片机定时器/计数器结构示意图

(1)定时器/计数器的基本工作原理

MCS-51单片机定时器/计数器工作原理如图3.9所示。

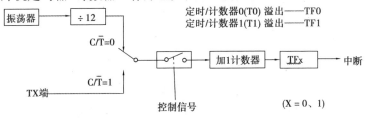

图3.9　MCS-51单片机定时器/计数器工作原理图

◆当T0或T1用作定时器时,其计数脉冲来源于晶振时钟输出信号的12分频,即每个机器周期使计数器加1;

◆当T0或T1用作计数器时,只要T0或T1引脚上有一个从1到0的负跳变,相应的计数器就加1;单片机只在每个机器周期的S5P2状态对T0及T1引脚上的电平进行一次采样,同时单片机需要用两个机器周期来识别一次负跳变,所以单片机计数器的最高计数频率为晶振频率的1/24。

(2)定时器/计数器的结构

MCS-51单片机定时器/计数器工作原理如图3.10所示。由图3.10可知,16位的定时器/计数器分别由两个8位寄存器组成,即:T0由TH0和TL0构成,T1由TH1和TL1构成。每个寄存器均可单独访问,这些寄存器是用于存放定时初值或计数初值的。

有一个 8 位的定时器方式寄存器 TMOD 和一个 8 位的定时器控制寄存器 TCON。这些寄存器之间是通过内部总线和控制逻辑电路连接起来的,定时器/计数器的工作方式、定时时间和启停控制通过由指令确定这些寄存器的状态来实现。TMOD 主要用于设定定时器的工作方式,TCON 主要用于控制定时器的启动与停止,并保存 T0、T1 的溢出和中断标志。

有两个外部引脚 T0(P3.4) 和 T1(P3.5),分别用于定时器/计数器 0 和定时器/计数器 1 接入外部计数脉冲信号。

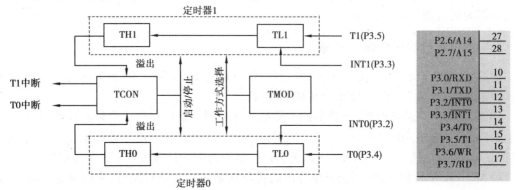

图 3.10　MCS-51 单片机定时器/计数器结构图

(3)定时器/计数器的控制

定时器/计数器的控制关系(以 T1 为例)如图 3.11 所示。

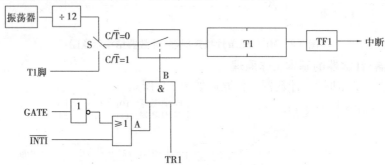

图 3.11　T1 定时器/计数器控制关系图

与定时器/计数器有关的 SFR 主要有 TMOD 和 TCON,分别介绍如下:

1)定时器方式控制寄存器 TMOD

定时器方式控制寄存器 TMOD 中的各位定义如图 3.12 所示。

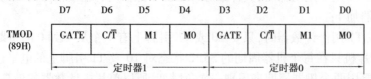

图 3.12　TMOD 的格式

GATE:门控位,参与定时器的启停管理。0:软件启动定时器,即用指令使 TCON 中的 TR1(TR0)置 1 可启动定时器 1(定时器 0)。1:软件和硬件共同启动定时器,即用指令使 TCON 中的 TR1(TR0)置 1 时,只有外部中断 INT1(INT0)引脚输入高电平时才能启动定时器 1(定时器 0)。

$C/\overline{T}$:模式选择位。0:定时,1:计数。

M1M0:方式选择位。00:方式 0,01:方式 1,10:方式 2,11:方式 3。

2)定时器控制寄存器 TCON

定时器控制寄存器 TCON 中的各位定义如图 3.13 所示。

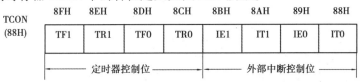

图 3.13　TCON 的格式

TF1(TCON.7):定时器 1 溢出标志位。当定时器 1 计满溢出时,由硬件自动使 TF1 置 1,并申请中断。对该标志位有两种处理方法,一种是以中断方式工作,即 TF1 置 1 并申请中断,响应中断后,执行中断服务程序,并由硬件自动使 TF1 清 0;另一种以查询方式工作,即通过查询该位是否为 1 来判断是否溢出,TF1 置 1 后必须用软件使 TF1 清 0。

TR1(TCON.6):定时器 1 启停控制位。GATE = 0 时,用软件使 TR1 置 1 即启动定时器 1,若用软件使 TR1 清 0,则停止定时器 1。GATE = 1 时,用软件使 TR1 置 1 的同时外部中断 INT1 的引脚输入高电平才能启动定时器 1。

TF0(TCON.5):定时器 0 溢出标志位。其功能同 TF1。

TR0(TCON.4):定时器 0 启停控制位。其功能同 TR1。

IE1(TCON.3):外部中断 1 请求标志位。

IT1(TCON.2):外部中断 1 触发方式选择位。

IE0(TCON.1):外部中断 0 请求标志位。

IT0(TCON.0):外部中断 0 触发方式选择位。

3.2.2　定时器/计数器的工作方式

定时器/计数器共有 4 种工作方式,由 TMOD 寄存器中的 M1M0 决定,功能见表 3.7。

表 3.7　定时器/计数器工作方式

M1　M0	工作方式	功能描述
0　0	方式 0	13 位计数器
0　1	方式 1	16 位计数器
1　0	方式 2	自动重装初值 8 位计数器
1　1	方式 3	定时器 0:分为两个独立的 8 位计数器 定时器 1:停止工作(无中断的计数器)

(1)方式 0

在方式 0 下,定时器/计数器是一个使用 13 位的定时/计数器($THi_{7-0}+TLi_{4-0}$)。以 T1 为例,方式 0 的逻辑结构图如图 3.14 所示。

◆在方式 0 下,定时器/计数器 T1 是一个由 TH1 中的 8 位和 TL1 中的低 5 位组成的 13

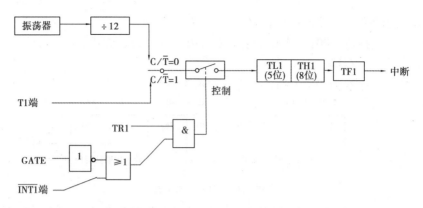

图 3.14　T1 方式 0 逻辑结构图

位加 1 计数器(TL1 中的高 3 位不用);若 TL1 中的第 5 位有进位,直接进到 TH1 中的最低位。

当门控位 GATE＝0 时,或门输出始终为 1,与门被打开,与门的输出电平始终与 TR1 的电平一致,实现由 TR1 控制定时器/计数器的启动和停止。若软件使 TR1 置 1,接通控制开关,启动定时器 1,13 位加 1 计数器在定时初值或计数初值的基础上进行加 1 计数;溢出时,13 位加 1 计数器为 0,TF1 由硬件自动置 1,并申请中断,同时 13 位加 1 计数器继续从 0 开始计数。若软件使 TR1 清 0,关断控制开关,停止定时器 1,加 1 计数器停止计数。

在方式 0 下:

$$定时时间 \ t = (2^{13}-X) \times T_{机}(\mu s)$$

$$计数初值 \ X = 2^{13}-t/T_{机}$$

其中,$T_{机}$ 是单片机的机器周期。12 MHz 时 $T_{机}=1 \ \mu s$,则最大定时时间 $t=2^{13} \mu s = 8.192 \ ms$。

【例 3.4】　假设晶振频率为 12 MHz,计算定时器 T1 在方式 0 下定时时间为 500 μs 时的定时初值。

解:计数初值 $X=2^{13}-500/1=7692=$ 1 1110 0000 1100B

注意:方式 0 的 TL1 高 3 位未用,可填 0,即在低 5 位前插入 3 个 0,因此

$$X = 1111 \ 0000 \ 0000 \ 1100B = F00CH$$

(2)**方式 1**

在方式 1 下,定时器/计数器是一个使用 16 位的定时器/计数器(THi+TLi)。以 T1 为例,方式 1 的逻辑结构图如图 3.15 所示。

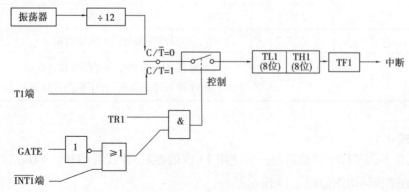

图 3.15　T1 方式 1 逻辑结构图

在方式 1 下：

$$定时时间\ t = (2^{16} - X) \times T_{机}(\mu s)$$
$$计数初值\ X = 2^{16} - t/T_{机}$$

12 MHz 时,最大定时时间 $t = 2^{16}\ \mu s = 65.536\ ms$。

(3)方式 2

在方式 2 下,定时器/计数器是一个使用 8 位的能够自动重装初值的定时/计数器。THi 中的 8 位用于存放定时初值或计数初值,TLi 中的 8 位用于加 1 计数器,TLi 溢出后,THi 数值可自动装入 TLi。以 T1 为例,方式 2 的逻辑结构图如图 3.16 所示。

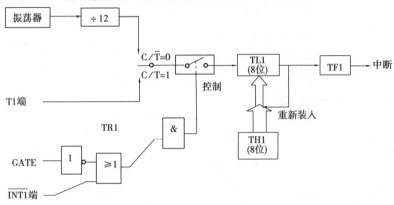

图 3.16　T1 方式 2 逻辑结构图

方式 2 与方式 0 基本相似,最大的区别是除方式 2 的加 1 计数器位数是 8 位外,加 1 计数器溢出后,硬件使 TFi 自动置 1,同时自动将 THi 中存放的定时初值或计数初值再装入 TLi,继续计数。因没有装载计数初值造成的定时延误,方式 2 定时精度相对较高,常用于串口通信中作为波特率发生器使用。

在方式 2 下：

$$定时时间\ t = (2^{8} - X) \times T_{机}(\mu s)$$
$$计数初值\ X = 2^{8} - t/T_{机}$$

12 MHz 时,最大定时时间 $t = 2^{8}\ \mu s = 0.256\ ms$。

(4)方式 3

在方式 3 下,2 个定时器/计数器共有 3 种状态,方式 3 的逻辑结构图如图 3.17 所示。

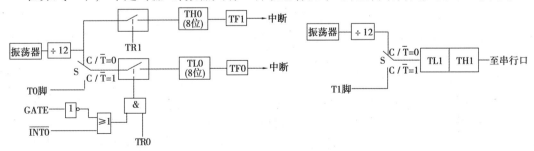

图 3.17　方式 3 逻辑结构图(定时器 T1 用于产生方波送串行口,作为波特率发生器)

方式 3 下：

◆ TH0+TF1+TR1 组成的 8 位定时器,只能用于定时。

◆TL0+TF0+TR0 组成的 8 位定时/计数器，既可用于定时，也能用于计数。

◆T1 组成的无中断功能的定时器，通常用于产生方波送串行口控制串行通信的速度。

方式 3 下 T0 可有 2 个具有中断功能的 8 位定时器，与方式 2 相比，只是不能自动将定时初值或计数初值再装入 TL0。T0 用作方式 3 时，T1 的控制位 TR1、TF1 和中断源被 T0 占用。T1 可工作在方式 0、方式 1、方式 2 下，但其输出直接送入串行口。设置好 T1 的工作方式，T1 就自动开始计数；若要停止计数，可将 T1 设为方式 3。

在方式 3 下：

$$定时时间\ t=(2^{16}-X)\times T_机(\mu s)$$

$$计数初值\ X=2^{16}-t/T_机$$

12 MHz 时，最大定时时间 $t=2^{16}\ \mu s=65.536\ ms$。

（5）不同工作方式的定时初值或计数初值的计算方法

不同工作方式的定时初值或计数初值的计算方法见表 3.8。

装载计数初值时：THx $=X/256$，TLx $=X\%\ 256$　　　（$X=0、1$）

表 3.8　不同工作方式的定时初值或计数初值

工作方式	计数位数	最大计数值	最大定时时间	定时初值计算公式	计数初值计算公式
方式 0	13	$2^{13}=8192$	$2^{13}\times T_机$	$X=2^{13}-T/T_机$	$X=2^{13}-$计数值
方式 1	16	$2^{16}=65536$	$2^{16}\times T_机$	$X=2^{16}-T/T_机$	$X=2^{16}-$计数值
方式 2	8	$2^8=256$	$2^8\times T_机$	$X=2^8-T/T_机$	$X=2^8-$计数值

3.3　利用单片机输出方波

3.3.1　简易方波发生器的设计

（1）定时器/计数器的初始化

定时器/计数器是一种可编程部件，在使用定时器/计数器前，一般都要对其进行初始化，以确定其以特定的功能工作。初始化的步骤如下：

①确定定时器/计数器的工作方式，确定方式控制字，并写入 TMOD。

②预置定时初值或计数初值，根据定时时间或计数次数计算定时初值或计数初值，并写入 TH0、TL0 或 TH1、TL1。

③根据需要开放定时器/计数器的中断，给 IE 中的相关位赋值。

④启动定时器/计数器，给 TCON 中的 TR1 或 TR0 置 1。

（2）利用单片机的定时器/计数器设计简易方波发生器

利用单片机内部的定时器/计数器的定时功能，很容易实现各种不同频率的方波信号。

【例 3.5】　在 P1.0 引脚输出周期为 1 ms（频率 1 kHz）的方波，要求采用定时器 1 方式 1 的查询法和中断法分别设计程序，晶振频率为 12 MHz。

分析：周期为 1 ms 的方波由 2 个半周期为 500 μs 的正负脉冲组成，如图 3.18 所示。

根据题意,只要使 P1.0 每隔 500 μs 取反一次即可得到周期 1 ms 的方波,因而 T1 的定时时间为 500 μs。

解:计数初值 $X = 2^{16} - T/T_机 = 65536 - 500/1 = 65036 = \text{FE0CH}$

则 TH1 = 0xfe,TL1 = 0x0c。

定时器 1 方式 1 时,TMOD = 0x10。

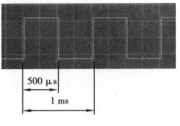

图 3.18　方波图

1)查询法参考程序

```
#include<reg51.h>
sbit p1_0 = P1^0;

void main( )
{
    TMOD = 0x10;
    TH1 = 0xfe;
    TL1 = 0x0c;
    TR1 = 1;
    p1_0 = 0;
    while(1)
    {
        while( ! TF1);
        TF1 = 0;
        p1_0 = ~p1_0;
        TH1 = 0xfe;
        TL1 = 0x0c;
    }
}
```

2)中断法参考程序

```
#include<reg51.h>
sbit p1_0 = P1^0;

void timer1( ) interrupt 3
{
    p1_0 = ~p1_0;
    TH1 = 0xfe;   //方式 1 需要重新装初值
    TL1 = 0x0c;
}

void main( )
{
    TMOD = 0x10;
    TH1 = 0xfe;
    TL1 = 0x0c;
    EA = 1;
```

```
    ET1 = 1;
    TR1 = 1;
    while(1);
}
```

3.3.2 调试与仿真运行

例 3.5 的电路原理图如图 3.19 所示。

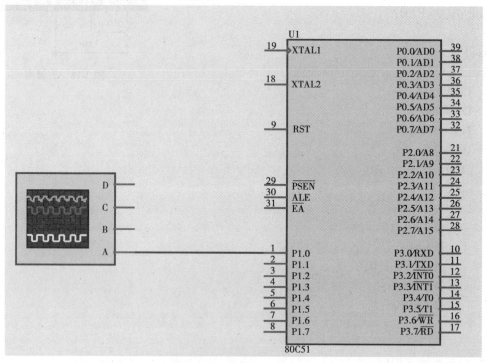

图 3.19　例 3.5 电路图

例 3.5 的仿真波形图如图 3.20 所示。

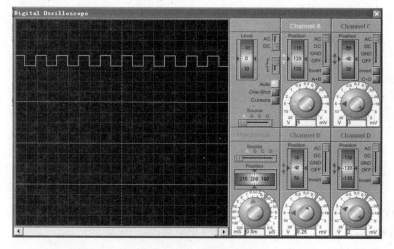

图 3.20　例 3.5 仿真波形图

3.4　简易计时器的设计

3.4.1　认识 LED 数码管

LED 显示元件是常见的人机交互输出设备,其作用是指示中间运行结果与运行状态。LED 种类较多,常见的 LED 如图 3.21 所示。

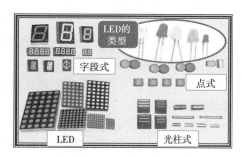

图 3.21　LED 实物图

(1)单个 LED 的驱动

常见的单个 LED 的驱动电路如图 3.22 所示电路,(a)图中端口引脚输出低电平,则 LED 点亮,R1 为限流电阻,避免流过 LED 电流过大。(b)图中端口引脚输出低电平,则 Q1 导通,LED 点亮,R2 为限流电阻。

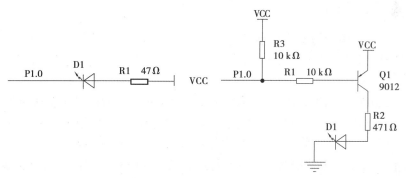

(a)灌电流方式驱动 LED　　　　　　(b)三极管方式驱动 LED

图 3.22　常见的单个 LED 驱动电路

(2)数码管技术参数

8 字高度:8 字上沿与下沿的距离,比外形高度小,通常用英寸来表示。范围一般为 0.25~20 in。

长×宽×高:长——数码管正放时,水平方向的长度;宽——数码管正放时,垂直方向上的长度;高——数码管的厚度。

(3)单个数码管的驱动

将多个 LED 封装在一起,即可构成笔画式数码管。

数码管内部由 7 个条形发光二极管和 1 个小圆点发光二极管组成,根据各管的亮暗组合成字符。常见数码管有 10 根管脚。管脚排列及分类如图 3.23 所示。其中,COM 为公共端。根据内部发光二极管的接线形式可分为共阴极和共阳极两种。

使用时,共阴极数码管公共端接地,共阳极数码管公共端接电源。静态时,推荐使用 10~15 mA驱动电流;动态扫描时,平均电流为 4~5 mA。由于常规的数码管起辉电流只有 1~2 mA,最大极限电流也只有 10~30 mA,所以它的输入端在 5 V 电源或高于 TTL 高电平 (3.5 V)的电路信号相接时,一定要串接限流电阻,以免损坏器件。

(4)恒流驱动与非恒流驱动对数码管的影响

1)显示效果

由于发光二极管基本上属于电流敏感器件,其正向压降的分散性很大,并且还与温度有关,为了保证数码管具有良好的亮度均匀度,就需要使其具有恒定的工作电流,且不能受温度及其他因素的影响。另外,当温度变化时,驱动芯片还要能够自动调节输出电流的大小以实现色差平衡温度补偿。

2)安全性

即使是短时间的电流过载也可能对发光管造成永久性的损坏,采用恒流驱动电路后可防止由于电流故障所引起的数码管的大面积损坏。

另外,采用超大规模集成电路还具有级联延时开关特性,可防止反向尖峰电压对发光二极管的损害。

超大规模集成电路还具有热保护功能,当任何一片的温度超过一定值时可自动关断,并且可在控制室内看到故障显示。导致数码管亮度不一致,有两大因素:一是芯片的选取;二是使用数码管时采取的显示控制方式。

3.4.2 数码管的型号及识别

(1)国产 LED 数码管的型号及命名

数码管按段数分为七段数码管和八段数码管,八段数码管比七段数码管多一个发光二极管单元(多一个小数点显示);按能显示多少个"8"可分为 1 位、2 位、4 位数码管;按发光二极管单元连接方式分为共阳极数码管和共阴极数码管。共阳极数码管指将所有发光二极管的阳极接到一起形成公共阳极(COM)的数码管。共阳极数码管在应用时应将公共极 COM 接到+5 V,当某一字段发光二极管的阴极为低电平时,相应段就点亮。当某一字段的阴极为高电平时,相应字段就不亮。共阴极数码管是指将所有发光二极管的阴极接到一起形成公共阴极(COM)的数码管。共阴极数码管在应用时将公共极 COM 接到地线 GND 上,当某一字段的阳极为低电平时,相应字段就不亮。各种数码管的形状如图 3.21 所示。

国产 LED 数码管的型号命名由四部分组成,各部分含义见表 3.9。

第一部分用字母"BS"表示产品主称为半导体发光数码管。

第二部分用数字表示 LED 数码管的字符高度,单位为 mm。

第三部分用字母表示 LED 数码管的发光颜色。

第四部分用数字表示 LED 数码管的公共极性。

表 3.9　国产 LED 数码管的型号命名及含义

第一部分主称		第二部分 字符高度	第三部分发光颜色		第四部分公共极性	
字母	含义	—	字母	含义	数字	含义
BS	半导体发光数码管	用数字表示发光二极管的高度,单位是 mm	R	红	1	共阳
			G	绿	2	共阴
			OR	橙红		—

例如:BS12.7G-(字符高度为 12.7 mm 的绿色共阳极 LED 数码管)

(2)数码管引脚排布

七段数码管引脚图如图 3.23 所示,共 10 个引脚,左上角为 10 号引脚 G,右下角为 5 号引脚 DP,请记好引脚的顺序,以备正确使用。

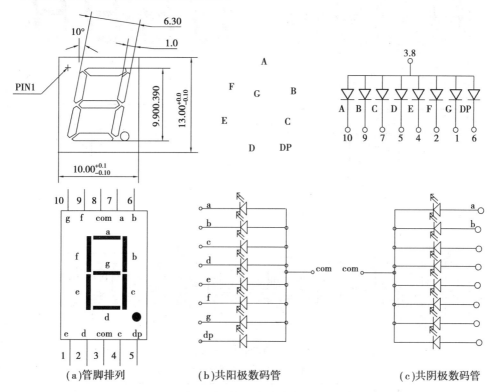

图 3.23　数码管管脚排列及分类

4 位七段数码引脚图及封装尺寸如图 3.24 所示(大小不同尺寸不同)。

外形尺寸及引脚排布:(长×宽×高)50.00 mm×19.00 mm×8.00 mm

(3)数码管使用条件

①段及小数点上加限流电阻。

②使用电压。段:根据发光颜色决定;查引脚排布图,看一下每段的芯片数量是多少,当红色与黄色时,使用 1.9 V 乘以每段的芯片串联的个数;当绿色与蓝色时,使用 2.1 V 乘以每段的芯片串联的个数。

③使用电流。静态:总电流为 80 mA(每段 10 mA);动态:平均电流为 4~5 mA,峰值电流为 100 mA。

图 3.24 只是七段数码管引脚图,共阳极数码管引脚图和共阴极的是一样的。

3.4.3　数码管的字形编码与显示方式

(1)数码管的字形编码

数码管的八段正好组成一个字节。当单片机的并行口 P0—P3 驱动数码管时,通常要求数据位 D0—D7 分别与数码管的 a,b,c,…,dp 对应相连,即数据位 D0 驱动 a 字段,数据位 D1 驱动 b 字段,以此类推,见表 3.10。

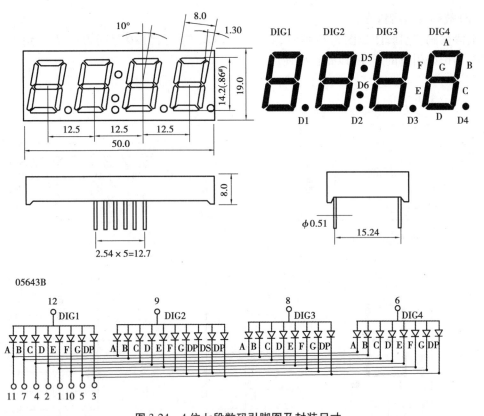

图 3.24　4 位七段数码引脚图及封装尺寸

表 3.10　数据位与各显示段的对应关系

数据位	D7	D6	D5	D4	D3	D2	D1	D0
显示段	dp	g	f	e	d	c	b	a

根据表 3.9,当单片机 P1 口驱动数码管时,P1 口各管脚与数码管各显示段的连接关系如图 3.25 所示。

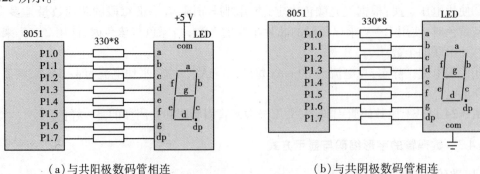

　　　(a)与共阳极数码管相连　　　　　　　　　　　(b)与共阴极数码管相连

图 3.25　单片机并行口与数码管的连接关系

单片机 P1 口驱动数码管时,无论是驱动共阴极还是共阳极数码管,P1 口各管脚与数码管的连接关系相同,如图 3.25 所示,管脚 P1.0(数据位 D0)驱动 a 字段,管脚 P1.1(数据位 D1)驱动 b 字段,以此类推。单片机其他并行口和数码管各显示段的对应连接关系与 P1 口相同。

　　要使数码管显示相应的字符,必须使单片机并行口输出相应的字形编码(也称段码)。对照图 3.25(a),驱动共阳极数码管时,P1 口输出的数据为 0(低电平)表示对应字段亮,数据为 1(高电平)表示对应字段暗(不亮)。驱动共阴极数码管时,输出的数据为 0 表示对应字段暗,数据为 1 表示对应字段亮。例如,数码管显示数字"0"时,对共阳极数码管,应使字段 g 和字段 dp 暗,其他 6 个字段亮,因此单片机输出的字型编码应为"11000000B"(即 C0H);对共阴极数码管,对应的字型编码应为"00111111B"(即 3FH)。以此类推,可求得数码管字形编码见表 3.11。

表 3.11　数码管显示段码表

字型	共阳极段码	共阴极段码	字型	共阳极段码	共阴极段码
0	C0H	3FH	9	90H	6FH
1	F9H	06H	A	88H	77H
2	A4H	5BH	B	83H	7CH
3	B0H	4FH	C	C6H	39H
4	99H	66H	D	A1H	5EH
5	92H	6DH	E	86H	79H
6	82H	7DH	F	84H	71H
7	F8H	07H	空白	FFH	00H
8	80H	7FH	P	8CH	73H

(2)数码管的显示方式

点亮 LED 显示器有静态和动态两种方法,如图 3.26 所示。

1)静态显示

数码管的各笔画段都由具有锁存能力的 I/O 端口引脚驱动,CPU 将段码写入锁存器后,每个数码管都由锁存器持续驱动,直到下一次 CPU 更新锁存器存储的段码之前,数码管的显示不会改变。当需要用静态显示的方法驱动多个数码管时,就需要使用多个具有锁存能力的 I/O 端口。

2)动态显示

把所有数码管的 8 个笔画段 a~g 和 dp 同名端连在一起,而每一个数码管的公共极 COM 各自独立地受 I/O 线控制。CPU 向字段输出口送出字形码时,所有数码管接收到相同的字形码,但究竟是哪个数码管亮,则取决于 COM 端。动态扫描用分时的方法轮流控制各个数码管的 COM 端,使各个数码管轮流点亮。在轮流点亮数码管的扫描过程中,每位数码管的点亮时间极为短暂。只要数码管点亮的间隔小于人眼的视觉暂留时间(40 ms),人们就会认为数码管是一直点亮的。多个数码管动态显示时需同时提供相应的段码和位码。

当显示位数较多时,采用动态显示方式比较节省 I/O 端口,硬件电路也较静态显示简单,但稳定度不如静态显示方式。

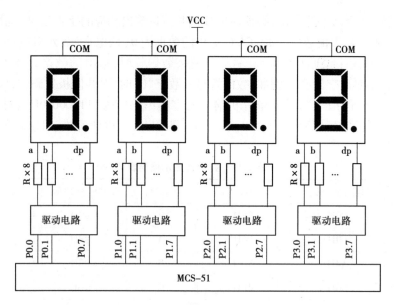

（a）静态显示

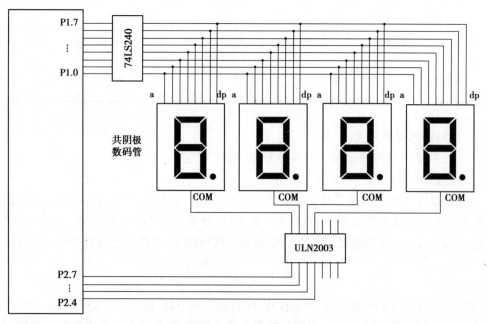

（b）动态显示

图 3.26　数码管的显示方式

3.4.4　60 s 计时器的设计

【例 3.6】设计 1 个 60 s 计时器。设计要求：①设计 2 个按键,key1 为启动键,key2 为清零键,直接清零时,数码显示管上显示"00"(P0 口显示十位数、P2 口显示个位数)。②计时器为 60 s 内递加计时,计时间隔为 1 s。③计时器递加到 60 s 时,数码管显示"60",同时蜂鸣器发声,直到 key2 清零键按下蜂鸣器停止发声。设晶振频率为 12 MHz。

分析:可选用 T0 的方式 1 进行定时,但方式 1 最大定时时间为 65.536 ms。为实现 1 s 的定时,可设定时器 T0 的定时时间为 50 ms,定时器溢出 20 次则说明定时满 1 s。

计数初值 $X = 2^{16} - T/T_{机} = 65536 - 50000/1 = 15536 = 3CB0H$,则 TH0 = 0x3c,TL0 = 0xb0。

定时器 T0 工作在方式 1 时,TMOD = 0x01。

硬件电路图设计如图 3.27 所示。

参考程序如下:

```
#include<reg51.h>
unsigned char duan[ ] = {0x3f,0x06,0x5b,0x4f,0x66,0x6d,0x7d,0x07,0x7f,0x6f};
                              //共阴数码管 0~9 字形码
sbit key1 = P1^0;
sbit key2 = P1^1;
sbit beep = P3^7;
bit run;    //定义位变量
unsigned char count,i;    //定义 2 个计数变量

void delay(unsigned int z)
{
    unsigned int x,y;
    for(x = z;x>0;x--)
        for(y = 125;y>0;y--);
}
void main( )
{
    P0 = 0;
    P2 = 0;
    key1 = 1;
    key2 = 1;
    TMOD = 0x01;
    TH0 = 0x3c;
    TL0 = 0xb0;
    EA = 1;
    ET0 = 1;
    while(1)
    {
        if(key1 = = 0)    //启动键按下
        {
            run = 1;    //计时运行位变量置 1
            count = 0;    //计时计数器清 0,重新开始计时
        }
        else if(key2 = = 0)    //清 0 键按下则清 0
```

```
    {
        run = 0;    // 计时运行位变量清 0
        count = 0;
    }
    if(run)    // 如果计时运行位变量为 1
    {
        TR0 = 1;    //启动定时器 T0 工作
    }
    else    // 否则停止定时器 T0 工作
    {
        TR0 = 0;
        P0 = duan[0];    //两位数码管都显示数字"0"
        P2 = duan[0];
    }
    if(count == 60)    //如果 60 秒计时到,蜂鸣器响
    {
            beep = 1;    //蜂鸣器响
            delay(1);    //调用 1 ms 延时
            beep = 0;    //蜂鸣器不响
            delay(1);    //调用 1 ms 延时
    }
    }
}


void timer0( ) interrupt 1
{
    i++;
    if(i == 20)
    {
        i = 0;    //若一秒到则变量 i 清 0
        count++;    //一秒到则秒计数器加 1
        if(count >= 60)    //若秒加到 60,则 count 停止累加
        {
            count = 60;
        }
        P0 = duan[count/10];    //分离出秒的十位数并查到对应的字形码送 P0 口
        P2 = duan[count%10];    //分离出秒的个位数并查到对应的字形码送 P2 口
    }
    TH0 = 0x3c;    //重装初值
```

```
    TL0 = 0xb0;
}
```

3.4.5　调试与仿真运行

例 3.6 的仿真波形图如图 3.27 所示。

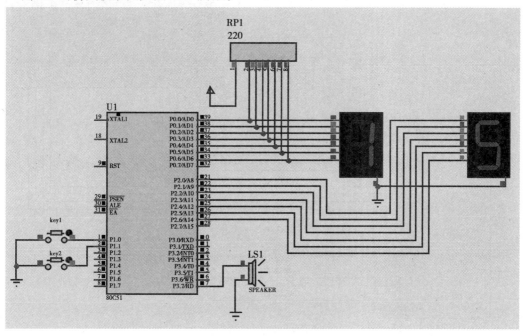

图 3.27　例 3.6 仿真图

3.5　简易秒表的设计

电子秒表是一种常用的测时仪器,具有显示直观、读取方便、功能多等优点,在日常生活中应用较为广泛。利用单片机的定时器/计数器可实现分、秒定时,结合按键和显示部件很容易实现电子秒表的设计。

3.5.1　硬件电路设计与软件程序设计

【例 3.7】设计一简易秒表。设计要求:①4 位 LED 数码管显示秒、分值。从右往左显示秒值的个位、十位,分值的个位、十位,个位能向十位进位。②上电后首先显示 00 00,表示从 00 00 秒开始计时,当时间显示到 59 59 时,4 位显示都清零,从零开始。③设计 3 个独立式按键 key1,key2,key3,分别实现启动、暂停、复位功能。

分析:为方便编程,3 个独立按键 key1,key2,key3 可分别接到外部中断 0、外部中断 1 和定时器 T0 引脚上,采用中断方式,外部中断 0、外部中断 1 设为下降沿触发,T0 作为计数器,计 1 次溢出,可选工作方式 2,此时 TH0、TL0 初值均为 0xff,T1 作为 1 s 定时器使用。为了保证延时的精确性,这里 T1 亦采用工作方式 2,但方式 2 最大定时时间为 0.256 ms,为实现 1 s

101

的定时,可设定时器 T1 的定时时间为 0.25 ms,定时器溢出 4 000 次则说明定时满 1 s。

定时器 T1 计数初值 $X = 2^8 - T/T_{机} = 256 - 250/1 = 6$,则 TH1 = TL1 = 0x06。

定时器 T0 作为计数器、T1 作为定时器,均为工作方式 2 时,TMOD = 0x26。

例 3.7 硬件电路图设计如图 3.28 所示。

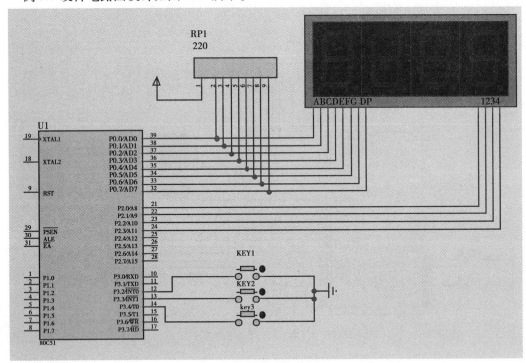

图 3.28 例 3.7 电路图

参考程序如下:

```
#include<reg51.h>
unsigned char duan[] = {0x3f,0x06,0x5b,0x4f,0x66,0x6d,0x7d,0x07,0x7f,0x6f};
unsigned char wei[] = {0xfe,0xfd,0xfb,0xf7};
unsigned char time[4];
sbit key1 = P3^2;
sbit key2 = P3^3;
sbit key3 = P3^4;
unsigned int i;
unsigned char miao,fen,j;

void delay(unsigned int z)
{
    unsigned int x,y;
    for(x=z;x>0;x--)
        for(y=125;y>0;y--);
}
```

```
void main( )
{
    key1 = 1;
    key2 = 1;
    key3 = 1;
    TMOD = 0x26;
    TH1 = 0x06;
    TL1 = 0x06;
    TH0 = 0xff;    //T0 工作在方式 2 计数,初值装 0xff 即是把 T0 扩展成外部中断
    TL0 = 0xff;
    IE = 0x8f;
    IT0 = 1;
    IT1 = 1;
    TR0 = 1;
    while( 1 )
    {
        time[0] = fen/10;    //分离出分的十位数放在 time[0]
        time[1] = fen%10;     //分离出分的个位数放在 time[1]
        time[2] = miao/10;    //分离出秒的十位数放在 time[2]
        time[3] = miao%10;    //分离出秒的个位数放在 time[3]
        for( j=0;j<4;j++)    //4 位数码管动态显示一遍
        {
            P2 = wei[j];
            P0 = duan[time[j]];
            delay(1);
        }
    }
}


void int 0( ) interrupt 0    //外部中断 0 中断启动定时器 T1 工作
{
    TR1 = 1;
}


void int1( ) interrupt 2    //外部中断 1 中断停止定时器 T1 工作
{
    TR1 = 0;
}
```

```
void timer0( ) interrupt 1    //T0(P3.4)中断停止定时器 T1 工作并将秒、分清零
{
    miao=0;
    fen=0;
    TR1=0;
}

void timer1( ) interrupt 3    //T1(P3.5)中断实现秒、分更新
{
    i++;
    if( i = = 4000)
    {
        i=0;
        miao++;
        if( miao = = 60)
        {
            miao=0;
            fen++;
            if( fen = = 60)
                fen=0;
        }
    }
}
```

3.5.2 调试与仿真运行

例 3.7 的仿真波形图如图 3.29 所示。

3.5.3 电路制作

通过电路仿真后,Proteus 软件中制作的原理图就为该产品的原理图。通过此原理图就可以在 Proteus 软件中制作出 PCB 板图,但是现在很多 PCB 板制作厂家没有应用 Proteus 软件,所以还要在 Protel 软件下制作印制电路板图。

(1)电路图制作

所谓电路图,是用图形符号绘制并按工作顺序排列,详细表示电路、设备或成套装置的全部基本组成部分和连接关系,而不考虑实际位置的一种简图。在电子技术中,电路图的用途很广。它为人们详细理解电路、仪器设备或成套装置及其组成部分的工作原理、分析和计算电路的特征、测试和寻找故障提供大量信息,并为编制接线图提供依据。

根据书中或手工绘制的电路图,学生运用 Protel 软件将这些图在计算机中绘制完好,再根据这些原理图绘制成印制电路图或者反过来印制电路板。正确画出电原理图,是电类专业毕业生在实际工作中必须掌握的一种技能。

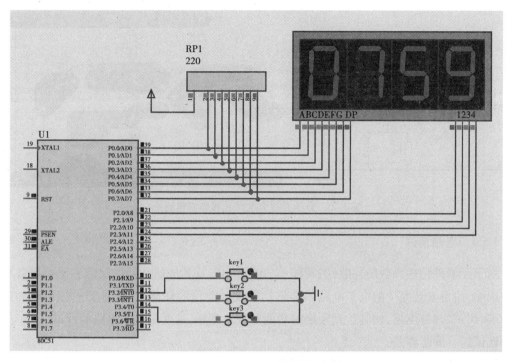

图 3.29　例 3.7 仿真图

(2)印制电路板(PCB)制作和焊接电路

印制电路板设计好后要用覆铜板制作成电路板。制作电路板的方法,一般有如下几种:

1)厂家制作

这种方法制作时只要将在 Protel 软件中制作的 PCB 板图文件发到制作厂家,厂家按设计的内容做好板子拿来焊接元器件就行。制作价格较贵,而且制作时间较长,最低要一周时间,一般提前制作。

2)用雕刻机制作印制电路板图

若有雕刻机,首先把在 Protel 软件中绘制成的印制电路转换成雕刻机所需软件,并准备好如雕刻头及覆铜板等,进行雕刻。雕刻好后打孔,上锡处理,最后制成能用的电路板。

3)自己手工制作

先买好覆铜板(到电子元器件市场购买,最好买边角料板能省钱)、三氯化铁、油漆或透明胶带。制作方法是:

①对于单面板,将透明胶带贴满覆铜板有铜的那面,再用小刀将要腐蚀的部分刻掉。例如分压式放大电路和其印制电路如图 3.30 所示。要保留图中黑的区域部分。

②将刻好的覆铜板放入三氯化铁中进行腐蚀,腐蚀完后冲洗干净晾干。

③对腐蚀好的板子进行打孔,上锡处理,电路板制作成功。

4)用万能板制作

买万能板自己连线焊接,这对于初学者来说特别重要,必须过手工连线焊接关。焊接时用耐高温连接线连接,可焊接出很美观的电路。

本项目用万能板自己焊接,首先列元器件清单,到市场买好器件,然后自己按电路图焊接好。

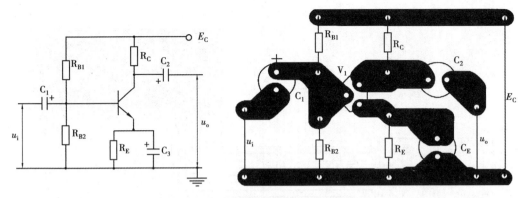

图 3.30　分压式放大电路和其印制电路图

3.5.4　电路调试

由于元器件特性参数的分散性、装配工艺的影响以及其他如元器件缺陷和干扰等各种因素的影响,使得安装完毕的电子电路不能够达到设计要求的性能指标,需要通过调整和试验来发现、纠正、弥补不足,使其达到预期的功能和技术指标,这就是电子电路的调试。

调试的一般步骤是:

①经过初步调试,使电子电路处于正常工作状态。

②调整元器件的参数以及装配工艺分布参数,使电子电路处于最佳工作状态。

③在设计和元器件允许的条件下,改变内部、外部因素(如过压、过流、高温、连续长时间运行等)以检验电子电路的稳定性和可靠性,即所谓的考机。

调试的一般原则是先静态调试后动态调试。

对于简单的电子电路,首先在电路未加输入信号的直流状态下测试和调整各项技术性能指标,然后再输入适当的信号测试和调整各项技术性能指标。

对于复杂的电子电路,需要将复杂电路按各部分完成的功能而分解成一些功能块门单元电路(即单元电路),然后按照信号流程,按其功能原理进行功能检查,逐级进行调试。对具有精度要求的各项技术性能指标,必须用标准仪器仪表来检定,这就是所谓的分调。在分调的基础上再对电路整体的技术性能指标、波形参数进行测试调整,使之达到设计的要求,即所谓的总调。

对于具有内部电源的电子电路一般要首先调试电源电路,然后依次调试其余单元电路。

对于一些较复杂的、由框架和若干印制电路板通过连接器或导线束连接而成的设备,每块印制电路板都具有其独立的功能。在整机调试前,通常先对印制电路板进行单调试,然后在整机上对各单板之间、单板与框架电路之间的匹配等进行统调,这样便于发现和排除故障并实现整机性能。

对于由一些电子设备组成的电子系统,则是在各电子设备调试完成的基础上,针对各子系统分担的功能及其相互关联、信号流程、控制关系、信号匹配等方面进行联机测试调整,使整个系统能够协调、完善、有效、稳定地运行。

所谓静态调试,即在电路未加输入信号的直流工作状态下测试后,调整其静态工作点和静态技术性能指标。

不论用分立元器件或是用集成电路组成的模拟电路或数字电路,其静态调试有其各自的方法和步骤。通常对分立元器件的单元电路逐个进行调试,调试前可先检查器件本身好坏。调试时,首先检查和调整静态工作点,然后进行各静态参数的调整,直到各部分电路均符合各项技术性能指标为止。对集成运放要进行"消振"以消除自激振荡,避免不加任何输入时仍有一定频率的输出。进行"调零"以克服运放失调电压 U_{Cb} 和失调电流正 I_{OS} 的影响,保证零输入时零输出。对数字集成电路,先对单片集成电路"分调"——检查其逻辑功能,高低电平,有无异常等;而后"总调"——对多片集成电路的组合电路输入单次脉冲,对照真值表进行调试。经过调整和测试,紧固各调整元件,选定并装联好各调试元件;对整机装配质量进一步检查后,对设备进行全参数测试,各项静态参数的测试结果均应符合规定的各项技术指标。

所谓动态调试,即对电子电路输入适当信号的工作状态下测试和调整其动态指标。动态调试是在静态调试的基础上进行的。调试的关键是善于对实测的数据、波形和现象进行分析和判断,发现电路中存在的问题和异常现象,并采取有效措施进行处理,使电路技术性能指标满足预定要求。这需要具备一定的理论知识和调试经验。

调试的方法是在电路的输入端接入适当频率和幅值的信号,并循着信号的流向逐级检测各有关点的波形、参数和性能指标。发现故障现象,应采取不同的方法缩小故障范围,最后设法排除故障。因为电子电路的各项指标互相影响,在调试某一项指标时往往会影响另一项指标。实际情况错综复杂,出现的问题多种多样,处理的方法也是灵活多变的。

动态调试时,必须全面考虑各项指标的相互影响,要用示波器监视输出波形,确保在不失真的情况下进行调试。作为"放大"用的电路,要求其输出电压必须如实地反映输入电压的变化,即输出波形不能失真。

常见的失真现象:一是晶体管本身的非线性特性引起的固有失真,仅用改变电路元件参数的方式很难克服;二是由电路元件参数选择不当使工作点不合适,或由于信号过大引起的失真,如饱和失真、截止失真、饱和兼有截止的失真。

3.5.5　程序烧写

不管哪种单片机,厂家都要配套提供编程器(固化程序)。由于厂家很多,芯片很多,不可能一种芯片一个编程器,有些公司研究出通用编程器。常见的通用编程器有:南京西尔特电子有限公司的 SUPERPRO 通用编程器、深圳恒天泰编程器、天津 Wellon 系列编程器等。具体使用方法参见使用说明书。

深圳宏晶科技有限公司是专业单片机供应商,致力于提供处于业内领先地位的、高性能STC 系列 MCU 和 SRAM。STC MCU 性能特点在于89C 系列:最高工作频率为80 MHz,FLASH程序储存 4k~64k,RAM 数据储存 512B~1280B,内部集成 EEPROM 2k~16k 及看门狗和专用复位电路,带 A/D 功能。I^2C 系列:单时钟/机器周期,超小封装,2~4 路 PWM,8~10 位高速A/D 转换。FLASH 程序储存 512B~12k,RAM 数据储存 256B~512B,集成 1k 的EEPROM及硬件 WDT(看门狗)。产品低功耗,有 ISP 和 IAP 功能,强抗干扰和降低 EMI 性能。15F 系列有STC 最少引脚 8 引脚的单片机。宏晶 ISP 系列单片机可以用 STC-ISP V38A.exe 软件把.HEX

程序下载到程序存储器。此外，还可用 Atmel MCU ISP 软件烧写程序，具体操作步骤见附件 C。

本书介绍了 2 个下载软件（STC-ISP 和 Atmel MCU ISP）和 2 种新型 51 系列单片机（STC89 系列和 AT89 系列）。STC-ISP 软件采用计算机的 RS-232 串行口和 USB 口给 STC89 系列单片机在电路板上直接烧写程序，Atmel MCU ISP 软件多采用计算机的打印机接口（也可采用 USB 接口）给 AT89 系列单片机烧写程序。STC89 系列和 AT89 系列单片机与 8051/80C51 完全兼容，而且可以在线编程、调试，而不需要额外的编程器，这样降低了学习成本。建议初学者优先选用 STC-ISP 和 STC89 系列单片机，其学习成本更低、使用更方便且还学习了与单片机串行口有关的实用知识。STC89 系列单片机具体型号有 STC89C51/52 等，AT89 系列单片机具体型号有 AT89S51/52 等。

总结与思考

1.中断是指在突发事件到来时先中止当前正在进行的工作，转而去处理突发事件。待处理完突发事件后，再返回到原先被中止的工作处，继续进行原先的工作。

2.中断的核心问题包括：51 单片机的中断源、中断控制寄存器、中断处理过程。

3.定时/计数器的工作原理是：利用加 1 计数器对时钟脉冲或外来脉冲进行自动计数。当计满溢出时可引起中断标志（TFx）硬件置位，据此表示定时时间到或计数次数到。定时器本质上是计数器，前者是对时钟脉冲进行计数，后者则是对外来脉冲进行计数。

4.51 单片机包括两个 16 位定时器 T0（TH0、TL0）和 T1（TH1、TL1），还包括两个控制寄存器 TCON 和 TMOD。通过 TMOD 控制字可以设置定时与计数两种模式，设置方式 0—方式 3 四种工作方式；通过 TCON 控制字可以管理计数器的启动与停止。

5.方式 0—方式 2 分别使用 13 位、16 位、8 位工作计数器，方式 3 具有 3 种计数器状态。

6.数码管显示分为静态显示和动态显示两种工作方式。前者：每个数码管的引脚独立占用 1 个 I/O 口线。后者：所有数码管的段码线对应并联接在 1 个并行口上，每只数码管的公共端分别由 1 位 I/O 口线控制。

7.数码管分为共阴极和共阳极两种基本类型，由于段码与显示值之间没有规律可循，通常将字模存放在数组中，通过查表的方式使用。

习题 3

3.1　哪些事件可以作为 51 单片机的中断源？

3.2　CPU 怎样知道有突发事件发生了？

3.3　CPU 如何处理中断过程（允许/禁止中断、中断优先响应）？

3.4　MCS-51 单片机的中断有几级优先级？优先级原则是什么？什么是自然优先级？

3.5　有一按键接到单片机外部中断 0 引脚上,要求编程对按键动作进行计数和显示,达到 99 后重新由 0 开始计数(采用中断方式)。

3.6　MCS-51 单片机内部有几个多少位的定时器/计数器? 有几种工作方式? 有什么不同?

3.7　定时器/计数器初始化步骤是什么,如何确定初值?

3.8　设单片机的 f_{osc} = 12 MHz,采用 T0 定时方式 1 在 P1.0 脚上输出周期为 2 ms 的方波。

3.9　将 3.5 题按键接到 T0 引脚上,要求采用 T0 计数器方式 2,对按键动作进行计数和显示,达到 99 后重新由 0 开始计数(采用中断方式)。

3.10　采用定时中断方式,实现跑马灯控制功能。要求跑马灯的闪烁速率为每秒 1 次。

项目 *4*

单片机的 C51 语言基础

本章要点
◆ 了解 C51 的数据类型。
◆ 掌握顺序结构、选择结构、循环结构的 C 语言程序构成及编程技巧。
◆ 了解 C51 的运算符、表达式及其规则。
◆ 掌握数组的定义和使用、指针的定义和使用、函数的定义和使用。

4.1　认识单片机的 C 语言

4.1.1　C51 程序开发概述

(1)采用 C51 的优点
● 计算机能识别的语言有机器语言、汇编语言和高级编程语言。
● 机器语言是用二进制代码表示的,能被计算机直接识别和执行的一种机器指令的集合。直观性和通用性都很差;汇编语言采用了助记符号编写程序,通过编译器转换成能够被计算机识别和处理的二进制代码程序。汇编语言仍然是面向机器的语言,编程烦琐费时,通用性也差;高级语言用与自然语言接近的代码编写程序,通过编译器转换成二进制代码程序。高级语言易学易用,通用性好。C 语言是一种结构化的高级编程语言,在单片机系统开发中得到了广泛应用。
● 单片机程序可以使用汇编语言或 C 语言编写。
● 汇编语言执行效率高,但语法晦涩,可读性差,调试、维护困难,可移植性差。
● C 语言语法简洁,结构清晰,开发调试容易得多,而且也可以直接操作硬件,可移植性好,目前绝大多数单片机程序使用 C 语言开发。
● 在一些对速度、代码大小有苛刻要求的关键部分,可将汇编程序嵌入到 C 程序中。
● C51 语言是 C 语言在 8051 系列单片机上的实现,使用特定的编译器(如 Keil C 等),抛弃 C 语言中不适合 51 单片机的一些特性,而加入对 51 单片机的“本地化”适应。
● 学习单片机技术,必须掌握 C51 语言程序设计及 Keil 软件的使用。

采用 C51 进行单片机应用系统的程序设计,C51 编译器 Keil(详见"建立软件实训环境——Keil 软件的安装与使用")能自动完成变量的存储单元分配,编程者可以专注于应用软件的设计,可以对常用的接口芯片编制通用的驱动函数,对常用的功能模块和算法编制相应的函数,可以方便地进行程序移植,从而加快单片机应用系统的开发过程。

(2)C51 程序的开发过程

C51 程序的开发过程如图 4.1 所示。C51 源程序 *.C 或汇编语言源程序 *.A 经 Keil 软件编译后产生目标码文件(也称机器码文件) *.hex,此文件可用编程器或硬件仿真器写入单片机中,在用户电路板上运行(详见"1.2 让单片机动起来")。

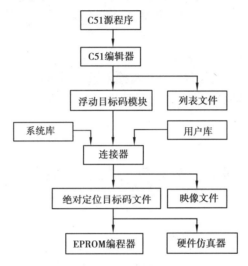

图 4.1　C51 程序开发过程示意图

4.1.2　C51 程序结构

C51 程序结构同标准 C 一样,是由若干个函数构成的,每个函数即是完成某个特殊任务的子程序段。组成一个程序的若干个函数可以保存在一个或几个源文件中,最后再将它们连接在一起。C 语言程序的扩展名为".c",如 my_test.c。

C 语言程序的组成结构如下(主函数可以放在功能子函数说明之后的任意位置):

预处理命令　include <>

功能子函数 1　说明

　　　　……

功能子函数 n　说明

功能子函数 1 fun1()

　　　　　　{

　　　　　　　　函数体……

　　　　　　}

　　　　……

功能子函数 n fun()

　　　　　　{

```
            函数体……
        }

        main( )
        {

            函数体……
        }
```

C 语言的语句规则：

①每个变量必须先说明后引用，变量名英文大小写是有差别的。

②C 语言程序一行可以书写多条语句，但每个语句必须以"；（英文）"结尾，一个语句也可以多行书写。

③C 语言的注释用/＊……＊/表示。

④"｛"花括号必须成对，位置随意，可在紧挨函数名后，也可另起一行。多个花括号可以同行书写，也可逐行书写，为层次分明，增加可读性，同一层的"｛"花括号对齐，采用逐层缩进方式书写。

4.2　单片机的数制与编码

4.2.1　计算机中的数制及相互转换

计算机只识别和处理数字信息，数字是以二进制数的形式表示的；它易于物理实现，资料存储、传送和处理简单可靠；运算规则简单，使逻辑电路的设计、分析较方便，使计算器具有逻辑性。

（1）数制的基与权

基：各计数制中每个数位上可用字符的个数。

权：数制中某一位上的 1 所表示数值的大小。

二进制基数为 2（0 和 1），权为以 2 为底的幂。二进制数字后面用 B 表示。十进制基数为 10（0—9），权是以 10 为底的幂。十进制用 D（或不加标志）表示十进制数。

例如，十进制数，10 个数码；采用"逢十进一"

$30681D = 3 \times 10^4 + 0 \times 10^3 + 6 \times 10^2 + 8 \times 10^1 + 1 \times 10^0$

例如，二进制数，2 个数码，采用"逢二进一"

$(11010100)_2 = 1 \times 2^7 + 1 \times 2^6 + 0 \times 2^5 + 1 \times 2^4 + 0 \times 2^3 + 1 \times 2^2 + 0 \times 2^1 + 0 \times 2^0$

十六进制基数为 16（0—9 以及 A—F），权是以 16 为底的幂。十六进制用 H 表示。

总之，N 进制数，N 个数码，"逢 N 进一"

（2）数制之间的转换

任意进制之间相互转换，整数部分和小数部分必须分别进行。

①非十进制数转换为十进制数的方法：将系数与对应的权值相乘并求和，所得结果即为该数对应的十进制数。即：展开求和法。

【例 4.1】　$(101101)_2 = 1 \times 2^5 + 0 \times 2^4 + 1 \times 2^3 + 1 \times 2^2 + 0 \times 2^1 + 1 \times 2^0$
$$= 32 + 0 + 8 + 4 + 0 + 1$$
$$= 45D$$

【例 4.2】　将二进制数 110.11 B 转换为十进制数

解：$110.11B = 1 \times 2^2 + 1 \times 2^1 + 0 \times 2^0 + 1 \times 2^{-1} + 1 \times 2^{-2}$
$$= 4 + 2 + 0.5 + 0.25$$
$$= 6.75$$

【例 4.3】　将十六进制数 121D.2H 转换为十进制数

解：$121D.2H = 1 \times 16^3 + 2 \times 16^2 + 1 \times 16^1 + 13 \times 16^0 + 2 \times 16^{-1}$
$$= 4096 + 192 + 16 + 13 + 0.125$$
$$= 4317.125$$

②十进制转换成其它进制数的方法：对于整数部分采用"除基取余,先低后高"的方法,对小数部分采用"乘基取整,先高后低"的方法,可将十进制数转换为非十进制数。

【例 4.4】　将 50.75 转换为二进制数

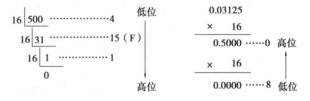

因此可得：50.75 = 110010.11B

【例 4.5】　将十进制数 500.03125 转换为十六进制数

解：因此可得：500.03125 = 1F4.08H

③十六进制数与二进制数之间的转换方法：整数部分由小数点向左每 4 位一组,若整数最高位的一组不足 4 位,则在其左边加 0 补足 4 位;小数部分由小数点向右每 4 位一组,若小数最低位的一组不足 4 位,则在其右边加 0 补足 4 位;用与每组二进制数所对应的十六进制数取代每组的 4 位二进制数即可转换为十六进制。将十六进制数转换为二进制数时,过程相反。

【例 4.6】　将十六进制数 9F4.1H 转换为二进制数

解：将每位十六进制数写为二进制数

　9　　　F　　　4.　　　1
1001　　1111　　0100.　　0001

可得：9F4.1H = 100111110100.0001B

4.2.2 机器数及其编码

(1)机器数与真值

机器只认识二进制数:0、1。

这是因为,电路状态常有两个,如通、断;高电平、低电平;可用0、1表示。这种0、1、0、1、1在机器中的表现形式称为机器数。一般为8位。

$$机器数有: \begin{cases} 无符号数:00000000B、\cdots\cdots、11111111B\ 即\ 00H \sim FFH \\ 带符号数:+1010110B、-1101001 \longrightarrow 真值 \\ \quad\quad\quad 01010110、11101001 \longrightarrow 机器数(符号用0或1表示) \end{cases}$$

(2)机器数的编码及运算

对带符号数而言,有原码、反码、补码之分,计算机内一般使用补码。

1)原码

将数"数码化",原数前"+"用0表示,原数前"−"用1表示,数值部分为该数本身,这样的机器数叫原码。

设 X—— 原数;则 $[X]_原 = X(X \geq 0)$

$$[X]_原 = 2^{n-1} - X\ (X \leq 0),n\ 为字长的位数(51单片机字长为8)。$$

如,$[+3]_原 = 00000011B$

$[-3]_原 = 2^7 - (-3) = 10000011B$

0的原码有两种表示方法:$00000000 \longrightarrow +0$

$\quad\quad\quad\quad\quad\quad\quad\quad\quad 10000000 \longrightarrow -0$

字长8位原码最大、最小的表示:+127、−128 即8位原码表示的范围为−128 ~ +127。

2)反码

规定正数的反码等于原码;负数的反码是将原码(除符号位)数值位各位取反。

$[X]_反 = X(X \geq 0)$

$[X]_反 = 2^{n-1} + X(X \leq 0)$

如,$[+4]_反 = [+4]_原 = 00000100B$

$[-4]_反 = (2^8 - 1) + (-4) = 11111111 - 00000100 = 11111011B$

负数的反码也可以是将其对应的正数数值包括符号位各位取反得到。

反码范围:−128—+127

两个0:+0—00000000B

$\quad\quad\quad$ −0—11111111B

3)补码

补码的概念:现在是下午3点,手表停在12点,可正拨3点,也可倒拨9点。即是说 −9的操作可用+3来实现,在12点里:3、−9互为补码。运用补码可使减法变成加法。

规定:正数的补码等于原码。计算机中负数都用补码表示,在编程时输入的负数,在编译时自动转换成补码。

负数的补码求法:

①反码 + 1

②公式: $[X]_补 = 2^n + X\ (X < 0)$

如,设 $X = -0101110_B$,则 $[X]_{原} = 10101110B$

则 $[X]_{补} = [X]_{反} + 1 = 11010001 + 00000001 = 11010010B$

如,$[+6]_{补} = [+6]_{原} = 00000110B$

$[-6]_{补} = 2^8 + (-6) = 00000000 - 00000110 = 11111010B$(字长 8 时 2^8 为 00000000)

8 位补码的范围-128~+127。

0 的个数:只一个,即 00000000

而 10000000_B 是-128 的补码。

(3)计算机中常用的编码

编码是计算机为输入处理字母、数字和符号等组成的信息,依靠输入设备先把要输入的字符按一定格式编成二进制代码。

1)字符及字符串的表示方法(ASCII 码)

现代计算机中不仅进行数值计算,而且要处理大量非数值的问题。特别是处理办公领域的文本信息。字符是计算机中使用最多的信息形式之一,是人与计算机交互、通信的工具。在计算机中,要为每个字符指定一个确定的编码,作为输入、存储、处理和输出有关字符的依据。字符编码也是利用二进制数的符号"0"和"1"进行的。

目前国际上广泛采用的字符系统是用 7 位二进制信息表示的美国国家信息交换标准代码(American Standard Code for Information Interchange),简称 ASCII 码。ASCII 码和 128 个字符的对应关系参见附录 B。

ASCII 码用一个字节来表示一个字符,采用 7 位二进制代码来对字符进行编码,最高位一般用做校验位,ASCII 码是 128 个字符组成的字符集。包括 32 个通用控制符号、10 个阿拉伯数字、52 个英文大写和小写字母及 34 个专用符号。ASCII 码规定每个字符用 7 位二进制数表示,表中横坐标是第 6、5、4 位,纵坐标是第 3、2、1、0 位。

数字 0—9 的 ASCII 码为 30H—39H,英文大写字母 A—Z 的 ASCII 码为 41H—5AH

2)十进制数字的编码(BCD 码)

在计算机内部常用的数字编码是 BCD(二—十进制)码。这种编码将每位十进制数字编成 4 位二进制代码,从而用二进制数来表示十进制数,常见的 BCD 码有 8421 码、2421 码以及余 3 码等。但最常用的 BCD 码是标准 BCD 码或称 8421 码。

BCD 码又分为压缩 BCD 码和非压缩 BCD 码。压缩 BCD 码是用 4 位二进制数表示一位十进制数,一个字节可以表示两位十进制(00~99);非压缩 BCD 是用 8 位二进制代码表示一位十进制数,高 4 位无效,一个字节只能表示一位十进制数(0~9),高 4 位为 0 时则叫标准非压缩 BCD 码。

例如,十进制 58 的压缩 BCD 码为 58H,其标准非压缩 BCD 码为 0508H,占 2 字节,所以压缩 BCD 码节省存储单元。

4.3　认识 C51 的数据类型

4.3.1　C51 的标识符和关键字

标识符是一种单词,它用来给变量、函数、符号常量、自定义类型等命名。用标识符给 C

语言程序中各种对象命名时，要用字母、下划线和数字组成的字符序列，并要求首字符是字母或下划线，不能是数字。字母的大小写是有区别的。

通常，下划线开头的标识符是编译系统专用的，因此在编写 C 语言源程序时一般不使用以下划线开头的标识符，而将下划线用作分段符。C51 编译器规定标识符最长可达 255 个字符，但只有前 32 个字符在编译时有效，因此标识符的长度一般不要超过 32 个字符。

关键字是一种已被系统使用过的、具有特定含义的标识符。用户不得再用关键字给变量等命名。C 语言关键字较少，ANSI C 标准一共规定了 32 个关键字，见表 4.1。

表 4.1　ANSI C 语言的关键字

关键字	用　途	说　明
auto	存储种类说明	用以说明局部变量，缺省值为此
break	程序语句	退出最内层循环
case	程序语句	switch 语句中的选择项
char	数据类型说明	单字节整型数或字符型数据
const	存储种类说明	在程序执行过程中不可更改的常量值
continue	程序语句	转向下一次循环
default	程序语句	switch 语句中的失败选择项
do	程序语句	构成 do…while 循环结构
double	数据类型说明	双精度浮点数
else	程序语句	构成 if…else 选择结构
enum	数据类型说明	枚举类型
extern	存储种类说明	在其他程序模块中说明了的全局变量
float	数据类型说明	单精度浮点数
for	程序语句	构成 for 循环结构
goto	程序语句	构成 goto 转移结构
if	程序语句	构成 if…else 选择结构
int	数据类型说明	基本整型数
long	数据类型说明	长整型数
register	存储种类说明	使用 CPU 内部寄存器的变量
return	程序语句	函数返回
short	数据类型说明	短整型数
signed	数据类型说明	有符号数，二进制数据的最高位为符号位
sizeof	运算符	计算表达式或数据类型的字节数
static	存储种类说明	静态变量
struct	数据类型说明	结构类型数据

关键字	用　途	说　明
switch	程序语句	构成 switch 选择结构
typedef	数据类型说明	重新进行数据类型定义
union	数据类型说明	联合类型数据
unsigned	数据类型说明	无符号数数据
void	数据类型说明	无类型数据
volatile	数据类型说明	该变量在程序执行中可被隐含地改变
while	程序语句	构成 while 和 do…while 循环结构

Keil C51 编译器除了有 ANSI C 标准的 32 个关键字外,还根据 51 单片机的特点扩展了相应的关键字。在 Keil C51 开发环境的文本编辑器中编写 C 程序,系统可以把保留字以不同的颜色显示,缺省颜色为蓝色。Keil C51 编译器扩展的关键字见表 4.2。

表 4.2　Keil C51 编译器扩展关键字

关键字	用　途	说　明
bit	位标量声明	声明一个位标量或位类型的函数
sbit	位变量声明	声明一个可位寻址变量
sfr	特殊功能寄存器声明	声明一个特殊功能寄存器(8 位)
sfr16	特殊功能寄存器声明	声明一个 16 位的特殊功能寄存器
data	存储器类型说明	直接寻址的 8051 内部数据存储器
bdata	存储器类型说明	可位寻址的 8051 内部数据存储器
idata	存储器类型说明	间接寻址的 8051 内部数据存储器
pdata	存储器类型说明	"分页"寻址的 8051 外部数据存储器
xdata	存储器类型说明	8051 外部数据存储器
code	存储器类型说明	8051 程序存储器
interrupt	中断函数声明	定义一个中断函数
reetrant	再入函数声明	定义一个再入函数
using	寄存器组定义	定义 8051 的工作寄存器组

4.3.2　数据与数据类型

数据:具有一定格式的数字或数值。数据是计算机的操作对象。不管使用任何语言、任何算法进行程序设计,最终在计算机中运行的只有数据流。

数据类型:数据的不同格式。

数据结构:数据按一定的数据类型进行排列、组合及架构。

程序设计中用到的数据都存储在存储单元中,在汇编语言中可以用 DB 或 DW 伪指令来定义存放数据的存储单元;在 C51 中,编译系统要根据定义的数据类型来预留存储单元,这就是定义数据类型的意义。C51 提供的数据结构是以数据类型的形式出现的,C51 的数据类型见表 4.3。

表 4.3 C51 的数据类型

数据类型		长度(位)	取值范围
字符型	signed char	8	−128~127
	unsigned char	8	0~255
整型	signed int	16	−32768~32767
	unsigned int	16	0~65535
长整型	signed long	32	−21474883648~21474883647
	unsigned long	32	0~4294967295
浮点型	float	32	±1.75494E−38~±3.402823E+38
位型	bit	1	0,1
	sbit	1	0,1
访问 SFR	sfr	8	0~255
	sfr16	16	0~65535

使用有符号格式(signed)的数据时,编译器要进行符号位检测并需要调用库函数,生成的程序比无符号格式要长得多,程序运行的速度将减慢,占用的存储空间也会变大,出现错误的概率会大大增加。所以,通常情况下尽可能采用无符号格式(unsigned)。编译器默认值为有符号格式。

位型变量与单片机的硬件结构有关,应注意其定义在单片机片内可位寻址的区域。Bit 型变量定义在 80C51 单片机内部 RAM20H—2FH 单元相应的位区域;sbit 用于定义可独立访问的位变量,常用于定义 80C51 单片机中 SFR(特殊功能寄存器)中可位寻址的确定的位,也可以定义内部 RAM 的 20H—2FH 单元中相应位。

4.3.3 C51 数据的存储类型

C51 是面向 80C51 系列单片机的程序设计语言。应用程序中使用的任何数据(变量和常数)必须以一定的存储类型定位于单片机相应的存储区域中。C51 编译器支持的存储类型见表 4.4。

表 4.4 C51 的存储类型与 8051 存储空间的对应关系

存储器类型	长度(位)	对应的单片机存储器
bdata	1	片内 RAM,位寻址区,共 128 位。(也能字节访问)
data	8	片内 RAM,直接寻址区,共 128 字节
idata	8	片内 RAM,间接址区,共 256 字节

续表

存储器类型	长度(位)	对应的单片机存储器
pdata	8	片外 RAM,分页间址,共 256 字节(MOVX @ Ri)
xdata	16	片外 RAM,间接寻址,共 64K 字节(MOVX @ DPTR)
code	16	ROM 区域,间接寻址,共 64K 字节(MOVC @ DPTR)

对于80C51系列单片机来说,访问片内的 RAM 比访问片外的 RAM 的速度要快得多。所以对于经常使用的变量,应该置于片内 RAM,即用 bdata、data、idata 来定义;对于不常使用的变量或规模较大的变量,应该置于片外 RAM 中,即用 pdata、xdata 来定义。

例如:

bit bdata my_flag;	/ * item1 * /
char data var0;	/ * item2 * /
float idata x,y,z;	/ * item3 * /
unsigned int pdata temp;	/ * item4 * /
unsigned char xdata array[3][4];	/ * item5 * /

item1:位变量 my_flag 被定义为 bdata 存储类型,C51 编译器将把该变量定义在 8051 片内数据存储区(RAM)中的位寻址区(地址:20H—2FH)。

item2:字符变量 var0 被定义为 data 存储类型,C51 编译器将把该变量定位在 8051 片内数据存储区中(地址:00H—FFH)。

item3:浮点变量 x、y、z 被定义为 idata 存储类型,C51 编译器将把该变量定位在 8051 片内数据区,并只能用间接寻址的方式进行访问。

item4:无符号整型变量 temp 被定义为 pdata 存储类型,C51 编译器将把该变量定位在 8051 片外数据存储区(片外 RAM),并用操作码 movx @ ri 进行访问。

item5:无符号字符二维数组 unsigned char array[3][4]被定义为 xdata 存储类型,C51 编译器将其定位在片外数据存储区(片外 RAM),并占据 3×4=12 字节存储空间,用于存放该数组变量。

如果用户不对变量的存储类型进行定义,C51 的编译器采用默认的存储类型。默认的存储类型由编译命令中存储模式指令限制。C51 支持的存储模式见表4.5。例如:

Char var ;　/ * 在 small 模式中,var 定位 data 存储区 * /
　　　　　　/ * 在 compact 模式中,var 定位 pdata 存储区 * /
　　　　　　/ * 在 large 模式中,var 定位 xdata 存储区 * /

表 4.5　C51 存储模式

存储模式	默认存储类型	特　点
Small	data	直接访问片内 RAM;堆栈在片内 RAM 中
Compact	pdata	用 R0 和 R1 间址片外分页 RAM;堆栈在片内 RAM 中
Large	xdata	用 DPTR 间址片外 RAM,代码长,效率低

在 Keil μVision 平台下,设置存储模式的界面如图 4.2 所示。步骤:工程建立好后,使用菜单 Project→Option for Target 'Target1',即出现图 4.2 所示工程对话框。选择 Target 标签,其中的 Memory Model 用于设置 RAM 的使用情况,有 3 个选项:small 是所有的变量都在单片机的内部 RAM 中;Compact 变量存储在外部 RAM 里,使用 8 位间接寻址;large 变量存储在外部 RAM 中,使用 16 位间接寻址,可以使用全部外部扩展 RAM。

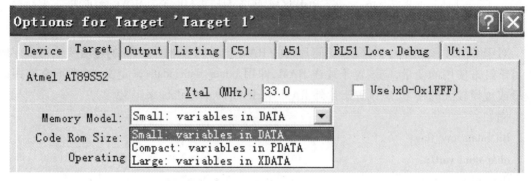

图 4.2　Keil C51 的存储模式界面

4.3.4　80C51 硬件结构的 C51 定义

C51 是适合于 80C51 单片机的 C 语言。它对标准 C 语言(ANSI C)进行扩展,从而具有对 80C51 单片机硬件结构的良好支持与操作能力。

(1)特殊功能寄存器的定义

80C51 单片机内部 RAM 的 80H—FFH 区域有 21 个特殊功能寄存器,为了对它们能够直接访问,C51 编译器利用扩充的关键字 SFR 和 SFR16 对这些特殊功能寄存器进行定义。

SFR 的定义方法:　　sfr 特殊功能寄存器名=地址常数

例如:

sfr P0= 0x80;　　　/∗ 定义 P0 口,地址为 0x80 ∗/

sfr TMOD=0x89;　　　/∗定时/计数器方式控制寄存器地址 89H ∗/

注意:关键字 sfr 后面必须跟一个标识符作为特殊功能寄存器名称,名称可以任意选取,但要符合人们的一般习惯。等号后面必须是常数,不允许有带运算符的表达式,常数的地址范围与具体的单片机型号相对应,通常的 80C51 单片机为 0x80—0xFF。

(2)特殊功能寄存器中特定位的定义

在 C51 中可以利用关键字 sbit 定义可独立寻址访问的位变量,如定义 80C51 单片机 SFR 中的一些特定位。定义的方法有 3 种:

1)sbit 位变量名=特殊功能寄存器名^位的位置(0~7)

例如:

sfr　PSW =0xD0;　　/∗定义 PSW 寄存器地址为 0xd0h ∗/

sbit　OV = PSW^2;　　/∗定义 OV 位为 PSW.2,地址为 0xd2 ∗/

sbit　CY = PSW^7;　　/∗定义 Cy 位为 PSW.7,地址为 0xd7 ∗/

2)sbit 位变量名=字节地址^位的位置

例如:

sbit　OV = 0xd0^2；　　/ * 定义 OV 位的地址为 0xd2 * /

sbit　CF = 0xd0^7；　　/ * 定义 CF 位的地址为 0xd7 * /

注意：字节地址作为基地址，必须位于 0x80—0xff。

3）sbit 位变量名 = 位地址

例如：

sbit OV = 0xd2；　/ * 定义 OV 位的地址为 0xd2 * /

sbit CF = 0xd7；　/ * 定义 CF 位的地址为 0xd7 * /

注意：位地址必须位于 0x80~0xFF。

（3）8051 并行接口及其 C51 定义

①对于 8051 片内 I/O 口，用关键字 sfr 来定义。

例如：

sfr P0 = 0x80；　/ * 定义 P0 口，地址为 80h * /

sfr P1 = 0x90；　/ * 定义 P1 口，地址为 90h * /

②对于片外扩展 I/O 口，则根据其硬件译码地址，将其视为片外数据存储器的一个单元，使用 define 语句进行定义。

例如：

#include <absacc.h>　//绝对地址定义头文件

#define PORTA XBYTE[0x78f0]；　　/ * 将 PORTA 定义为外部口，地址为 78f0，长度为 8 位 * /

一旦在头文件或程序中对这些片内外的 I/O 口进行定义以后，在程序中就可以自由使用这些口了。定义口地址的目的是为了便于 C51 编译器按 8051 实际硬件结构建立 I/O 口变量名与其实际地址的联系，以便使程序员能用软件模拟 8051 硬件操作。

（4）位变量（bit）及其定义

C51 编译器支持 bit 数据类型。

①位变量的 C51 定义语法及语义如下：

bit dir_bit；　　　　　　　　/ * 将 dir_bit 定义为位变量 * /

bit lock_bit；　　　　　　　/ * 将 lock_bit 定义为位变量 * /

②函数可包含类型为 bit 的参数，也可以将其作为返回值。

bit func（bit b0，bit b1）

{/ * … * /}

return （b1）；

③对位定义的限制：位变量不能定义成一个指针。

如 bit * bit_ptr 是非法的。不存在位数组，如不能定义 bit arr[ ]。

在位定义中允许定义存储类型，位变量都放在一个段位中，此段总位于 8051 片内 RAM 中，因此存储类型限制为 data 或 idata。如果将位变量的存储类型定义成其他类型，编译时将出错。

④可位寻址对象。可位寻址的对象是指可以字节寻址或位寻址的对象，该对象位于 8051 片内 RAM 可位寻址 RAM 区中，C51 编译器允许数据类型为 idata 的对象放入 8051 片内可位寻址的区中。先定义变量的数据类型和存储类型：

```
bdata int ibase;              /* 定义 ibase 为 bdata 整型变量 */
bdata char bary[4];           /* 定义 bary[4]为 bdata 字符型数组 */
```
然后可使用"sbit"定义可独立寻址访问的对象位,即:
```
sbit mybit0=ibase^0;          /* mybit0 定义为 ibase 的第 0 位 */
sbit mybit15=ibase^15;        /* mybit15 定义为 ibase 的第 15 位 */
sbit ary01=bary[0]^1;         /* ary01 定义为 bary[0]的第 1 位 */
sbit ary25=bary[2]^5;         /* ary25 定义为 bary[2]的第 5 位 */
```

4.4 C51 的运算符、表达式及其规则

运算符是完成某种运算的符号。C51 具有丰富的运算符,对数据具有极强的表达能力。表达式是由运算符及运算对象组成的具有特定含义的式子。在任意表达式的后面加一个分号";"就构成一个表达式语句。由运算符和表达式可以构成 C51 程序的各种语句。

4.4.1 算术运算符和算术表达式

(1)基本算术运算符
+   加法运算符,或正值符号;
−   减法运算符,或负值符号;
×   乘法运算符;
/   除法运算符;
%   模(求余)运算符;例 11%3=2,结果是 11 除以 3 所得余数为 2。
在上述运算符中,加、减和乘法符合一般的算术运算规则。除法运算时,如果是两个整数相除,其结果为整数;如果是两个浮点数相除,其结果为浮点数。而对于取余运算,则要求两个运算对象均为整型数据。

C 语言规定了算术运算符的优先级和结合性。

优先级指当运算对象两侧都有运算符时,执行运算的先后次序。按运算符优先级别的高低顺序执行运算。

结合性指当一个运算对象两侧的运算符优先级别相同时的运算顺序。

算术运算符中取负运算的优先级最高,其次是乘法、除法和取余,加法和减法的优先级最低。也可以根据需要,在算术表达式采用括号来改变优先级的顺序。

如:a+b/c ;该表达式中,除号优先级高于加号,故先运算 b/c 所得结果,之后再与 a 相加。

(a+b)*(c-d)-e ;该表达式中,括号优先级最高,其次是"*",最后是减号。故先运算(a+b)和(c-d),然后再将二者结果相乘,最后与 e 相减。

(2)自增减运算符
自增减运算符的作用是使变量值自动加 1 或减 1。
++   自增运算符;
−−   自减运算符;

++和--运算符只能用于变量,不能用于常量和表达式。如++(a+1)是错误的。

如：　++i、--i　　在使用 i 之前,先使 i 值加(减)1。

　　　　i++、i--　　在使用 i 之后,再使 i 值加(减)1。

粗略地看,++i 和 i++的作用都相当于 i=i+1,但++i 和 i++的不同之处在于++i 先执行 i=i+1,再使用 i 的值;而 i++则是先使用 i 的值,再执行 i=i+1。

如:若 i 值原来为 5,则

j=++i; j 的值为 6,i 的值也为 6;

j=i++; j 的值为 5,i 的值为 6;

(3)类型转换

运算符两侧的数据类型不同时,要转换成同种类型。转换的方法有两种:自动转换和强制类型转换。

①自动转换是编译系统在编译时自动进行的类型转换,顺序是:

bit→char→int→long→float,signed→unsigned

②强制类型转换是通过类型转换运算来实现的。

其一般形式:(类型说明符)(表达式)

功能:把表达式的运算结果强制转换成类型说明符所表示的类型。

如:(double)a　　　将 a 强制转换成 double 类型

　　(int)(x+y)　　　将 x+y 值强制转换成 int 类型

　　(float)(5%3)　　将模运算 5%3 的值强制转换成 float 类型。

4.4.2　关系运算符、关系表达式及优先级

(1)C51 提供六种关系运算符

<　　　小于;

<=　　小于等于;

>　　　大于;

>=　　大于等于

==　　测试等于;

!=　　测试不等于;

(2)关系运算符的优先级

①<、>、<=、>=的优先级相同,两种==、!=优先级相同;前 4 种优先级高于后两种。

②关系运算符的优先级低于算术运算符。

③关系运算符的优先级高于赋值运算符。

如:c>a+b　等效于 c>(a+b);　a>b!=c　等效于(a>b)!=c

　　a=b>c　等效于 a=(b>c)

(3)关系运算符的结合性为左结合

如:a=4,b=3,c=1,则 f=a>b>c,则 a>b 的值为 1,1>c 的值为 0,故 f=0。

(4)关系表达式

关系表达式是用关系运算符和将两个表达式(可以是算术表达式、关系表达式、逻辑表达式、字符表达式)连接起来的式子。

(5)关系表达式的结果

其结果是真和假。C51 中用 0 表示假,1 表示真。

4.4.3 逻辑运算符和逻辑表达式及优先级

(1)C51 提供 3 种逻辑运算符

! 　　逻辑"非"(NOT)

&& 　　逻辑"与"(AND)

|| 　　逻辑"或"(OR)

"&&"和"||"是双目运算符,要求有两个运算对象;而"!"是单目运算符,只要求有一个运算对象。

(2)逻辑运算符的优先级

在逻辑运算中,逻辑非的优先级最高,且高于算术运算符;逻辑"与""或"的优先级最低,低于关系运算符,但高于赋值运算符。

(3)逻辑表达式

用逻辑运算符将关系表达式或逻辑量连接起来的式子称为逻辑表达式。其值应为逻辑量真和假,逻辑表达式和关系表达式的值相同,以 0 代表假,1 代表真。

(4)逻辑运算符的结合性为从左到右。

例:如 a=4,b=5,则

!a 　　　　为假。因为 a=4(非 0)为真,所以!a 为假(0)。

a||b 　　　　为真。因为 a,b 为真,所以两者相或为真。

a&&b 　　　　为真。

!a&&b 　　　　为假(0)。! 优先级高于 &&,先执行!a 为假(0),0&&b=0,结果为假。

4.4.4 C51 位操作及其表达式

C51 提供 6 种位运算符:

& 位与;

| 位或;

^ 位异或;

~ 位取反;

<< 左移;

>> 右移;

除按位取反运算符"~"以外,以上位操作运算符都是双目运算符,要求运算符两侧各有一个运算对象。

(1)"按位与"运算符"&"

运算规则:参与运算的两个运算对象,若两者相应的位都为 1,则该位结果为 1,否则为 0。即:0&0=0、0&1=0、1&0=0、1&1=1。

如:a=45h=0100 0101b,b=0deh=1101 1110b,则表达式 c=a&b=44h。

按位与的主要用途:

①清零。用 0 去和需要清零的位按位与运算。

②取指定位。

(2)"按位或"运算符"|"

运算规则:参与运算的两个运算对象,若两者相应的位中有一位为 1,则该位结果为 1,否则为 0。即: 0|0=0、0|1=1、1|0=1、1|1=1。

如:a=30h=00110000b,b=0fh=00001111b,则表达式 c=a|b=3fh。

按位或的主要用途是将一个数的某些位置 1,则需要将这些位和 1 按位或,其余的位和 0 进行按位或运算则不变。

(3)"异或"运算符"^"

运算规则:参与运算的两个运算对象,若两者相应的位相同,则结果为 0;若两则相应的位相异,结果为 1。即: 0^0=0、0^1=1、1^0=1、1^1=0。

如:a=0a5h,b=3dh,则表达式 c=a^b=98h。

按位异或的主要用途:

①使特定位翻转(0 变 1,1 变 0):需要翻转的位和 1 按位异或运算,不需要翻转的位和 0 按位异或运算。原数和自身按位异或后得 0。

②不用临时变量而交换两数的值。

(4)"位取反"运算符"~"

"~"是一个单目运算符,用来对一个二进制数按位取反,即 0 变 1,1 变 0。

(5)位左移和位右移运算符(<<,>>)

位左移、位右移运算符"<<"和">>"用来将一个二进制位的全部左移或右移若干位;移位后,空白位补 0,而溢出的位舍弃。

如: a=15h,则 a=a<<2=54h;a=a>>2=05h。

(6)赋值和复合赋值运算符

符号"="称为赋值运算符,其作用是将一个数据的值赋予一个变量。赋值表达式的值就是被赋值变量的值。

在赋值运算符的前面加上其他运算符就可以构成复合赋值运算符。在 C51 中共有 10 种复合运算符,这 10 种赋值运算符均为双目运算符。即: +=, -=, *=, /=, %=, <<=, >>=, &=, |=, ^=, ~=。

采用这种复合赋值运算的目的,是为了简化程序、提高 C 程序编译效率。如:

a+=b　相当于 a=a+b	a%=b　相当于 a=a%b
a-=b　相当于 a=a-b	a<<=3　相当于 a=a<<3
a*=b　相当于 a=a*b	a>>=2　相当于 a=a>>2
a/=b　相当于 a=a/b	

(7)其他运算符(共有 10 个)

[ ]:数组的下标。

( ):括号。

. :结构/联合变量指针成员。

& :取内容。

?:三目运算符。

, :逗号运算符。

Sizeof:用于在程序中测试某一数据类型占用多少字节。

4.4.5 运算符的优先级

当一个表达式中有多个运算符参加运算时,将按表 4.6 所规定的优先级进行运算。表中优先级从上往下逐渐降低,同一行优先级相同。

例如:

表达式 10>4&&(100<99)||3<=5 的值为 1;

表达式 10>4&&!(100<99)&&3<=5 的值为 0。

表 4.6 运算符的优先级表

表达式	优先级
()(小括号) [](数组下标) ·(结构成员)	最高
!(逻辑非)~(位取反)-(负号)++(加 1)--(减 1)&(取变量地址)	↑
*(指针所指内容) type(函数说明) sizeof(长度计算)	↑
*(乘) /(除) %(取模)	↑
+(加) -(减)	↑
<<(位左移) >>(位右移)	↑
<(小于) <=(小于等于) >(大于) >=(大于等于)	↑
==(等于) !=(不等于)	↑
&(位与)	↑
^(位异或)	↑
|(位或)	↑
&&(逻辑与)	↑
||(逻辑或)	↑
?:(? 表达式)	↑
= += -=(联合操作)	↑
,(逗号运算符)	最低

4.5 C51 流程控制语句

顺序结构、选择结构和循环结构是实现所有程序的三种基本结构,也是 C51 语言程序的三种基本构造单元。选择结构体现了程序的逻辑判断能力,分支结构分为简单分支(两分支)和多分支两种情况。一般采用 if 语句实现简单分支结构的程序,用 switch-case 语句实现多分支结构程序。循环结构解决了重复性的程序段的设计,主要有 for 语句、while 语句以及 do...while 语句。

4.5.1 C51 的顺序结构

顺序结构是一种基本、最简单的编程结构。在这种结构中,程序由低地址向高地址顺序执行指令代码。如图 4.3 所示,程序先执行 A 操作,再执行 B 操作,两者是顺序执行的关系。

图 4.3 顺序结构

4.5.2 C51 的选择(分支)结构

计算机功能强大的原因就在于它具有决策能力或者选择能力。选择语句就是条件判断语句,首先判断给定的条件是否满足,然后根据判断的结果决定执行给出的若干选择之一。在 C51 中,选择语句有条件语句和开关语句两种。选择结构的流程图如图 4.4 所示。

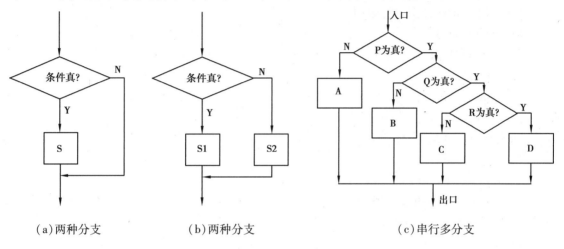

(a)两种分支   (b)两种分支   (c)串行多分支

图 4.4 分支程序结构

条件语句由关键字 if 构成。它的基本结构是:

if(表达式)

{语句};

如果括号中的表达式成立(为真),则程序执行花括弧中的语句;否则程序将跳过花括弧中的语句部分,执行后面的语句。C 语言提供了 3 种形式的 if 语句。

(1)形式 1

if(表达式)

{语句}

例:if(x>y)

　　printf("%d",x);

(2)形式 2

if(条件表达式){语句 1;} else {语句 2}

例:if(x>y)　max=x;

　　else max=y;

(3)形式 3

if(表达式 1){语句 1;}

127

```
    else if(表达式 2){语句 2;}
     else if(条件表达式 3){语句 3;}
        …
        else if(条件表达式 n){语句 n;}
        else {语句 m}
```

例:if (salary>1000)   index=0.4;
    else if (salary>800)   index=0.3;
      else if (salary>600)   index=0.2;
        else if (salary>400)   index=0.1;
          else   index=0;

【例 4.7】 选择分支语句应用

```
void main(void)
{    int i=2,p;
     p=f(i,++i);
     print("%d",p);
}

int f(int a, int b)
{    int c;
     if(a>b) c=1;
     else if(a==b) c=0;
     else c=-1;return(c);
}
```

说明:if 语句的嵌套是指在 if 语句中又含一个或多个 if 语句,这种情况称为 if 语句的嵌套。用 if 语句实现多分支是串行多分支,排在后面的优先级最低;用开关语句实现多分支是并行多分支,没有优先级高低,一般用开关语句实现并行多分支。并行多分支结构及其流程图如图 4.5 所示,开关语句的一般形式如下:

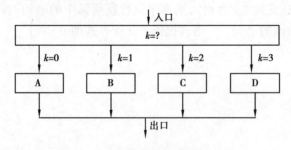

图 4.5 并行多分支结构及其流程图

在并行多分支结构中,根据 k 值的不同取值 0、1、2、3 分别选择执行 A、B、C、D。

```
switch (表达式)
{
    case 常量表达式 1:语句 1;break;
    case 常量表达式 2:语句 2;break;
```

......

case 常量表达式 n：语句 n；break；

default：语句 n+1；

}

当 switch 括号中表达式的值与某一个 case 后面的常量表达式的值相等时,就执行它后面的语句,然后因遇到 break 而退出 switch 语句。当所有的 case 中的常量表达式的值都没有与表达式的值相匹配时,就执行 default 后面的语句。

每一个 case 的常量表达式必须是互不相同的,否则出现对表达式的同一个值,有两种以上的选择。

如果 case 语句中遗忘了 break,则程序在执行了本行 case 选择之后,不会按规定退出 switch 语句,而是执行后续的 case 语句。

4.5.3　C51 的循环结构

所有的分支机构都使程序流程一直向前执行,除非使用了定向跳转语句 goto,而使用循环结构可以使分支程序重复地执行。程序设计中,常常要求进行有规律的重复操作,如求累加和、数据块的搬移等。计算机的基本特性之一就是具有重复执行一段语句的能力,即循环能力。几乎所有的实用程序都包含有循环结构。循环结构是结构化程序设计的 3 种基本结构之一,因此掌握循环结构的概念是程序设计尤其是 C 程序设计最基本的要求。循环程序结构流程图如图 4.6 所示。

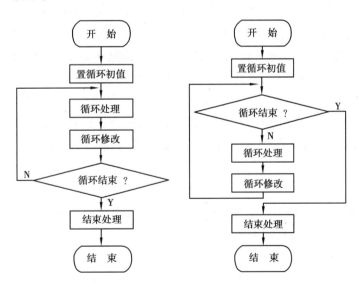

图 4.6　循环程序结构框图

在 C51 语言中,实现循环的语句主要有 3 种。

(1) while 语句的一般形式

while(表达式)

{语句；　/*循环体*/}

while 语句的语义是:计算表达式的值,当值为真(非 0)时,执行循环体语句。使用 while 语句应注意以下几点:

①while 语句中的表达式一般是关系表达式或逻辑表达式,只要表达式的值为真(非 0),即可继续循环。

②循环体如包含一个以上的语句,则必须用﹛ ﹜括起来,组成复合语句。

③while 循环体中,应有使循环趋向于结束的语句,如无此种语句,循环将无休止地继续下去。

"while"型循环结构和"do...while"型循环结构及其流程图,如图 4.7 所示。

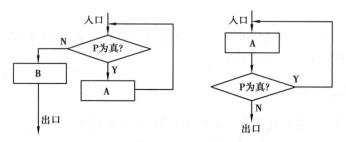

图 4.7 "while"型循环和"do...while"型循流程图

这两种循环结构非常类似,唯一的区别在于执行 A 的次数。在"while"循环中,当条件 P 一开始就为假时,就没有任何机会执行 A;而在"do...while"循环中,即便条件 P 一开始就为假,也至少有一次执行 A 的机会。while 循环体内的语句必须使用花括号﹛ ﹜括起来,表示整个花括号内的内容是一个统一的循环体,否则循环体只会执行紧接着 while 语句后的第一个语句。要养成对循环体加花括号的习惯。尽管在循环体只有一条语句时可以不加花括号,但是加了更加安全,特别在多层嵌入语句的情况下,可以避免不小心引起的错误。再次强调,一定要有保证在最坏情况下退出循环体的保全措施,以防出现死循环。

④嵌入式平台上编写程序的一个最大特点是程序总是以一个无限循环作为结束。无限循环是必要的,这使得嵌入式软件的功能从启动之后,一直运行直至关机。因此,一个嵌入式程序的功能体会被无限循环包含,这使得它们可以一直运行下去。如:

while (! RI)

﹛﹜

这个语句的作用是等待 RI=1,如果 RI=0,! RI=1,由于循环体无实际操作语句,故继续测试下去(等待);一旦 RI=1,则循环终止。

(2)do...while 语句的一般形式

do

﹛语句;﹜　　　/ * 循环体 * /

while (表达式);

do...while 循环语句的执行过程如下:首先执行循环体语句,然后执行圆括号中的表达式。如果表达式的值为真(非 0 值),则重复执行循环体语句,直到表达式的值变为假(0 值)时为止。对于这种结构,在任何条件下,循环体语句至少会被执行一次。

（3）for **语句的一般形式**

for（ 初始语句；循环条件 P；结尾语句 ）

{ 语句 ;/＊循环体＊/ }

C 语言中 for 循环语句可以用于循环次数已确定的情况，可以用于循环次数不确定的情况。for 循环语句中：

初始语句：用来给定进入循环体之前所需要初始化的变量；

循环条件 P：给定继续执行循环体的条件；

结尾语句：则给定循环体执行完毕后，在继续执行循环的条件判断之前需要执行的变量改变（尺度增量）。

for 循环语句的语法流程如图 4.8 所示。

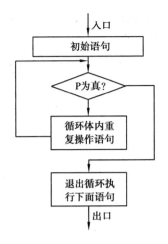

图 4.8　for 循环语句流程图

通常情况下 for 循环语句都会有一个循环变量，它在初始语句中被初始化，条件语句给出循环变量的变化范围，而结尾语句则给定每次循环后该循环变量的改变方式。

例：　for（ i＝0 ；i＜10 ；i++）

｛　　　a+＝1；

　　　　b＊＝a；

　　｝

初始语句、循环条件和结尾语句都不是必须的，任何一部分都可以省略。

例：　for（ ; ; ）

｛　　　a+＝1；

　　　　if（a>100） break；

　　｝

这个例子中，是依靠循环体内的条件检测，利用 break 语句来结束循环的。

下面是一个利用循环语句延时 1 ms 的延时程序，用参数 50 调用这个函数时，每次可以产生约 50 ms 的延时。

```
void msec（unsigned int x）
｛　　unsigned char i；
　　　while（x--）
　　　　　for（ i＝0 ；i＜125 ；i++ ）
｛　　　　　　;｝
　　｝
｝
```

这并不是很精确的延时，根据不同的编译环境和优化条件，得到的汇编代码并不相同，延时效果会不一样，其中的 125 需要根据实际调整。若需要精确的延时，最好利用定时器来设计。

有关 for 循环语句的执行过程和 for 循环的几种特殊结构，请读者参考 C 语言教材。

【例 4.8】 图 4.9 是 8051 单片机的 P1.0 口上连接了一个 LED,请编程实现 LED 周期闪烁。

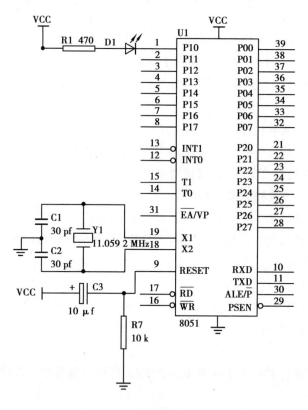

图 4.9　8051 单片机 I/O 口应用

参考程序如下:

```
#include<reg51.h>              //包含单片机定义寄存器的头文件
sbit led = P1^0;               //将 led 定义为 P1.0 位
void delay(void)               //延时函数
{   unsigned int i;            //定义无符号整数,最大取值范围 65535
    for(i=0;i<20000;i++);      //做 20000 次空循环,以进行延时
}
int main(void)                 //主函数
{   while(1)                   //无限循环,以使 LED 持续闪烁。
    {   led = 0;               //P1.0 输出低电平,灯亮
        delay();               //延时一段时间
        led = 1;               //P1.0 输出高电平,灯灭
        delay();               //延时一段时间
    }
}
```

4.6　C51 的数组

在程序设计中,为了处理方便,把具有相同类型的若干变量按有序的形式组织起来。这些按序排列的同类型数据元素的集合称为数组。

在 C 语言中,数组属于构造数据类型。一个数组可以分解为多个数据元素,这些数据元素可以是基本的数据类型或是构造类型。因此按数组元素的类型不同,数组又可分为数值数组、字符数组、指针数组、结构数组等各种类别。数组常用于算法,如:求最大最小值、排序、查找等;用字符数组存取字符串;使用字符串处理函数处理字符串等。

引入数组是为了保存大量同类型的相关数据,如矩阵运算,表格数据等。

4.6.1　一维数组

(1)一维数组的定义方式

类型说明符　数组名 [整型常量表达式];

例如:

int a[10];

它表示数组名为 a,此数组有 10 个元素。

说明:

①数组名的命名规则和变量名相同,遵循标识符命名规则。

②数组名后是用方括号括起来的常量表达式,不能用圆括弧。

③常量表达式表示元素的个数,即数组的长度。例如在 int a[10] 中,10 表示 a 数组有 10 个数据元素,每个元素的类型均为 int,下标从 0 开始,使用 a[0]、a[1]、a[2]、……、a[9] 这样的形式访问每个元素。注意不能使用 a[10],系统会在内存分配连续的 10 个 int 空间给此数组,a 就是此数组的首地址。

④常量表达式中可以包括常量和符号常量,不能包含变量。也就是说,C51 不允许对数组的大小作动态定义,即数组大小不依赖于程序运行过程中变量的值。

int　n=5;

int　a[n];　　//长度 n 不可以是变量

(2)一维数组的初始化

对数组元素的初始化可以用以下方法实现:

1)在定义数组时对数组元素赋予初值

例如:int a[5] = {12, 34, 56, 78, 9};

12	34	56	78	9
a[0]	a[1]	a[2]	a[3]	a[4]

将数组元素的初值依次放在一对花括弧内。经过上面的定义和初始化之后,a[0]=12,a[1]=34,a[2]=56,a[3]=78,a[4]=9。一维数组元素在内存中是连续存放的,一维数组名

就是此数组首元素的地址。

2)可以只给一部分元素赋值

例如:int a[10]={1,2,3,4,5};

定义 a 数组有 10 个元素,但花括弧内只提供 5 个初值,这表示只给前 5 个元素赋初值,后面的 5 个元素值为 0。

3)在对全部数组元素赋初值时,可以不指定数组的长度

例如:int a[5]={1,2,3,4,5};

也可以写成:int a[]={1,2,3,4,5};

数组赋值和普通变量赋值一样,只能逐个对数组元素进行操作,不能整体赋值! 切忌下标越界! 下面是数组应用的两种赋值方法。

第一种:int a[4];

a[0]=1;a[1]=3;a[2]=5;a[3]=7;

第二种:int a[4];

for(i=0;i<4;i++)

a[i]=2*i+1;

(3)一维数组元素的引用

数组必须先定义、后使用。C51 语言规定只能逐个引用数组元素而不能一次引用整个数组。数组元素的表示形式为:

数组名[下标],下标可以是整型常量或整型表达式。如:

a[0]=a[5]+a[7]-a[2*3];

4.6.2　二维数组

(1)二维数组定义的一般形式

类型说明符 数组名[常量表达式][常量表达式]

例如:int a[3][4],b[5][10];

定义 a 为 3×4(3 行 4 列)的数组,b 为 5×10(5 行 10 列)的数组。数组元素为 int 型数据。注意不能写成:int a[3,4],b[5,10];

C51 语言对二维数组采用这样的定义方式,使我们可以把二维数组看作一种特殊的一维数组:它的元素又是一维数组。例如把 a 看作一个一维数组,它有 3 个元素:a[0]、a[1]、a[2],每一个元素又是一个包含 4 个元素的一维数组,如图 4.10 所示。二维数组存放顺序:按行存放,先存放第 0 行的元素,再存放第 1 行的元素等。

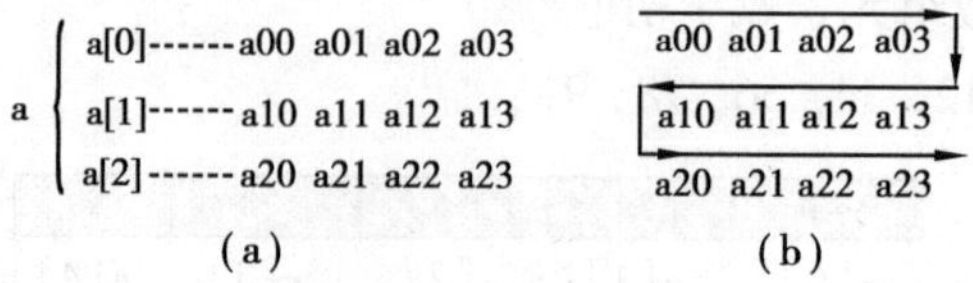

图 4.10　二维数组

（2）二维数组的初始化

1）按行赋初值

数据类型 数组名［行常量表达式］［列常量表达式］＝｛｛第 0 行初值表｝，｛第 1 行初值表｝，…，｛最后 1 行初值表｝｝；

2）按二维数组在内存中的排列顺序给各元素赋初值

数据类型 数组名［行常量表达式］［列常量表达式］＝｛初值表｝；

int b［2］［3］＝｛｛1,2,3｝，｛4,5,6｝｝；　//按行赋值。

int b［2］［3］＝｛1,2,3,4,5,6｝；　　　　//按存放顺序赋值。

int b［ ］［3］＝｛1,2,3,4,5,6｝；　　　　//行长度可省,列长度不能省。

int b［2］［3］＝｛1,2,3,4｝；　　　　　　//部分元素赋初值。

int b［2］［3］＝｛｛1,2,3,4｝,5,6｝；　　　//是错误赋值。

应用循环对二维数组赋值如下：

```
int i,j;
short int a[3][4];        //注意:a 是 short 整型
for (i=0; i<3; i++)
    for (j=0; j<4; j++)
    {   a[i][j] = 4 * i + j;
        printf("a[%d][%d]的值是：%2d ",  i, j,  a[i][j] );
}
```

（3）二维数组元素的引用

数组名［行下标表达式］［列下标表达式］

①"行下标表达式"和"列下标表达式"都应是整型表达式或符号常量。

②"行下标表达式"和"列下标表达式"的值都应在已定义数组大小的范围内。

③对基本数据类型的变量所能进行的操作也适合于相同数据类型的二维数组元素。

【例 4.9】 求出二维数组中的最大值。

```
#include <stdio.h>
void main( )
{
    int i, j, row = 0,col = 0;
    int a[3][4] = {{1,2,3,4},{9,8,7,6},{-10,10,-5,2}};
            for (i=0 ; i<=2 ;i++)
                for (j=0; j<=3 ; j++)
                    {   if (a[i][j] >a[row][col])
                        {
                            row = i;
                            col = j;
                        }
```

```
            }
    printf("最大值为:%d", a[row][col]);
    while(1);
}
```

4.6.3 字符数组

字符数组就是元素类型为字符型(char)的数组,字符数组是用来存放字符的。在字符数组中,一个元素存放一个字符,可以用字符数组来存储长度不同的字符串。

(1)字符数组的定义

字符数组的定义和数组定义的方法类似。

如 char str[10],定义 str 为一个有 10 个字符的一维数组。

(2)字符数组置初值

最直接的方法是将各字符逐个赋给数组中的各元素。如:

char string[5]={'h','e','l','l','o'};

C 语言使用字符数组实现字符串,以'\0'结尾的字符数组(在 C 语言中)。

char str[6] = {'C','h','i','n','a','\0'};

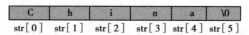

C	h	i	n	a	\0
str[0]	str[1]	str[2]	str[3]	str[4]	str[5]

C 语言还允许在定义字符串时用字符串直接给字符数组置初值。其方法有以下两种形式:

char str[6] = {"China"};

char str[ ] = "China";

"China"是字符串常量,系统自动添加'\0'字符,在内存中存放。在使用中只能逐个对字符数组元素进行操作,切忌下标越界! 下面是两种对字符数组赋值方法。

第一种:char a[4];

　　　a[0]='a';

　　　a[1]='b';…………

第二种:char a[4];

　　　for (i=0; i<4; i++)

　　　　a[i] = 'a'+i;

4.6.4 字符串的输入输出

gets 可以输入带空格的字符串,scanf("%s",str)将遇到空格或回车键停止读入字符串,注意字符长度越界,引起缓冲区溢出。字符串输入输出如下。

char str[10];

gets(str);字符串输入　　　　　　　　　　　scanf("%s",str);字符串输入

puts(str);字符串输出　　　　　　　　　　　printf("%s",str);字符串输出

字符数组输入输出如下：

```
for(i=0; i <10; i++)
{
    str[i] = getchar ();
    putchar (str[i]);
}
```

```
for(i=0; i <10; i++)
{
    scanf ("%c",str[i]);printf
    ("%c",str[i]);
}
```

4.6.5　查表

在 C51 编程中,数组一个非常有用的功能之一就是查表。

在实际单片机应用系统中,希望单片机能进行高精度的数学运算,但这并非单片机的特长,也不是完全必要的。许多嵌入式控制系统的应用中,人们更愿意用表格而不是数学公式,特别是在 A/D 转换中对模拟量的标定,使用表格查找法避免数值计算。在 LED 数码显示、LCD 的汉字显示系统中,一般将字符或汉字的点阵信息存放在表格中,表格可事先计算好装入 EPROM 中。

【例 10】　一个摄氏温度转换成华氏温度的例子。

#define uchar unsigned char

uchar code tempt[ ] = {32,34,36,37,39,41}；　/*数组,设置在 EPROM 中,长度为实际输入的值*/

uchar f2c(uchar degr)

{　……

　　return　tempt(degr)；　/*返回华氏温度值*/

}

void main( )

{　uchar x;

　x=f2c(5)；　　　　　　　/*得到 5 ℃ 相应的华氏温度*/

}

4.7　C51 的指针

指针是 C 语言中的一个重要数据类型,也是 C 语言的重要特色之一,运用指针编程是 C 语言最主要的风格之一。C 语言区别于其他高级语言的主要特点主要体现在处理指针时所表现的能力和灵活性。使用指针可以有效地表示复杂的数据结构;方便而有效地使用数组;动态地分配存储器,直接处理内存地址等。C 程序设计中使用指针有如下优点。

①使程序简洁、紧凑、高效;

②有效地表示复杂的数据结构;

③动态分配内存;

④得到多于一个的函数返回值;

⑤能像汇编语言一样处理内存地址，从而编出精练而高效的程序。

4.7.1 指针的基本概念

（1）地址

程序中定义的变量都会在编译时分配对应的存储单元，变量的值存放在存储单元中，而存储单元都有相应的地址。访问变量首先要得到变量的存储单元地址，找到对应存储单元地址后，再进一步对其中的值进行访问。除了得到变量单元的起始地址之外，还要根据变量的类型决定其存储字节数，将两者结合起来正确访问变量。

对于变量，实际存在 3 个基本要素，即变量名、变量的地址和变量的值。变量名是变量的外在表现形式，方便用户对数据进行引用；变量的值是变量的核心内容，是设置变量的目的，设置变量就是为了对其中的值进行读写访问，变量的值存放在内存单元中；变量的地址则起到纽带的作用，把变量名和变量的值联系起来，通过变量名得到变量的地址，再通过变量地址在内存中寻址找到变量值。例如，通过通信地址，可以确定居住区内的每个住户；知道了教室的门牌编号，就能准确找到要去的教室。

对于内存单元，也要明确两个概念，一个是内存单元的地址，另一个是内存单元的内容。前者是内存对该单元的编号，它表示该单元在整个内存中的位置。后者指的是在该内存单元中存放着的数据。

（2）指针

变量存储单元的分配、地址的记录以及寻址过程虽然是在系统内部自动完成的，一般用户不需要关心其中的细节，但是出于对变量灵活使用的需要，有时在程序中围绕变量的地址展开操作，这就引入"指针"的概念。变量的地址称为变量的指针，指针的引入把地址形象化了。地址是找变量值的索引或指南，就像一根"指针"一样指向变量值所在的存储单元，因此指针即是地址，是记录变量存储单元位置的正整数。

（3）指针变量

指针是反映变量地址的整型数据，可以把指针值存放在另一个变量中，以便通过这个变量对存放在其中的指针进行操作，这个变量被称为"指针变量"。指针变量是专门存放其他变量地址的变量。指针变量虽然属于变量的范畴，但却不同于其他类型的变量：其他类型的变量用于存放被处理的数据即操作对象，可以对这些数据以"直接访问"方式进行访问；而使用指针变量的目的并非针对存于其中的指针进行操作，而是为了通过这个指针对其指向的变量进行操作，因此这种访问被称为"间接访问"。

图 4.11 反映了指针变量与指针、指针与指针所指变量之间的关系。变量 n 是一般变量，变量 n 的指针（地址）又存放在指针变量 p 中，因此要存取变量 n 的值可以通过指针变量 p 以"间接访问"的方式进行：先从指针变量 p 中得到存放在其中的指针，即变量 n 的地址，再根据这个指针（地址）寻址找到对应的存储单元，实现对变量 n 的访问。

图 4.11　指针与指针变量

4.7.2　指针变量的使用

(1)指针变量的定义

C语言规定,所有的变量在使用前必须定义,以确定其类型。指针变量也不例外,由于它是专门存放地址的,因此必须将它定义为"指针类型"。

指针定义的一般形式为:　类型识别符　*指针变量名;

如:　int * ap;

float * pointer;

注意:指针变量名前的"*"号表示该变量为指针变量。但指针变量名应该是ap,pointer,而不是 * ap 和 * pointer。

(2)指针变量的赋值——取地址运算符"&"

指针变量既然是通过存放在其中的指针指向另外一个变量,它建立了与另外一个变量的联系。对指针变量赋值,其实质就是要确定指向关系,即指针变量中到底存放了哪个变量的地址。

将指针变量指向某个变量的赋值格式通常是:指针变量名=& 所指向的变量名;

如:要建立图4.5中指针变量 p 与一般变量 n 的指向关系,则需要进行以下的定义和赋值:

int * p,n=10;

p=&n;

(3)指针变量的引用——指针运算符"*"

在进行了变量和指针变量的定义之后,如果对这些语句进行编译,C编译器就会为每个变量和指针变量在内存中安排相应的内存单元,如:

定义变量和指针变量:

int x=1,y=2,z=3;　　　　　/ * 定义整型变量 x,y,z * /

int * x_point;　　　　　　/ * 定义指针变量 x_point * /

int * y_point;　　　　　　/ * 定义指针变量 y_point * /

int * z_point;　　　　　　/ * 定义指针变量 z_point * /

通过编译,C编译器就会在变量x、y、z对应的地址单元中装入初值1、2、3,如图4.12(a)所示。但仍然没有对指针变量x_point、y_point、z_point赋值,所以它们所对应的地址单元仍为空白,即仍然没有被装入指针,它们没有指向。当执行:x_point=&x、y_point=&y、z_point=后,指针x_point指向x,即指针变量x_point所对应的内存地址单元中装入了变量x所对应的内存单元地址1000;指针变量y_point所对应的内存地址单元中装入了变量y所对应的内存单元地址1002;指针变量z_point所对应的内存地址单元中装入了变量z所对应的内存单元地址1004,如图4.12(b)所示。

在完成了变量、指针变量的定义以及指针变量的引用之后,就可以通过指针和指针变量来对内存进行间接访问了。这时就要用到指针运算符(又称间接运算符)"*"。

如:要把整型变量 x 的值赋给整型变量 a。

用直接访问方式,则用:a=x;

使用指针变量 x_point 进行间接访问,则用:a= * x_point;

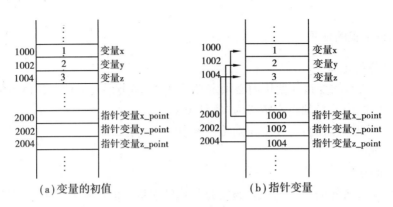

(a)变量的初值 　　　　　　　　　(b)指针变量

图 4.12　指针变量的引用

应当特别注意的是:"＊"在指针变量定义时和在指针运算时所代表的含义是不同的。在指针定义时,＊x_point 中的"＊"是指针变量的类型说明符;进行指针运算时,a=＊x_point 中的"＊"是指针运算符。

4.7.3　数组指针和指向数组的指针变量

指针既然可以指向变量,当然也可以指向数组。所谓数组的指针,就是数组的起始地址。若有一个变量用来存放一个数组的起始地址(指针),则称它为指向数组的指针变量。

(1)指向数组的指针变量的定义、引用和赋值

定义一个数组 a[10]和一个指向数组的指针变量 array_ptr:

int a[10];　　　　　　/＊ 定义 a 为包含 10 个整型元素的数组 ＊/
int ＊array_ptr;　　　/＊ 定义 array_ptr 为指向整型数据的指针 ＊/

为了将指针变量指向数组 a[10],需要对 array_ptr 进行引用,有如下两种引用方法。

①array_ptr＝&a[0]。

此时数组 a[10]的第一个元素 a[0]的地址赋给了指针变量 array_ptr,也就是将指针变量 array_ptr 指向数组 a[ ]的第 0 号元素 a[0]。

②array_ptr ＝a。

这种方法和①的作用完全相同,但形式上更简单。C 语言规定,数组名可以代表数组的首地址,即第一个元素的地址,因此上面两个语句是等价的。

(2)通过指针引用数组元素

通过指针引用数组元素:设指针变量 array_ptr 的初值为 &a[0],如图 4.13 所示。从图 4.13 中可以看出:

①array_ptr+i 和 a+i 就是数组元素 a[i]的地址,它指向数组 a[ ]的第 i 个元素,由于 a 代表数组的首地址,则 a+i 和 array_ptr+i 等价。

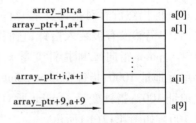

图 4.13　指针引用数组

② ＊(array_ptr+i)和 ＊(a+i)是 array_ptr+i 或 a+i 所指向的数组元素,即 a[i]。

③指向数组的指针变量可以带下标,如 array_ptr[i]与 ＊(array_ptr+i)等价。

引用数组元素,可以使用数组下标法如 a[4],也可以使用指针法。与数组下标法相比,使用指针法引用数组元素能使目标代码效率高(占用内存少,运行速度快)。

【例 4.11】设一个整型数组 a 有 10 个元素。要求输出全部的值。

解:要输出数组的全部元素的值有 3 种方法。

①下标法。

```
#include <stdio.h>
#include<reg51.h>
void main( )
{
    int a[10]={12,3,45,6,20,30,78,50,66,81};
    int i;
    #ifndef MONITOR51
        SCON  = 0x50;      /* SCON: mode 1,8-bit UART,enable rcvr     */
        TMOD |= 0x20;      /* TMOD: timer 1,mode 2,8-bit reload       */
        TH1 = 221;         /* TH1:   reload value for 1200 baud @ 16MHz */
        TR1 = 1;           /* TR1:   timer 1 run                      */
        TI = 1;            /* TI:   set TI to send first char of UART */
        #endif
    for (i=0;i<10;i++)
    printf("%4d",a[i]);
    printf("\n");
}
```

②通过数组名计算数组元素的地址,找出元素的值。

```
#include <stdio.h>
#include<reg51.h>
void main( )
{
    int a[10]={12,3,45,6,20,30,78,50,66,81};
    int i;
    for (i=0;i<10;i++)
    printf("%4d",*(a+i));
    printf("\n");
}
```

③指针变量指向数组元素。

```
#include <stdio.h>
#include<reg51.h>
void main( )
{
    int a[10]={12,3,45,6,20,30,78,50,66,81};
    int *p;
    for (p=a;p<a+10;p++)
```

```
printf("%4d",*p);
printf("\n");
}
```

(3)关于指针变量的运算

若先使指针变量 p 指向数组 a[ ](即 p＝a;)则:

① p++ (或者 p+=1)。

该操作将使指针变量 p 指向数组 a[ ]的下一个元素,即 a[1]。若再执行 x＝*p,则将 a[1]的值赋给变量 x。

② *p++。

由于++运算符优先级高于*,故*p++等价于*(p++)。其作用是先得到 p 所指向的变量的值(即*p),再执行 p 自加运算。

③ *p++ 和 *++p 作用不同。

*p++ 先取*p 的值,后使 p 自加 1;*++p 先使 p 自加 1,再取*p 的值。

④ (*p)++。

表示 p 所指向的元素值加 1,而不是指针变量值加 1。若 p=a,即 p 指向 &a[0],且 a[0]＝12,则(*p)++等价于(a[0])++。此时 a[0]＝13。

⑤若 p 当前指向数组的第 i 个元素 a[i],则:

*(p--)与 a[i--]等价,相当于先执行*p,然后再使 p 自减 1。

*(++p)和 a[++i]等价,相当于先执行 p 自加 1,再执行*p 运算。

*(--p)与 a[--i]等价,相当于先执行 p 自减 1,再执行*p 运算。

4.7.4 指向多维数组的指针和指针变量

以二维数组为例来说明指向多维数组的指针和指针变量的使用方法。

现在定义一个三行四列的二维数组 a[3][4]。同时,定义这样一个(*p)[4]。它的含义是:p 是一个指针变量,指向一个包含 4 个元素的一维数组。下面使指针变量 p 指向 a[3][4]的首地址:p＝a 或者 p＝&a[0]。则此时 p 和 a 等价,均指向数组 a[3][4]的第 0 行首址(a[0][0])。

p+1 和 a+1 等价,均指向数组 a[3][4]的第 1 行首址(a[1][0])。

p+2 和 a+2 等价,均指向数组 a[3][4]的第 2 行首址(a[2][0])。

    ………

而 (p+1)+3 与 &a[1][3]等价,指向 a[1][3]的地址。

((p+1)+3)与 a[1][3]等价,表示 a[1][3]的值。

一般,对于数组元素 a[i][j]来讲,有:

(p+i)+j 就相当于 &a[i][j],表示数组第 i 行第 j 列元素的地址。

((p+i)+j)就相当于 a[i][j],表示数组第 i 行第 j 列元素的值。

【例 4.12】 输出二维数组中任一行、列元素的值。

```
#include<stdio.h>
#include<reg51.h>
int a[3][4]={
```

```
        {1,3,5,7},
        {9,11,13,15},
        {17,19,21,23}
    };
    main()
    {
        int i,( *b)[4];
            #ifndef MONITOR51
        SCON = 0x50;            /* SCON：mode 1,8-bit UART,enable rcvr      */
        TMOD |= 0x20;           /* TMOD：timer 1,mode 2,8-bit reload        */
        TH1 = 221;              /* TH1： reload value for 1200 baud @ 16MHz */
        TR1 = 1;                /* TR1： timer 1 run                        */
        TI = 1;                 /* TI： set TI to send first char of UART   */
        #endif
        b=a+1;                  /* b指向二维数组的第1行,此时 *b[0]或
                                     **b 是 a[1][0] */
        for(i=1;i<=4;b=b[0]+2,i++)   /* 修改 b 的指向,每次增加 2 */
           printf("%d  \t", *b[0]);
        printf(" \n");
        for (i=0; i<2; i++){
           b=a+i;                /* 修改 b 的指向， 每次跳过二维数组的一行 */
        printf("%d  \t", *(b[i]+1));
        }
        printf (" \n");
            getchar();
    }
```

4.7.5 关于 Keil C51 的指针类型

Keil C51 支持"基于存储器的"指针和一般指针两种指针类型。基于存储器的指针类型由 C 源代码中存储器类型决定,并在编译时确定。由于不必为指针选择存储器,这类指针的长度可以为 1 个字节(idata *,data *,pdata *)或 2 字节(code *,xdata *),用这种指针可以高效访问对象。

(1)基于存储器的指针

定义指针变量时,若指定了它所指向的对象的存储类型,该变量就被认为是基于存储器的指针。例如:

char xdata * px;

定义了一个指向 xdata 存储器中字符类型(char)的指针。指针本身在默认存储器(决定于编译模式),长度为 2 字节(值为 0~0xffff)。

char xdata * data pdx;

除了确定指针位于 8051 内部存储区(data)中外,其他同上例,它与编译模式无关。

data char xdata * pdx;

与 char xdata * data pdx;完全相同。存储器类型定义既可以放在定义的开头,也可以直接放在定义的对象名前。

还可以在定义时指定指针本身的存储空间位置。例如:

int xdata * idata i_ptr;

表示 i_ptr 指向 xdata 区中的 int 型变量,i_ptr 在片内 RAM 中。

long code * xdata l_ptr;

表示指向 code 区中的 long 型变量,l_ptr 在片外存储区 xdata 中。

(2)一般指针

定义一般指针变量时,若未指定它所指向的对象的存储类型,该指针变量就认为是一个一般指针。一般指针包括 3 个字节:2 字节偏移和 1 字节存储器类型,见表 4.7。

表 4.7 一般指针的字节内容

地址	+0	+1	+2
内容	存储器类型	偏移量高位	偏移量低位

其中,第一个字节代表了指针的存储类型,存储类型编码见表 4.8。

表 4.8 指针的存储类型

存储类型	idata / data / bdata	xdata	pdata	Code
编码值	0x00	0x01	0xFE	0xFF

(3)keil C51 指针含义的汇编表示

①unsigned char xdata * x;

x = 0x0456;

* x = 0x34;

等价于汇编程序段:

mov dptr,#456h

mov a,#34h

movx @ dptr,a

②unsigned char pdata * x;

x = 0x045;

* x = 0x34;

等价于汇编程序段:

mov r0,#45h

mov a,#34h

movx @ r0,a

③unsigned char data * x;

x = 0x30 ;

＊x = 0x34

等价于汇编程序段:

mov a ,#34h

mov 30h ,a

4.7.6　避免使用浮点指针

在 C51 编译器上使用 32 位浮点数是得不偿失的,会浪费大量的时间。所以,当要在系统中使用浮点数的时候,要确定这是否一定需要,可以通过提高数值数量级和使用整型运算来消除浮点指针,处理 ints 和 longs 比处理 doubles 和 floats 要方便得多,代码执行起来更快,也不用连接处理浮点指针的模块。如果一定要采用浮点指针的话,应该采用西门子 80517 和达拉斯半导体公司的 80320,这些单片机已经对数据处理进行过优化。

如果不得不在代码中加入浮点指针,那么代码长度会增加,程序执行速度会比较慢。如果浮点指针运算能被中断的话,必须确保要么中断中不会使用浮点指针运算,要么在中断程序前使用 fpsave 指令,把中断指针推入堆栈,在中断程序执行后使用 fprestore 指令把指针恢复。还有一种方法是,当要使用像 sinO 这样的浮点运算程序时,禁止使用中断,在运算程序执行完之后再使能它。

例如:

```
#include <math.h>
void timer0_isr( void )    interrupt   1
{struct FPBUF    fpstate ;
    …                          //初始化代码或浮点指针代码
    fpsave ( &fpstate );       //保留浮点指针系统
    …                          //中断服务程序代码,包含所有浮点指针代码
    fprestore( &fpstate );     //复位浮点指针

    …                          //非浮点指针中断
    …                          //服务程序代码
}
    float my_sin( float arg )
{   float retval ;
    bit old_ea ;
    old_ea = EA ;              //保留当前中断状态
    EA = 0 ;                   //关中断
    retval = sin( arg );       //调用浮点指针运算程序
    EA = old_ea ;              //恢复中断状态
    return retval ;
}
```

4.8　C51 的函数

与普通的 C 语言程序类似,C51 程序由若干模块化的函数构成。函数是 C51 程序的基本模块,常说的"子程序""过程"在 C51 中即"函数"这个术语。它们都含有以同样的方法重复地去做某件事情的意思。主程序(main( ))可以根据需要用来调用函数。当函数执行完毕时,就发出返回(return)指令,而主程序 main( )后面的指令用来恢复主程序流的执行。同一个函数可以在不同的地方被调用,并且函数可以重复使用。

前面的程序举例中可以看出,C 语言是由一个个函数构成的。在构成 C 语言程序的若干函数中,必有一个主函数 main( )。下面所示是 C 语言程序的一般组成结构。

全程变量说明

main( )　/∗ 主函数 ∗/

{

　　局部变量说明

　　执行语句

}

function_1（数据类型 形式参数,数据类型 形式参数……）

{

　　局部变量说明

　　执行语句

………}

function_n（数据类型 形式参数,数据类型 形式参数……）

{

　　局部变量说明

　　执行语句

}

所有函数在定义时都是相互独立的。一个函数中不能再定义其他的函数,即函数不能嵌套定义,但可以互相调用。函数调用的一般原则是:主函数可以调用其他普通函数;普通函数之间也可相互调用,但普通函数不能调用主函数。

一个 C 程序的执行总是从主函数 main( )开始,调用其他函数后返回到 main( )中,最后在主函数 main( )中结束整个 C 程序的运行。

4.8.1　函数的分类

从用户使用的角度划分,函数有两种:一种是标准库函数;一种是用户自定义函数。

(1)标准库函数

标注库函数是由 C 编译系统的函数库提供的。早在 C 编译系统设计过程中,系统的设计者事先将一些独立的功能模块编写成公用函数,并将它们集中存放在系统的函数库中,供系统的使用者在设计应用程序时使用。这些函数库称作库函数或标准库函数。这类函数,用户无需定义,也不必在程序中作类型说明,只需要在程序的开头包含有这类函数定义的头文件(如 #include <stdio.h>),就可以在程序中直接调用。因此,作为系统的使用者,在进行程序设计过程中,应该善于充分利用这些功能强大、资源丰富的标准库函数资源,以提高效率,节省时间。

C 编译系统提供的几类重要库函数:

1)专用寄存器 include 文件

例如 8031、8051 均为 reg51.h,其中包括了所有 8051 的 SFR 及其位定义,一般系统都必须包括本文件。

2)绝对地址 include 文件 absacc.h

该文件中实际只定义了几个宏,以确定各存储空间的绝对地址。

3)动态内存分配函数

该函数位于 stdlib.h 中。

4)缓冲区处理函数

该函数位于"string. h"中,其中包括拷贝、比较、移动等函数,如:memccpy、memchr、memcmp、memcpy、memmove、memset,这样很方便地对缓冲区进行处理。

5)输入输出流函数

该函数位于"stdio.h"中。

(2)用户自定义函数

用户自定义函数,即用户根据自己的需要编写的函数。从函数定义的形式上划分可以有 3 种形式:无参函数,有参函数和空函数。

无参函数:此类函数在被调用时,既无输入参数,也不返回结果给调用函数。它是完成某种操作而编写的。

有参函数:在调用此类函数时,必须提供实际的输入参数。此种函数在被调用时,必须说明与实际参数一一对应的形式参数,并在函数结束时返回结果,供调用它的函数使用。

空函数:此种函数体内无语句,是空白的。调用此类函数时,什么工作也不做,不起任何作用。定义这种函数的目的是为了以后程序功能的扩充。

1)无参函数的定义

无参函数的定义形式:

数据类型 函数名( )

{

　　函数体语句;

}

其中,数据类型为函数返回值类型,如果函数不需要任何返回值,则需要定义成 void ;如果省略返回类型,则默认返回类型为 int。如:

void PrintHello( )

{

　　printf("Hello! \n");　　　/ * 函数 PrintHello 将不返回值 */

}

2)有参函数的定义

有参函数的定义形式：

返回值类型说明符 函数名(数据类型 变量名 1,数据类型 变量名 2,……)
{
　　函数体语句;
}

( )括号内的内容为函数的形式参数,形式参数之间必须用逗号隔开,它们构成了形参表。如:求三个整数的最大数。

```
#include <stdio.h>
int max_abc (int a,int b,int c)
{
    int d;
    d=(a>b)? (a>c? a:c):(b>c? b:c);
    return (d);
}
void main( ){
int x=12,y=-23,z=43;
int max;
max=max_abc(x,y,z);
printf("max=%d\n",max);
}
```

4.8.2　函数的参数传递和函数值

函数之间的参数传递,是通过主调用函数的实际参数与被调用函数的形式参数之间进行数据传递来实现的。被调用函数的最后结果由调用函数的 return 语句返回给主调用函数。

(1)形式参数

在定义函数时,函数名后面括号中的变量名称为"形式参数",简称形参。

(2)实际参数

在函数调用时,主调用函数名后面括号中的表达式称为"实际参数",简称实参。需要注意:

①在 C 语言的函数调用中,实际参数与形式参数之间的数据传递是单向进行的,只能由实际参数传递给形式参数,而不能由形式参数传递给实际参数。

②实际参数和形式参数的类型必须一致,否则会发生类型不匹配的错误。被调用的函数的形式参数在调用前,并不占用实际内存单元。只有当函数调用发生时,被调用函数的形式参数才被分配给内存单元,此时内存单元中调用函数的实际参数和被调用函数的形式参数位于不同的单元中。在调用结束后,形式参数所占用的内存被释放,而实际参数所占有的内存单元仍然保留并维持原值。

(3)函数的返回值

函数返回值通过函数中的 return 语句来获得的。函数调用时,主调函数与被调用函数之间的参数传递及函数值返回的全部过程示意图如图 4.14 所示。

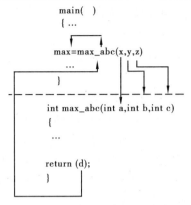

图 4.14　函数调用的参数传递过程

（4）return 语句的使用格式

return（表达式）；或 return　表达式；　或 return；

使用时注意：

①函数类型与 return 语句中表达式的类型尽量保持一致，若不一致，则以函数类型为准自动进行类型转换。

②若被调用函数中没有 return 语句，函数没有返回值，提倡将函数的类型说明为 void 型，这样可使函数使用者明确函数的类型，避免调用时产生错误。

4.8.3　函数的调用

（1）函数调用的一般形式

函数调用的一般形式：　函数名（实际参数表列）；

对于有参函数，若包含多个参数，则各参数之间用逗号分隔开。主调函数的实参和被调函数的形参的数目应该相等，且按顺序一一对应。如调用的是无参函数，则实际参数表可省略，但函数名后必须有一对空括号。

（2）函数调用的方法

主调函数对被调函数的调用有以下 3 种方式：

1）函数调用语句

把被调用函数名作为主调函数的一个语句。如：语句 PrintHello（）；中，此时并不要求被调用函数返回结果数值，只要求函数完成某种操作。

2）函数结果作为表达式的一个运算对象

此时被调用函数以一个运算对象的身份出现在一个表达式中。这就要求被调用函数带有 return 语句，以便返回一个明确的数值参加表达式的运算。

如：max = 2 * max_abc（x,y,z）。

3）函数参数

被调用函数作为另一个函数的实际参数。

如：语句 printf（"x = %d,y = %d,z = %d,max = %d",x,y,z,max_（x,y,z））；中，max_（x,y,z）是一次函数调用。它的值作为另一个函数 printf（　）的实际参数之一。

在一个函数中调用另一个函数必须具有以下条件:

①被调用函数必须是已经存在的函数(库函数或用户自定义函数)。

若程序中使用了库函数,或使用了不在同一个文件中的另外的自定义函数,则应在该程序的开头处使用#include 包含语句,将所用的函数信息包含进来。

如:

#include<stdio.h>　/* 将标准的输入、输出头文件包含到程序中。*/

#include<reg51.h>　/* 将包括了所有 8051 的 SFR 及其位定义的头文件包含到程序来。*/

②如果程序中使用自定义函数,且该函数与调用它的函数在同一个文件中,则应根据主调用函数和被调用函数在文件中的位置,决定是否对被调用函数作出说明。

③如果被调用函数出现在主调用函数之后,一般应在主调用函数中,在对被调用函数调用之前,对被调用函数的返回值类型作出说明。

一般形式为:　返回值类型说明符　被调用函数的函数名( );

④如果被调用函数出现在主调用函数之前,可以不对被调用函数加以说明。

⑤函数的嵌套和递归调用。在 C 语言中,尽管 C 语言中函数不能嵌套定义,但允许嵌套调用,即在调用一个函数的过程中,允许调用另一个函数。就 80C51 单片机而言,对函数的调用次数是有限制的,是由于其片内 RAM 中缺少大型堆栈空间所致。然而即便是使用 80C51 片内堆栈,倘若不传递参数,那么 5~10 层的函数嵌套调用也是不成问题的。所以对小规模程序而言,即使忽略嵌套调用的层次和深度通常也是安全的。在调用一个函数的过程中,又直接或间接地调用函数本身。这种情况称为函数的递归调用。

4.8.4　C51 函数的定义

C51 函数的一般定义形式为:

返回值类型 函数名(形式参数列表)

[编译模式][reentrant][interrupt m][using n]

{ 函数体

}

当函数没有返回值时,应用关键字 void 明确说明返回值类型。形式参数的类型要明确说明,对于无形参的函数,括号也要保留。

编译模式为 small、compact 或 large,用来指定函数中局部变量参数和参数在存储器空间。

reentrant 用于定义可重入函数。

interrupt m 用于定义中断函数,m 为中断号,可以为 0~31,但具体的中断号要取决于芯片的型号,像 AT89C51 实际上就使用 0~4 号中断。每个中断号都对应一个中断向量,具体地址为 8n+3。中断源响应后处理器会跳转到中断向量所在的地址执行程序,编译器会在这地址上产生一个无条件跳转语句,转到中断服务函数所在的地址执行程序。

Using n 用于确定中断服务函数所使用的工作寄存器组,n 为工作寄存器组号,取值为 0~3。这个选项是指定选用 51 单片机芯片内部 4 组工作寄存器中的那个组。初学者不必去做工作寄存器的设定,而由编译器自动选择。

【例 4.13】使用指针变量作函数调用的实参,升序输出 2 个整数。

/* ＊ */

```
/* exchange()功能:交换 2 个形参指针变量所指向的变量的值   */
/* 形参:2 个,均为指向整型数据的指针变量              */
/* 返回值:无                                  */
/* * * * * * * * * * * * * * * * * * * * * * * * * * */
#include<stdio.h>
#include<reg51.h>
void exchange(int * pointer1,int * pointer2)
  { int temp;
    temp= * pointer1, * pointer1= * pointer2, * pointer2=temp;
  }
/* 主函数 main() */
void main(void)
  { int num1,num2;
    int * num1_p=&num1, * num2_p=&num2;      /* 定义并初始化指针变量 num1_p
                                                 和 num2_p */

    #ifndef MONITOR51
    SCON   = 0x50;            /* SCON:mode 1,8-bit UART,enable rcvr    */
    TMOD |= 0x20;            /* TMOD:timer 1,mode 2,8-bit reload       */
    TH1   = 221;            /* TH1:   reload value for 1200 baud @  16MHz   */
    TR1   = 1;              /* TR1:   timer 1 run                 */
    TI    = 1;              /* TI:   set TI to send first char of UART    */
    #endif
    printf("\n Input the first number:"); scanf("%d",num1_p);
    printf("\n Input the second number:"); scanf("%d",num2_p);
    printf("\n num1=%d,num2=%d ",num1,num2);/* 输出 num1 和 num2 的初始值 */
    if( * num1_p > * num2_p)   /* * num1_p > * num2_p(即 num1>num2) */
       exchange(num1_p,num2_p);   /* 指针变量作实参,调用 exchange()函数 */
    printf("\n min=%d,max=%d\",num1,num2); /* 输出排序后的 num1 和 num2 的值 */
    while(1);
  }
```

4.9　C51 与汇编语言的混合编程实例

　　C51 语言提供了丰富的库函数,具有很强的数据处理能力,可生成高效简洁的目标代码,在绝大多数场合采用 C51 语言编程都可完成预期的任务。尽管如此,有时仍需要采用一定的汇编语言程序,如对于某些特殊 I/O 接口地址的处理、中断向量地址的安排、提高程序代码的执行速度等。为此,C51 编译器提供了与汇编语言程序的接口规则,按此规则可以方便地实现 C51 语言程序与汇编语言程序的相互调用。

为简化起见,本节仅讨论在 C51 中调用汇编函数和在 C51 中嵌入汇编代码两种方法。

4.9.1　C51 中调用汇编程序

要实现在 C51 函数中调用汇编程序,需要了解 C51 编译器的编译规则。下面从一个实例入手,介绍有关内容,即在两个给定数据中选出较大的那个数据,其程序源代码如下:

```
//以下代码在 main.c 文件中实现
    void max(char a,char b);//由汇编语言实现
      main( ){
              Char a=30,b=40,c;
              c=max(a,b);
            }
```

在上面的主函数中,void max(char a,char b)函数是在下面的汇编文件中实现的:

```
            ;以下代码在汇编文件 max.asm 中实现
                    PUBLIC _MAX
                    DE   SEGMENT CODE
                    RSEG DE
    _MAX：MOV A,R7        ;取第一个参数
          MOV 30H,R5   ;取第 M 个参数
          CJNE 30H,A,TAG
       TAG：JC EXIT
          MOV A,R5          ;返回第 1 个参数
          MOV R7；A          ;返回第 2 个参数
       EXIT：RET
          END
```

从上面的例子可以看出,要想使以汇编语言实现的函数能够在 C 程序中被调用,需要解决下面 3 个问题:

①程序的寻址。在 main.c 中调用的 max( )函数如何与汇编文件中的相应代码对应起来。

②参数传递。从 main.c 传递给 max( )函数的参数 a 和 b 存放在何处可使汇编程序能够获取它们的值。

③返回值传递。汇编语言计算得到的结果存放在何处可使 C 语言程序能够获取。

程序的寻址是通过在汇编文件中定义同名的"函数"来实现的,如上面汇编代码中的:

```
            PUBLIC _MAX
            DE SEGMENT CODE
            RSEG DE

    _MAX：
```

在上面的例子中,"_MAX"与 C 程序中的 max 相对应。在 C 程序和汇编语言之间,函数名的转换规则见表4.9。

表 4.9   函数名的转换规则

C 程序函数声明	汇编语言的符号名	解 释
void func（char）	FUNC	无参数传递或不含寄存器参数的函数名不做改变地传入目标文件中,名字只是简单地转换为大写字母
void func（void）	_FUNC	带寄存器参数的函数名转换为大写,并加上"_"前缀
void func（void）reentrant	_? FUNC	重入函数必须使用前缀"_?"

传递参数的简单办法是使用寄存器,这种做法能够产生精炼高效的代码,具体规则见表 4.10。

表 4.10   参数传递规则

参数类型	char	int	long,float	一般指针
第 1 个参数	R7	R6,R7	R4~R7	R1,R2,R3
第 2 个参数	R5	R4,R5	R4~R7	R1,R2,R3
第 3 个参数	R3	R2,R3	无	R1,R2,R3

例如,在前面的例子语句 void max（char a,char b）中,第一个 char 型参数 a 放在寄存器 R7 中,第 2 个 char 型参数 b 放在寄存器 R5 中。因此在后面的汇编代码中,就是分别从 R7 和 R5 中取这两个参数：

　　……

　　MAX：MOV A,R7 　　；取第一个参数

　　MOV 3OH,R5 　　；取第二个参数

汇编语言通过寄存器或存储器传递参数给 C 语言程序。汇编语言通过寄存器传递参数给 C 语言的返回值见表 4.11。

表 4.11   汇编语言返回值

返回值	寄存器	说 明
bit	C	进位标志
（unsigned）char	R7	
（unsigned）int	R6,R7	高位在 R6,低位在 R7
（unsigned）long	R4~R7	高位在 R4,低位在 R7
float	R4~R7	32 位 IEEE 格式,指数和符号位在 R7
指针	R1,R2,R3	R3 存放寄存器类型,高位在 R2,低位在 R1

在前面的例子中,汇编程序就是通过把两个数中较大的一个保存在寄行器 R7 中返回给 C 函数的。

4.9.2 在 C51 中嵌入汇编代码

程序中需要用到一些简短的汇编指令时,可以采用在 C51 函数中直接嵌入汇编代码的办法,但这需要对 Keil 编译器(见本书 1.2.2 节)进行一些设置,方法如下:

①将嵌有汇编代码的 C51 源文件加入当前工程文件中,右键单击工程管理窗口"Project"中的 C51 文件名,单击菜单项"Option for File…",将属性"Properties"中的"Generate Assembler SRC File"与"Assemble SRC File"两项设置为深黑色"√"(生成汇编 SRC 文件)。

②根据采用的编译模式,将相应的库文件加入当前工程文件中。对于 Small 模式,其路径及库文件名是…Keil\C51\Lib\C51S.Lib。对于 Cmpact 和 Large 模式,其库文件名分别是 C51C.Lib 和 C51. Lib。注意,该库文件应为当前工程的最后一个文件,即需要先加入 C51 源文件,后加入库文件。

上述设置完成后,即可采用一般编译方法进行程序编译。若发现编译后的 SRC 文件代码异常,如某些 C51 变量"丢失"或无法定义等,则可尝试改变编译器的代码优化级别。实现方法如下:在当前工程管理窗口中右键单击文件夹"Target1"打开下拉选择单,单击"Options for Target 'Target1'"选项,在弹出的"Options for Target 'Target1'"选项卡中选择 C51 页面,在"Code Optimization Level"下拉菜单中将默认的"8:Reuse Common Entry Code"改为某个较低优化级别(如 7 或 6 等),单击"OK"按钮结束设置,再次编译即可消除这些异常。

一个嵌入汇编代码的 C51 实例如下:

```
#include<reg51.h>
    void main( void){
    unsigned char   i=0;   //定义变量 i
    #prapma asm            //嵌入汇编代码
       MOV   RO,#OAH
       LOOP:INC A          //累加器循环加 1
       DJNZ RO,LOOP
    #pragrna endasm
    i=ACC;//累加器结果传给 i
}
```

说明:

汇编代码必须放在两条预处理命令#Pragma asm 和#Pragma endasm 之间,预处理命令必须用小写字母,汇编代码则大小写字母不限。

本实例可实现用汇编语句进行累加器 A 循环加 1 和将累加结果传递给 C51 变量的功能。

【例 4.14】 混合编程实例——键控流水灯,电路如图 4.15 所示。键控流水灯的 C 语言程序中的延时函数 delay 用汇编语言实现,完成系统的混合编程。

实例中的延时函数是无返回型,但有一个 char 型输入参数。根据 4.8.1 节关于在 C51 中调用汇编程序的要求,本实例采用大写形式且加"_"前缀的同名"函数"来实现延时功能,具体内容如下:

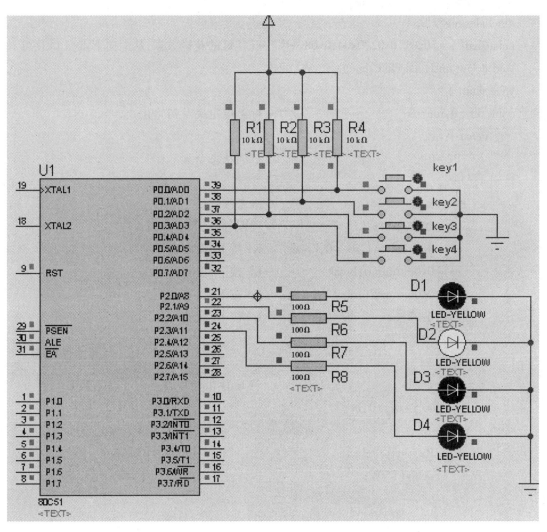

图 4.15　例 4.14 的电路图

延时函数(汇编语言)

```
PUBLIC _DELAY
DE    SEGMENT CODE
RSEG   DE
_DELAY:MOV R0,#255
DEL2:DJNZ R0,DEL2
     DJNZ R7,_DELAY
     RET
     END
```

上述程序中,R7 作为参数传递,将 unsigned char time 参数传入汇编程序中,本实例的 C51 程序如下:

```
#include<reg51.h>
uchar led[ ] = {0x01,0x02,0x04,0x08};      //LED 灯的花样数据,从上向下点亮 LED 灯
void delay(unsigned char time);
void main( )
{ bit dir=0,run=0;                         //标志位定义及初始化
    uchar i;
        P2=0;                              //灯的状态全灭
    while(1)
      {  P0=0x0f;                          //准备读键值
        switch(P0&0x0f)                    //读取键值,并清除高 4 位
        {  case 0x0e:run=1,dir=0;break;    //K1 按下,设 run=1
           case 0x0d:run=0;break;          //K2 按下,设 run=0
           case 0x0b:run=1,dir=1;break;    //K3 按下,设 dir=1
           case 0x07:run=1,dir=0;break;    //K4 按下,设 dir=0
        }
      if(run)
      {  if(dir)                           //若 run=dir=1,自上而下点亮 LED 灯
         {  for(i=0;i>0;i++)
            {
                P2=led[i];
                delay(250);
            }
         }
         else                              //若 run=1,dir=0,自下而上点亮 LED 灯
         {
             for(i=3;i<=3;i--)
             {
                 P2=led[i];
                 delay(250);
             }
         }
      }
      else P2=0;                           //若 run=0,灯全灭
    }
}
```

总 结 与 思 考

1.CS1 普通变量的一般定义形式为:

［存储种类］数据类型［存储类型］变量名

● 存储种类包括 auto、extern、static 和 register 4 个说明符,缺省时为 auto 型。

● 常用数据类型为 char 和 int,C51 扩充类型为 bit、sfr、sfrI6 和 shit。

● 存储类型包括 data、bdata、idata、pdata、xdata 和 code 6 个具体类型,缺省类型由编译模式指定。

● 变量名可由字母、数字和下划线 3 种字符组成,首字符应为字母或下划线。

2.C51 扩展数据类型,C51 程序设计的基本结构,掌握 C51 变量基本数据类型、构造数据类型和存储器类型;

3.C51 指针的一般定义形式为:数据类型［存储类型 1］∗［存储类型 2］指针变量名;

● 数据类型是被指向变量的数据类型。

● 存储类型 1 是被指向变量的存储类型,缺省时需根据该变量的定义确定。

● 存储类型 2 是指针变量的存储类型,缺省时根据 C51 编译模式确定。

● 变量名可由字母、数字和下划线 3 种字符组成,首字符应为字母或下划线。

4.在 Keil 下进行 C51 编程的方法是:建立工程→输入源程序→保存为.c 文件→添加文件到工程→检查编译参数→编译连接→下载调试。

5.C51 的各种运算符、语句及函数的使用。

习 题 4

4.1　C51 的数据存储类型有哪几种? 几种数据类型各自位于单片机系统的哪一个存储区?

4.2　small、compact、large 三种编译模式的区别是什么?

4.3　定义一个可位寻址的变量 flag,该变量位于 23H 单元,用 sbit 指令定义该变量的 8 个位,变量名为 flag0、falg1、…、flag7。

4.4　求表达式的值:(float)(a+b)/2+(int)x%(int)y。设:

a=3,b=4,x=3.5,y=4.5。

4.5　写出下列表达式的运算后 a 的值,设运算前 a=10,n=9,a 和 n 已定义为整型变量。

①a+=a

②a∗=2+3

③a%=(n%=2)

4.6　写出下列个逻辑表达式的值,设 a=3,b=4,c=5。

①a+b>c && a＝c

②a||b+c && a−c

③!（a>b）&& !c || 1

④!（a+b）+c−1 && b+c/2

4.7　输入三个数 x,y,z,请输出第二大的数。

4.8　用三种循环语句分别实现 1 到 10 的平方和。

4.9　10 个元素的 int 数组需要多少字节存放？若数组在 2000 h 单元开始存放,在哪个位置可以找到下标为 5 的元素？

4.10　已知数组 str［255］中存放着一串字符,统计其中英文字母、数字及其他字符的个数。

4.11　编写程序,输出 x^3 数值表,x 为 0—10。

4.12　写出下列数组用 ∗ 运算的替换形式。

①data［2］;　　　　②num［i+1］;　　　　③man［5］［3］;

项目 **5**
单片机的并行扩展

本章导读

◆了解并行扩展三总线。

◆掌握程序存储器、数据存储器及简单 I/O 口的扩展。

单片机具有很强的功能,芯片内集成了计算机的基本功能部件,相当于一个基本的微机系统。对于基本的仪器、仪表、小型检测及控制系统就可以直接应用单片机而不必再扩展外围芯片,使用极为方便。但对于一些较大的应用系统,程序存储器、数据存储器的容量,并行 I/O 口,定时器及中断源等还是显得不足。根据用户的不同需要可以方便地进行外围扩展。

本章主要介绍 MCS-51 系列单片机系统的并行扩展技术,还介绍一些常用外围接口芯片的原理和编程方法。

5.1 并行扩展三总线的产生

对于 8051 单片机,内部有 4 kB ROM,128 B RAM,构成最小系统,只需复位电路和时钟电路即可。单片机芯片内集成了计算机的基本功能部件。一块芯片就是一个完整的最小微机系统。但 8051 片内功能有限。根据实际需要,8051 单片机可以很方便地进行功能扩展。

总线(BUS)是信息传输的公用线路,总线上的各种芯片(IC)都通过总线与 CPU 并联在一起。根据一个数据中各个位传递的方式,总线分为并行总线和串行总线。并行总线中一个数据的各个位是在空间中展开,同时传输的;串行总线中数据的各个位是在时间中展开,先后传输的。

总线中并联在一起的 IC 地位并不是平等的,有一个 IC,通常是 CPU,负责管理和控制总线,为总线的主控者。总线的主控者负责输出地址和控制信息,其他 IC 都在总线主控者的控制下进行信息传递。这样的设计是为了保证总线高速可靠地工作,并且体现了 CPU 编程者对计算机硬件系统的主宰。复杂的计算机系统可以有多个总线主控者,需要总线管理仲裁芯片协助进行主控者的切换。这些切换是由软件安排的,仍然体现了人的主控作用。计算机的并行总线使用较多线路,适宜于在 CPU 和扩展的 IC 之间高速传输信息。并行总线由数据总线,控制总线和地址总线构成,亦称为三总线结构。采用三总线的各 IC 的地线端必须与 CPU

的地线相连,以便解释相互传递的电平所表达的信息。

5.1.1　片外三总线结构

通常,微机的 CPU 外部都有单独的并行地址总线、数据总线、控制总线。MCS-51 单片机由于引脚的限制,数据总线和地址总线是复用的。

地址需要锁存:为了能把复用的数据总线和地址总线分离出来以便同外部的芯片正确连接,需要在单片机的外部增加地址锁存器,从而构成与一般 CPU 相类似的三总线结构,如图 5.1 所示。

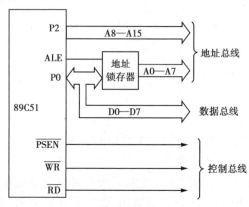

图 5.1　89C51 扩展的三总线结构

（1）地址总线

地址总线（Address Bus,AB）用于传送单片机送出的地址信号,以便进行存储器单元和 I/O 端口的选择。

地址总线是单向的,只能由单片机向外发送信息。

地址总线的数目决定了可直接访问的存储单元的数目。

（2）数据总线

数据总线（Data Bus,DB）用于单片机与存储器或 I/O 端口之间的数据传送。

一般数据总线的位数与 CPU 的字长一致,MCS-51 单片机的数据总线是 8 位的。

数据总线是双向的,可以进行两个方向的数据传送。

（3）控制总线

控制总线（Control Bus,CB）是单片机发出的以控制片外 ROM、RAM 和 I/O 口读/写操作的一组控制线。

5.1.2　系统扩展的实现

（1）以 P0 口作低 8 位地址及 8 位数据的复用总线

复用,即一段时间内作两种或两种以上用途。

在这里指 P0 口在每个 CPU 的机器周期的前半个周期输出低 8 位地址,由地址锁存器锁存,然后由地址锁存器代替 P0 口输出低 8 位地址。后半个机器周期进行 8 位数据的输入输出。

（2）以 P2 口作为高 8 位的地址总线

P0 口的低 8 位地址加上 P2 的高 8 位地址就可以形成 16 位的地址总线,达到 64 kB 的寻址能力。

但实际应用中,往往不需要扩展那么多地址,扩展多少用多少口线,P2 口高位剩余的口线仍可作一般 I/O 口来使用。

（3）控制信号线

ALE:地址锁存信号,用以实现对低 8 位地址的锁存。

PSEN:片外程序存储器读选通信号。

EA:程序存储器选择信号。为低电平时,访问外部程序存储器;为高电平时,访问内外程序存储器(CPU 复位先访问内部 0 号地址单元,然后根据 PC 指针的值访问内或外部程序存储器)。

WR:片外数据存储器写选通信号。

RD:片外数据存储器读选通信号。

在单片机应用系统中,扩展的三总线上挂接很多负载,如存储器、并行接口、A/D 接口、显示接口等,但总线接口的负载能力有限,因此常常需要通过连接总线驱动器进行总线驱动。

总线驱动器对于单片机的 I/O 口只相当于增加了一个 TTL 负载,因此驱动器除了对后级电路驱动外,还能对负载的波动变化起隔离作用。

在对 TTL 负载驱动时,只需考虑驱动电流的大小。

在对 MOS 负载驱动时,MOS 负载的输入电流很小,更多地要考虑对分布电容的电流驱动。

系统总线中地址总线是单向的,因此驱动器可以选用单向的,如 74LS244,还带有三态控制,能实现总线缓冲和隔离。

数据总线是双向的,其驱动器也要选用双向的,如 74LS245。74LS245 也是三态的,有一个方向控制端 DIR。DIR＝1 时输出(An→Bn),DIR＝0 时输入(An←Bn)。

5.2　程序存储器的扩展

5.2.1　存储器的连接

（1）存储器与微型机三总线的连接

①存储器数据线 D0~Dn 连接 CPU 数据总线 DB0~DBn。

②存储器地址线 A0~DN 连接 CPU 地址总线低位 AB0~ABN。

③存储器片选线 CS 连接 CPU 地址总线高位 AB(N+1)。

④存储器读写线 OE、WE(R/ W)连接 CPU 读写控制线 RD、WR。微型机三总线的连接如图 5.2 所示。

（2）存储器与单片机的连接

单片机采用复用总线结构:数据与地址分时共用一组总线。当地址出现时需要锁存器锁存地址,如图 5.3 所示。各信号之间的时序关系如图 5.4 所示。

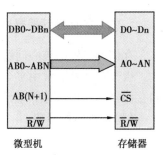

图 5.2　微型机三总线的连接

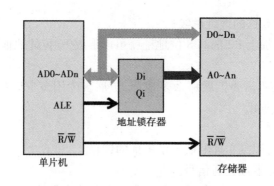

图 5.3　单片机与存储器的连接

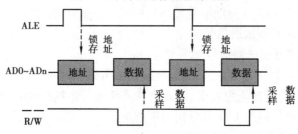

图 5.4　各信号之间的时序关系

8 位地址锁存器:74LS373、8282。74LS373 和 Intel 的 8282 具有相同的锁存功能,其引脚如图 5.5 所示,功能表如图 5.6 所示。

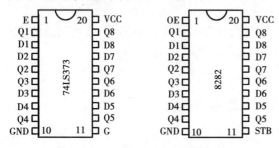

图 5.5　74LS373 和 Intel 8282 引脚图

74LS373、8282 功能		
锁存	输出允许	输出
G(STB)	OE	Qi
1	0	Di
⌐_	0	不变
×	1	Z

图 5.6　74LS373 和 8282 功能表

5.2.2　扩展存储器概述

存储器扩展的核心问题是存储器的编址问题。所谓编址,就是给存储单元分配地址。

由于存储器通常由多个芯片组成,为此存储器的编址分为两个层次:*存储器芯片的选择和存储器芯片内部存储单元的选择。*

(1)地址线的译码

存储器芯片的选择有两种方法:线选法和译码法。

1)线选法

所谓线选法,就是直接以系统的地址线作为存储器芯片的片选信号,为此只需把用到的地址线与存储器芯片的片选端直接相连即可。

2)译码法

所谓译码法,就是使用地址译码器对系统的片外地址进行译码,以其译码输出作为存储器芯片的片选信号。译码法又分为完全译码和部分译码两种。

①完全译码。地址译码器使用了全部地址线,地址与存储单元一一对应,也就是 1 个存储单元只占用 1 个唯一的地址。

②部分译码。地址译码器仅使用了部分地址线,地址与存储单元不是一一对应,而是 1 个存储单元占用了几个地址。

芯片译码地址:在设计地址译码器电路时,常采用地址译码关系图。所谓地址译码关系图,就是一种用简单的符号来表示全部地址译码关系的示意图,如图 5.7 所示。

译码地址线				与存储器连接的地址线										
A15	A14	A13	A12	A11	A10	A9	A8	A7	A6	A5	A4	A3	A2	A1	A0
	0	1	0	0	×	×	×	×	×	×	×	×	×	×	×

图 5.7　地址译码关系图

(2)扩展存储器所需芯片数目的确定

若所选存储器芯片字长与单片机字长一致,则只需扩展容量。所需芯片数目按下式确定:

$$芯片数目 = 系统扩展容量 / 存储器芯片容量$$

若所选存储器芯片字长与单片机字长不一致,则不仅需扩展容量,还需字扩展。所需芯片数目按下式确定:

$$芯片数目 = 系统扩展容量 / 存储器芯片容量 × 系统字长 / 存储器芯片字长$$

5.2.3　扩充存储器容量

存储器扩展包括位扩展和容量扩展。本节仅讨论容量扩展,有关位扩展请参考有关书籍。在容量扩展时,地址线、数据线和读写控制线均并联。为保证并联数据线上没有信号冲突,必须用片选信号区别不同芯片的地址空间(不能共用片选)。存储器容量扩展如图 5.8 所示,各芯片地址映像如下:

```
ABi:15141312  111098  7654  3210 —15141312 111098  7654  3210
Ⅰ:  1100   0000   0000  0000 ~ 1101   1111   1111  1111 =C000H~DFFFH
Ⅱ:  1010   0000   0000  0000 ~ 1011   1111   1111  1111 =A000H~BFFFH
Ⅲ:  0110   0000   0000  0000 ~ 0111   1111   1111  1111 = 6000H~7FFFH
```

5.2.4　存储器扩展的编址技术

所谓存储器编址,就是使用系统提供的地址线,通过适当的连接,最终达到一个编址唯一地对应存储器中一个存储单元的目的。

(1)存储器编址分两个层次

①存储芯片的选择;

②芯片内部存储单元的选择。

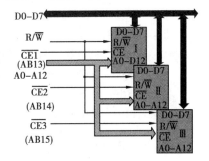

图 5.8　三片 8 kB 的存储器扩展

（2）存储器映像

存储器映像研究各部分存储器在整个存储空间中所占据的地址范围,以便为存储器的使用提供依据。存储器映像的地址空间由芯片的片选确定。

1）线选法

直接以系统剩余的高位地址线作为存储芯片的片选信号。(如上例)

优缺点:简单明了,且不需增加电路。但存储空间的使用是断续的,不能有效地利用空间,扩充容量受限,只适用于小规模系统的存储器扩展。

2）译码法

对系统剩余的高位地址进行译码,以其译码输出作为片选信号。高效率地利用存储空间,适用于大容量多芯片扩展。

常用的译码芯片有:74LS139(双 2-4 译码器)、74LS138(3-8 译码器)和 74LS154(4-16 译码器)等。

（3）74LS138(3-8 译码器)

当译码器的输入为某一个固定编码时,其输出只有某一个固定的引脚输出为低电平,其余的为高电平。74LS138 译码器引脚图和真值表如图 5.9 所示。

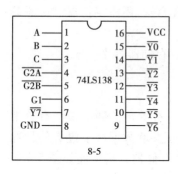

输入						输出							
G1	G2A*	G2B*	C	B	A	Y7*	Y6*	Y5*	Y4*	Y3*	Y2*	Y1*	Y0*
1	0	0	0	0	0	1	1	1	1	1	1	1	0
1	0	0	0	0	1	1	1	1	1	1	1	0	1
1	0	0	0	1	0	1	1	1	1	1	0	1	1
1	0	0	0	1	1	1	1	1	1	0	1	1	1
1	0	0	1	0	0	1	1	1	0	1	1	1	1
1	0	0	1	0	1	1	1	0	1	1	1	1	1
1	0	0	1	1	0	1	0	1	1	1	1	1	1
1	0	0	1	1	1	0	1	1	1	1	1	1	1
其他状态	×	×	×			1	1	1	1	1	1	1	1

图 5.9 74LS138 译码器引脚图和真值表

3-8 地址译码器:74LS138 的 Y0、Y1、Y2 分别连接三片存储器的片选端 CE1、CE2、CE3 各片存储器芯片分配地址:

Ⅰ :0000H~1FFFH;

Ⅱ :2000H~3FFFH;

Ⅲ :4000H~5FFFH。

ABi: 15141312 111098 7654 3210—15141312 111098 7654 3210

Ⅰ: 0000 0000 0000 0000 ~ 0001 1111 1111 1111 =0000H~1FFFH

Ⅱ: 0010 0000 0000 0000 ~ 0011 1111 1111 1111 =2000H~3FFFH

Ⅲ: 0100 0000 0000 0000 ~ 0101 1111 1111 1111 =4000H~5FFFH

5.2.5 EEPROM 的扩展

EEPROM 是电可擦除 PROM,既可全片擦除,也可字节擦除;可在线擦除信息,又能失电保存信息,具备 RAM、ROM 的优点,但写入时间较长(如 8951)。

常用 EPROM 芯片:Intel 2716(2 kB = 2 k×8 位)、2732(4 kB)、2764(8 kB)、27128(16 kB)、27256(32 kB)、27512(64 kB)。2716 的引脚如图 5.10 所示,2716 的工作方式如图 5.11 所示。

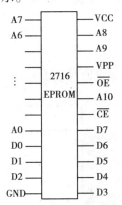

图 5.10　2716 的引脚图

工作方式		VPP	$\overline{CS}$	$\overline{OE}$	$D_{0\sim7}$
工作	读	+5 V	0	0	D_{OUT}
	待机	+5 V	0	1	Z
	禁止	+5 V	1	0	Z
编程	写入	+25 V	⎍	1	D_{IN}
	校验	+25 V	0	0	D_{OUT}
	禁止	+25 V	0	1	Z

图 5.11　2716 的工作方式

- $\overline{CE}$/PGM——片选低电平有效。当编程时引入编程脉冲。

- $\overline{OE}$——(输出允许)有效时输出缓冲器打开,被寻址单元才能被读出。

- VPP——编程时加+25 V 编程电压电源。

扩展程序存储器 2716 电路如图 5.12 所示。

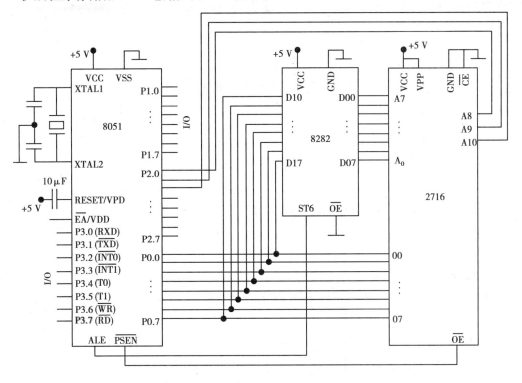

图 5.12　扩展程序存储器 2716 电路

5.2.6 8031 单片机外接 EEPROM

EEPROM 既能作为程序存储器，又能作为数据存储器，将程序存储器与数据存储器的空间合二为一，如图 5.13 所示。

片外存储器读信号＝ PSEN·RD

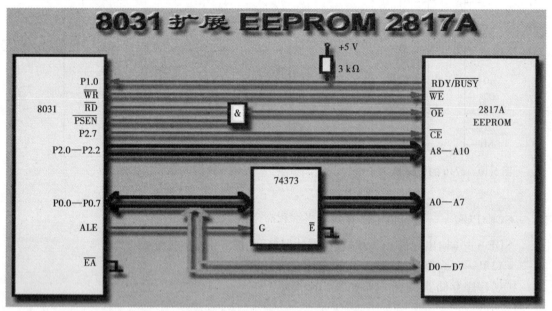

图 5.13 8031 单片机外接 EEPROM

5.3 数据存储器的扩展

数据存储器即随机存取存储器（Random Access Memory，RAM），用于存放可随时修改的数据信息。单片机使用的主要是静态 RAM。

MCS-51 系列单片机片外数据存储器的空间可达 64 kB，而片内数据存储器的空间只有 128 B 或 256 B。如果片内的数据存储器不够用时，则需进行数据存储器的扩展。

5.3.1 数据存储器芯片

（1）常用静态 RAM 芯片

常见的静态 RAM 芯片有 6264（8 kB×8 位）、62256（32 kB×8 位）、628128（128 kB×8 位）等。

扩展数据存储器空间地址，由 P2 口提供高 8 位地址，P0 口分别提供低 8 位地址和用作 8 位双向数据总线。片外数据存储器 RAM 的读/写由 89C51 的 RD（P3.7）和 WR（P3.6）信号控制。

数据存储器用于存储现场采集的原始数据、运算结果等，所以，外部数据存储器应能随机读/写,通常由半导体静态随机存取存储器 RAM 组成。

EEPROM 芯片也可用作外部数据存储器,且掉电后信息不丢失。

(2)静态 RAM(SRAM)芯片引脚功能

目前常用的静态 RAM 电路有 6116、6264、62256、628128 等。它们的引脚排列如图 5.14 所示。注意: 6264 的 26 脚为高电平有效的片选端。

其引脚功能如下:

- A0~Ai:地址输入线,i=10(6116),12(6264),14(62256);
- D0~D7:双向三态数据线;
- CE:片选信号输入线,低电平有效,当 6264 的 26 脚(CS)为高电平,且 CE 为低电平时, 才选中该片;
- OE:读选通信号输入线,低电平有效;
- WE:写允许信号输入线,低电平有效;
- VCC:工作电源,电压为+5 V;
- GND:线路地。

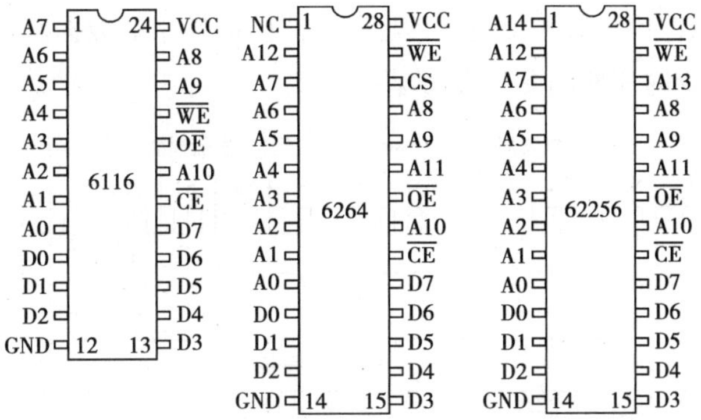

图 5.14 常用静态 RAM 芯片引脚图

(3)EEPROM 芯片

EEPROM 是电擦除可编程只读存储器,其最大优点是能够在线擦除和改写,在写入时能自动完成擦除,并可以直接使用单片机的+5 V 电源,在芯片引脚上与相同容量的静态 RAM 是兼容的。它使单片机系统的设计,特别是调试实验更为方便、灵活。在调试程序时用 EEPROM 代替仿真 RAM,既可方便地修改程序,又能保存调试好的程序。常用的 EEPROM 有 2816、2864A 等。

5.3.2 访问片外 RAM 的操作时序

这里包括从 RAM 中读(执行 MOVX A,@DPTR 指令时 RD 有效)和写(执行 MOVX @DPTR,A 指令时 WR 有效)两种操作时序,数据既可以从 RAM 指向 CPU(读操作),又可以从 CPU 指向 RAM(写操作),但基本过程是相同的。

这时所用的控制信号有 ALE 和 RD(读)或 WR(写)。

P0 口和 P2 口仍然要用,在取指阶段用来传送 ROM 地址和指令,而在执行阶段传送片外

RAM 地址和读/写的数据,单片机连接片外 RAM 如图 5.15 所示。

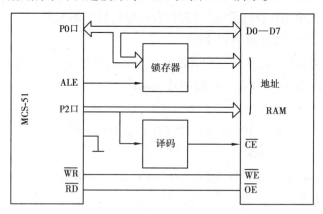

图 5.15　单片机连接片外 RAM 框图

(1)读片外 RAM 操作时序

89C51 单片机若外扩一片 RAM,则应将其 WR 引脚与 RAM 芯片的 WE 引脚连接,RD 引脚与芯片 OE 引脚连接。

ALE 信号的作用即锁存低 8 位地址,以便读片外 RAM 中的数据。

读片外 RAM 周期时序如图 5.16 所示。

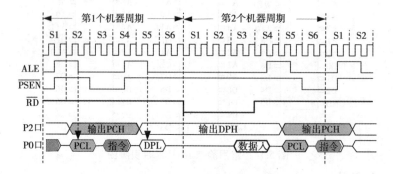

图 5.16　单片机读片外 RAM 周期时序

在第一个机器周期的 S1 状态,ALE 信号由低变高①,读 RAM 周期开始,如图 5.17(a)所示。在 S2 状态,CPU 把低 8 位地址送到 P0 口总线上,把高 8 位地址送上 P2 口(在执行"MOVX　A,@DPTR"指令阶段时才送高 8 位;若是"MOVX　A,@Ri"指令,则不送高 8 位)。

ALE 的下降沿②用来把低 8 位地址信息锁存到外部锁存器 74HC373 内③,而高 8 位地址信息一直锁存在 P2 口锁存器中。

在 S3 状态,P0 口总线变成高阻悬浮状态④。在 S4 状态,RD 信号变为有效⑤(是在执行"MOVX　A,@DPTR"后使 RD 信号有效),RD 信号使得被寻址的片外 RAM 略过片刻后把数据送上 P0 口总线⑥,当 RD 回到高电平后⑦,P0 总线变为悬浮状态。至此,读片外 RAM 周期结束,如图 5.17(a)所示。

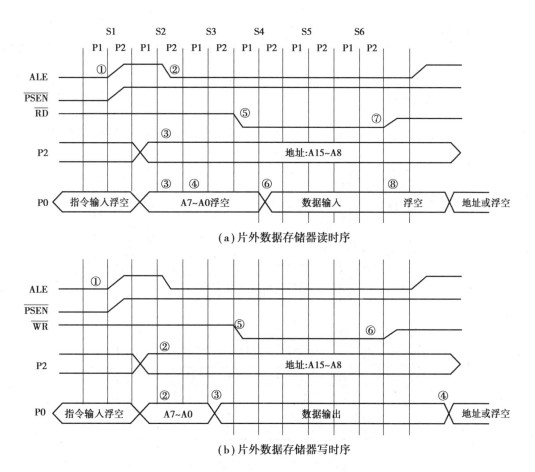

（a）片外数据存储器读时序

（b）片外数据存储器写时序

图 5.17　访问片外数据存储器的操作时序

（2）写片外 RAM 操作时序

向片外 RAM 写（存）数据，是 89C51 执行"MOVX　@DPTR,A"指令后产生的动作。这条指令执行后，在 89C51 的 WR 引脚上产生 WR 信号的有效电平，此信号使 RAM 的 WE 端被选通。写片外 RAM 周期时序如图 5.18 所示。

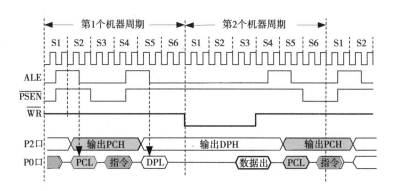

图 5.18　单片机写片外 RAM 周期时序

开始的过程与读过程类似，但写的过程是 CPU 主动把数据送上 P0 口总线，故在时序上，CPU 先向 P0 总线上送完低 8 位地址后，在 S3 状态就将数据送到 P0 总线③，如图 5.17（b）所示。此间,P0 总线上不会出现高阻悬浮现象。

在 S4 状态,写控制信号 WR 有效,选通片外 RAM,稍过片刻,P0 上的数据就写到 RAM 内了。

5.3.3　89C51 扩展 2 kB RAM

如图 5.19 所示电路为 89C51 地址线直接外扩 2 kB 静态 RAM 6116 的连线图。

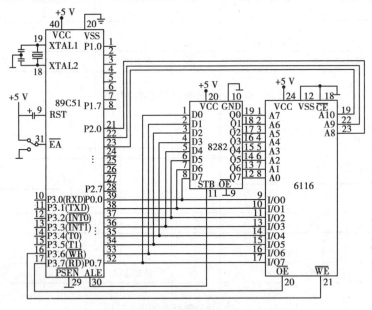

图 5.19　89C51 扩展 2 kB RAM

8282(同 74HC373)锁存低 8 位地址;89C51 的 WR(P3.6)和 RD(P3.7)分别与 6116 写允许端 WE 和读允许端 OE 连接,以实现写/读控制;因为系统必须使用片内 ROM 从 0000H 开始的空间,所以,EA 接高电平;6116 的片选控制端 CE 接地为常选通,地址为 0000H—07FFH。对于有片内 Flash ROM 的 89C51 扩展一片 RAM,便可组成一个简单的系统。

RAM 地址范围对应关系如下:

P2.7—P2.3	P2.2	P2.1	P2.0	P0.7—P0.0
	A10	A9	A8	A7—A0
00000	0	0	0	0000　0000
	0	0	0	0000　0001
	⋮	⋮	⋮	⋮
	1	1	1	1111　1110
00000	1	1	1	1111　1111

其 RAM 地址范围 00000000 00000000B—00000111 11111111B,即 0000H—07FFH。

5.3.4　多片存储器芯片的扩展

(1)线选法寻址

用线选法外扩 3 片 6264 如图 5.20 所示。

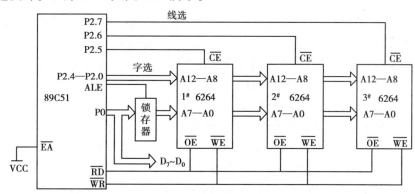

图 5.20　线选法外扩 3 片 6264

3 片 6264,8 k = 2^{13},所以有 13 根地址线 A12—A0。

第一片的片选信号为 P2.5,第二片的片选信号为 P2.6,第三片的片选信号为 P2.7,且都为低电平有效。

当选中第一片 2664 时,P2.5 为低电平,此时第二片和第三片芯片的片选 P2.6 和 P2.7 都应该为高电平,不被选中。同理可得第二片、第三片芯片的片选情况。

片 1 的片选信号为 P2.5,所以片 1 的地址为:

P2.7	P2.6	P2.5	P2.4	P2.3—P2.0	P0.7—P0.0
1	1	0	0	0000	0000 0000
1	1	0	0	0000	0000 0001
⋮	⋮	⋮	⋮	⋮	⋮
1	1	0	1	1111	1111 1111

所以片 1 的地址为 0C000H—0DFFFH。

片 2 的片选信号为 P2.6,所以片 2 的地址为:

P2.7	P2.6	P2.5	P2.4	P2.3—P2.0	P0.7—P0.0
1	0	1	0	0000	0000 0000
1	0	1	0	0000	0000 0001
⋮	⋮	⋮	⋮	⋮	⋮
1	0	1	1	1111	1111 1111

所以片 2 的地址为 0A000H—0BFFFH。

片 3 的片选信号为 P2.7,所以片 3 的地址为:

P2.7	P2.6	P2.5	P2.4	P2.3—P2.0	P0.7—P0.0
0	1	1	0	0000	0000 0000
0	1	1	0	0000	0000 0001

⋮	⋮	⋮	⋮	⋮	⋮
0	1	1	1	1111	1111 1111

所以片 3 的地址为 6000H—7FFFH。

(2)译码法寻址

译码法寻址就是利用地址译码器对系统的片外高位地址进行译码,以其译码输出作为存储器芯片的片选信号,将地址划分为连续的地址空间块,避免了地址的间断。

译码法仍用低位地址线对每片内的存储单元进行寻址,而高位地址线经过译码器译码后输出作为各芯片的片选信号。常用的地址译码器是 3/8 译码器 74LS138。

译码法又分为完全译码和部分译码两种。

用译码法扩展 4 片 8 kB×8 位存储器芯片连线如图 5.21 所示。

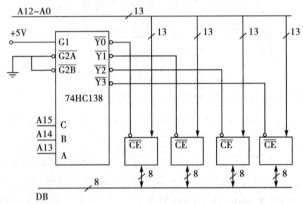

图 5.21 译码法外扩 4 片 8 kB×8 位存储器芯片连线

8 kB = 2^{13},故地址线为 A12—A0。

此处用了 74HC138 3-8 线译码器,并且单片机的连接如下:

P2.7	P2.6	P2.5	P2.4—P2.0	P0.7—P0.0
C	B	A	A12—A8	A7—A0

且 74HC138 3-8 线译码器的输入和输出关系为:

C	B	A	输出
0	0	0	Y0
0	0	1	Y1
0	1	0	Y2
0	1	1	Y3

片 1 的片选信号为 Y0,所以片 1 的地址为:

P2.7	P2.6	P2.5	P2.4	P2.3—P2.0	P0.7—P0.0
0	0	0	0	0000	0000 0000
0	0	0	0	0000	0000 0001
⋮	⋮	⋮	⋮	⋮	⋮
0	0	0	1	1111	1111 1111

所以片 1 地址范围为 0000H—1FFFH。

片 2 的片选信号为 Y1,所以片 2 的地址为:

P2.7	P2.6	P2.5	P2.4	P2.3—P2.0	P0.7—P0.0
0	0	1	0	0000	0000 0000
0	0	1	0	0000	0000 0001
⋮	⋮	⋮	⋮	⋮	⋮
0	0	1	1	1111	1111 1111

所以片 2 的地址为 2000H—3FFFH。

片 3 的片选信号为 Y2,所以片 3 的地址为:

P2.7	P2.6	P2.5	P2.4	P2.3—P2.0	P0.7—P0.0
0	1	0	0	0000	0000 0000
0	1	0	0	0000	0000 0001
⋮	⋮	⋮	⋮	⋮	⋮
0	1	0	1	1111	1111 1111

所以片 3 的地址为 4000H—5FFFH。

片 4 的片选信号为 Y3,所以片 4 的地址为:

P2.7	P2.6	P2.5	P2.4	P2.3—P2.0	P0.7—P0.0
0	1	1	0	0000	0000 0000
0	1	1	0	0000	0000 0001
⋮	⋮	⋮	⋮	⋮	⋮
0	1	1	1	1111	1111 1111

所以片 4 的地址为 6000H—7FFFH。

5.4　简单 I/O 口的扩展

5.4.1　I/O 口的直接输入输出

(1)有关 I/O 口基础知识

1)接口与接口电路

"接口"(Interface),具有界面、相互联系等含义,通过接口能使两个被连接的器件协同工作。单片机接口则是研究单片机与外部设备之间的连接问题。

单片机与外部设备之间接口界面的硬件电路称为接口电路,或称为 I/O 接口电路。

2)口或端口

为了实现 I/O 接口电路的界面功能,在接口电路中应包含一些寄存器,通常把接口电路中这些已编址并能进行读或(和)写操作的寄存器称为端口或简称为口(Port)。

完整的接口功能是靠软硬件相结合实现的,而口则是供用户使用的硬件内容。用户在进行扩展连接和编写相关程序时,要用到接口电路中的各个口,为此就需要知道这些口的设置和编址情况。

3)I/O 接口的特点

外部设备和 I/O 操作的复杂性,使接口电路成为单片机与外部设备之间必不可少的界面,通过接口电路居中协调和控制,保证外部设备的正常工作。有关 I/O 接口的特点可归结为如下 3 点:

①异步性。平时单片机与外部设备按各自的时序并行工作,只有在需要时,外部设备才通过接口电路接受单片机的控制。

②实时性。单片机对外部设备的控制以查询或中断方式进行,以便最大限度地实现控制的实时化。

③与设备无关性。接口芯片不一定是专用的,同一个接口芯片通过软件设置可为多种设备实现接口。

4)并行接口与串行接口

按数据传输方式的不同,接口有并行与串行之分,即并行接口与串行接口。

5)I/O 口的编址

为了对 I/O 接口电路中的寄存器(端口)进行读/写操作,就需要对它们进行编址,所以就出现了 I/O 编址问题。有两种 I/O 编址方式:统一编址方式和独立编址方式。在 MCS-51 单片机系统中,采用统一编址方式。

所谓统一编址方式,就是把 I/O 接口中的寄存器与外扩展的数据存储器中的存储单元同等对待,合在一起使用同一个 64 kB 的外扩展地址空间。I/O 和存储器的统一编址,使得 I/O 口也采用 16 位地址编址,并使用数据存储器读/写指令进行 I/O 操作,而不需要专门的 I/O 指令。

片内 I/O 接口寄存器在 SFR 中,使用片内数据存储器空间,扩展 I/O 接口使用片外数据存储器地址空间:

	输出指令	输入指令
片内寻址:	MOV P1,A	MOV A,P1
片外寻址:	MOVX @DPTR,A	MOVX A,@DPTR
	MOVX @R0,A	MOVX A,@R0

所谓独立编址方式,就是把 I/O 与存储器分开进行编址。这样,在一个单片机系统中就形成了两个独立的地址空间:存储器地址空间和 I/O 地址空间,如 Z80 等。

独立编址方式的优点是两个地址空间相互独立、界限分明,但同时也存在许多麻烦并增加系统开销,所以独立编址方式在单片机中较少采用。

(2)I/O 口功能

外部设备的速度十分复杂,必须通过 I/O 接口电路实现。

1)速度协调

面对各种设备的速度差异,单片机无法按固定的时序以同步方式进行 I/O 操作,只能以异步方式进行。也就是说,只有在确认设备已为数据传送做好准备的前提下才能进行 I/O 操作。为此需要接口电路产生状态信号或中断请求信号,表明设备是否做好准备。即通过接口电路来进行单片机与外部设备之间的速度协调。

2）输出数据锁存

由于 CPU 与外设速度的不一致,需要有接口电路把输出数据先锁存起来,待输出设备为接收数据做好准备后,再传送数据。这就是接口电路的数据锁存功能。

3）数据总线隔离

总线上可能连接着多个数据源(输入设备)和多个数据负载(输出设备)。一对源和负载的数据传送正在进行时,所有其他不参与的设备在电性能上必须与总线隔开。这就是接口电路的总线隔离功能。

为了实现总线隔离,需要有接口电路提供具有三态缓冲功能的三态缓冲电路。

4）数据转换

外部设备种类繁多,不同设备之间的性能差异很大,信号形式也多种多样。单片机只能使用数字信号,如果外部设备所提供或需要的不是电压形式的数字信号,就需要有接口电路进行转换,其中包括模/数转换和数/模转换等。

5）增强驱动能力

通过接口电路为输出数据提供足够的驱动功率,以保证外部设备能正常、平稳地工作。

（3）单片机 I/O 口控制方式

1）无条件方式

无条件传送也称为同步程序传送。只有那些能一直为 I/O 操作做好准备的设备,才能使用无条件传送方式。在进行无条件 I/O 操作时,无须测试设备的状态,可以根据需要随时进行 I/O 操作。

无条件传送适用于两类设备的 I/O 操作。一类是具有常驻的或变化缓慢的数据信号的设备。例如,机械开关、指示灯、发光二极管、数码管等。另一类则是工作速度非常快,足以和单片机同步工作的设备,例如数/模转换器(DAC)。

2）查询方式

查询方式又称有条件传送方式,在 I/O 操作前,要检测设备的状态,只有在确认设备已"准备好"的情况下,单片机才能执行 I/O 操作。检测也称为"查询",所以就把这种有条件的 I/O 控制方式称为查询方式。

为实现查询方式的 I/O 控制,需要由接口电路提供设备状态,接口电路中的状态寄存器或状态位就是为此而准备的,查询方式只适用于规模比较小的单片机系统。

3）中断方式

中断方式与查询方式的主要区别在于如何知道外部设备是否为 I/O 操作做好准备。采用中断方式进行 I/O 控制时,当设备做好准备之后,就向单片机发出中断请求。单片机接收到中断请求之后作出响应,暂停正在执行的原程序,而转去执行中断服务程序,通过执行中断服务程序完成一次 I/O 操作,然后程序返回,单片机再继续执行被中断的原程序。

中断方式效率较高,所以在单片机系统中被广泛采用。但中断请求是一种不可预知的随机事件,所以实现起来对单片机系统的硬件和软件都有较高的要求。(例 3.1、例 3.2、例 3.3等都是采用中断方式读取按键状态)

5.4.2 简单 I/O 口的扩展方法

MCS-51 系列单片机共有 4 个并行 I/O 口,分别是 P0、P1、P2 和 P3。其中,P0 口一般作地址线的低八位和数据线使用;P2 口作地址线的高八位使用;P3 口是一个双功能口,其第二功能是一些很重要的控制信号,所以 P3 一般使用其第二功能。这样供用户使用的 I/O 口就只剩下 P1 口了。另外,这些 I/O 口没有状态寄存和命令寄存的功能,因此难以满足复杂的 I/O 操作要求。

(1)I/O 口扩展概述

1)单片机扩展方法

①总线扩展方法。采用总线扩展的方法是将扩展的并行 I/O 口芯片连接到 MCS-51 单片机的总线上,即数据总线使用 P0 口,地址总线使用 P2 和 P0 口,控制总线使用部分 P3 口(P3.6,P3.7)。

这种扩展方法不影响总线上其他扩展芯片的连接,在 MCS-51 单片机应用系统的 I/O 扩展中被广泛采用。

②串行口扩展方法。

MCS-51 单片机串行口工作在方式 0 时,提供一种 I/O 扩展方法。串行口方式 0 是移位寄存器工作方式,可借助外接串入并出的移位寄存器扩展并行输出口,也可通过外接并入串出的移位寄存器扩展并行输入口。

这种扩展方法不占用并行总线且可以扩展多个并行 I/O。由于采用串行输入输出的方法,故数据传输速度较慢。

2)I/O 扩展常用芯片

①TTL/CMOS 锁存器/缓冲器芯片:74LS377、74LS374、74LS373、74LS273、74LS244、74LS245 等;

②通用可编程 I/O 接口芯片:8255、8155、8729 等;

③可编程阵列:GAL16V8、GAL20V8 等。

3)I/O 扩展中应注意的问题

①访问扩展 I/O 的方法与访问外部数据存储器完全相同,使用相同的指令;

②扩展多片 I/O 芯片或多个 I/O 设备时,注意总线的驱动能力问题;

③扩展 I/O 口是为了单片机与外部设备进行信息交换而设置一个输入输出通道,I/O 口最终与外设相连;

④在软件设计时,I/O 口对应初始状态设置、工作方式选择要与外接设备相匹配。

(2)扩展简单并行接口

扩展并行输出口

1)用 74LS377 扩展并行输出口。

74LS377、74LS377 是带有输出允许端的 8D 锁存器,有 8 个输入端口、8 个输出端口、1 个时钟输入端 CLK(上升沿有效)和 1 个允许控制端 OE。

74LS377 与单片机连接如图 5.22 所示,OE 与 P2.7 相连,74LS377 的地址为 7FFFH;若与 P2.0 相连,则地址相应为 0EFFH。

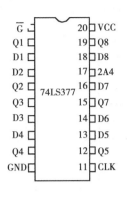
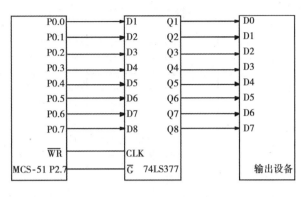

（a）74LS377 引脚图　　　　　　（b）74LS377 扩展并行输出口　　　　　（c）74LS377 功能表

图 5.22　MCS-51 扩展输出口 74LS377

若以图 5.22 为接口电路,将片内 RAM 地址为 50H 单元的数据通过该电路输出。程序清单如下:

```
MOV    DPTR,#7FFFH      ;数据指针指向 74LS377
MOV    A,50H            ;输出的 50H 单元数据送累加器 A
MOVX   @DPTR,A          ;P0 口将数据通过 74LS377 输出
```

2）用 74LS374 扩展并行输出口

74LS374 是具有三态输出的 8D 边沿触发器,其功能与 74LS377 相似。

74LS374 与单片机接口电路如图 5.23所示,74LS374 的地址为 7FFFH。

74LS374 具有较强的驱动能力,输出低电平电流 IOL 最大可达 24 mA,是 74LS377 的 3 倍。

在有较强驱动能力要求场合,可选用 74LS374 作为并行口扩展器件。

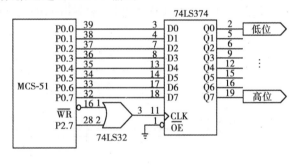

图 5.23　74LS374 与单片机接口电路

3）扩展并行输入口

并行输入扩展口比较简单,只需采用 8 位缓冲器即可。

常用的缓冲器有 74LS244。74LS244 为单向总线缓冲器,只能一个方向传输数据。并行输入接口与单片机连接如图 5.24 所示。

扩展并行输入口,若将输入口中的 8 位数据送片内 51H 单元。程序清单如下:

```
MOV    DPTR,#7FFFH      ;数据指针指向 74LS244
MOVX   A,@DPTR          ;外部数据经过 74LS244 送入累加器 A
MOV    51H,A            ;数据送 51H 单元保存
```

将上述输入输出电路合并,如图 5.25 所示。

在如图 5.25 所示的输入输出接口电路中,输入采用三态门 74HC244,输出采用 8D 触发器（锁存器）74HC374。P0 口为双向数据线,既能从 74HC244 输入数据,又能将数据通过 74HC374 输出。输出控制信号由 P2.0 和 WR 合成,当两者同时为低电平时,或门输出 0,将 P0 口数据锁

存到 74HC374,其输出控制着发光二极管 LED。当某线输出为 0 时,该线上的 LED 发光。

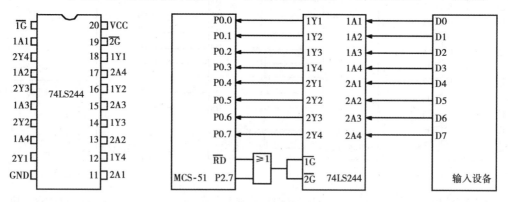

(a)74LS244 引脚图   (b)74LS244 扩展并行输入口

图 5.24   扩展 74LS244 并行输入口

输入控制信号由 P2.0 和 RD 合成,当二者同时为低电平时,或门输出为 0,选通 74HC244,将外部信息输入总线。

与 74HC244 相连的按键开关没有按下时,输入全为 1;若按下某键则所在的线输入为 0。可见,输入输出都是在 P2.0 为 0 时有效,因此它们的口地址为 0FEFFH,即占用相同的地址空间。但是由于分别用 RD 和 WR 信号控制,因此不会发生冲突。

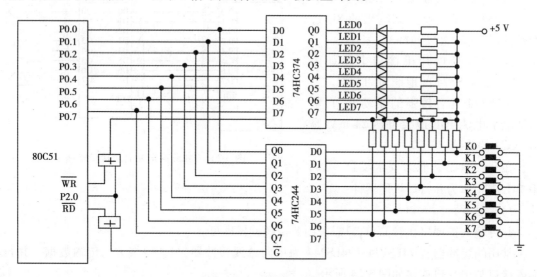

图 5.25   合并输入输出口

正如前面所提到的,扩展 I/O 口和扩展外部 RAM 一样,因此访问外部 I/O 口就像访问外部 RAM 一样,用的是 MOVX 类指令。

对于图 5.25,如果需要实现的功能是按下任意一个按键,对应的 LED 发光,则程序如下:

```
LOOP:MOV    DPTR,#0FEFFH      ;数据指针指向扩展 I/O 地址
     MOVX   A,@ DPTR          ;从 74HC244 读入数据,检测按键
     MOVX   @ DPTR,A          ;向 74HC374 输出数据,驱动 LED
     SJMP   LOOP              ;循环
```

5.5　扩展可编程 I/O 口 8255A

8255A 是一种可编程的 I/O 接口芯片,可以与 MCS-51 系统单片机以及外设直接相连,广泛用作外部并行 I/O 扩展接口。

5.5.1　8255A 可编程外围并行接口的结构

(1)8255A 的内部结构

8255A 内部由 PA、PB、PC 三个 8 位可编程双向 I/O 口,A、B 组控制器,数据缓冲器及读写控制逻辑四部分电路组成。8255A 的内部结构和外部引脚如图 5.26 所示。

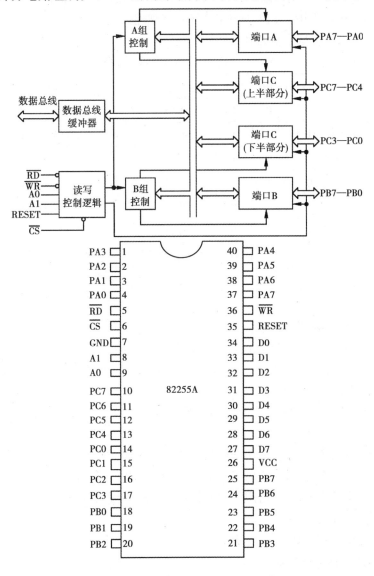

图 5.26　8255A 结构框图和引脚图

①3 个 8 位并行 I/O 接口:PA、PB 和 PC,每个口都包含 I/O 数据锁存器,控制寄存器和状态寄存器。

②2 组控制器。A 组:PA 和 $PC_{4~7}$;B 组:PB 和 $PC_{0~3}$。

(2)8255A 的引脚功能

①数据线(8 条):D0~D7,用于传送 CPU 和 8255A 间的数据、控制字和状态字。

②并行 I/O 总线(24 条):用于和外设相连,共分三组:PA0~PA7、PB0~PB7、PC0~PC7,传送 8255 与外设之间的数据和联络信息,PC0~PC7 可用作数据线或联络线。

③地址线。

CS:片选线;

A1、A0:口选线,寻址 PA、PB、PC 数据口和控制口。

④读写控制线:RD、WR 控制计算机与 8255 之间的信息传送和流向。

⑤复位线:RESET 高电平复位,使内部寄存器全部清零。

8255 端口选择及读/写控制见表 5.1。

表 5.1 8255 端口选择及读/写控制

/CS	A1	A0	/RD	/WR	选择端口	端口操作
0	0	0	0	1	A 口	读端口 A
0	0	1	0	1	B 口	读端口 B
0	1	0	0	1	C 口	读端口 C
0	0	0	1	0	A 口	写端口 A
0	0	1	1	0	B 口	写端口 B
0	1	0	1	0	C 口	写端口 C
0	1	1	1	0	控制寄存器	写控制命令
1	×	×	×	×	—	数据总线缓冲器输出端呈高阻抗

(3)8255A 方式控制字和状态字

8255A 有两个控制字:方式控制字和 C 口置位/复位控制字。用户通过程序可以把这两个控制字送到 8255A 的控制寄存器,以设定 8255A 的工作方式和 C 口各位状态。

1)方式选择控制字

方式控制字用于设定 8255A 三个端口工作于什么方式,是输入方式还是输出方式,如图 5.27 所示。

方式 0:基本输入输出方式,适用于无条件传送和查询方式的接口电路。

方式 1:选通输入输出方式,适用于查询和中断方式的接口电路。

方式 2:双向选通传送方式,适用于双向传送数据的外设,查询和中断方式的接口电路。

2)C 口置位/复位控制字

C 口置位/复位控制字如图 5.28 所示。

(4)8255A 的 3 种工作方式

• 方式 0(基本 I/O 方式)

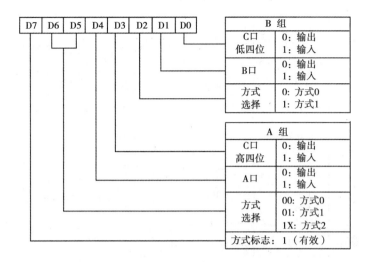

图 5.27　方式控制字设置

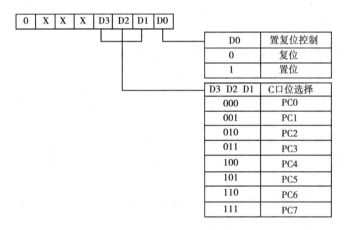

图 5.28　C 口按位置位复位控制

A 口、B 口、C 口设置为方式 0:基本输入/输出方式。输出锁存,输入三态,不用联络信号。这种方式中,3 个端口被设置成输入或输出口,但不能既输入又输出。PC 口分成两部分:上半口(PC4—PC7)、下半口(PC0—PC3),两部分可分别设置传送方向。各端口均可用于无条件数据传送,也可通过人为指定 PC 口的某些位作为 PA 口、PB 口状态信号,进行查询方式传送,适用于无条件或查询方式的数据传送。

●方式 1(选通 I/O 方式)

方式 1 下 A 口、B 口用于数据输入/输出,C 口作为数据传送联络信号。A 口和 B 口既可作输入,也可作输出,输入和输出都具有锁存功能。每一个端口包含:8 位数据端口、3 条控制线(对应于 C 口的某些位,硬件固定指定不能用程序改变),并能提供中断逻辑。

任一个端口都可作为输入或输出,若只有一个端口工作于方式 1,其余的 13 位可工作于方式 0。若两个端口都工作于方式 1,端口 C 还留下两位,这两位可由程序指定来作为输入或输出,也具有置位/复位功能。

当 8255A 的 A 端口和 B 端口工作在选通输入方式时,对应的 C 端口固定分配,规定是 PC3—PC7 分配给 A 端口,PC0—PC2 分配给 B 端口,硬件分配如图 5.29 所示。

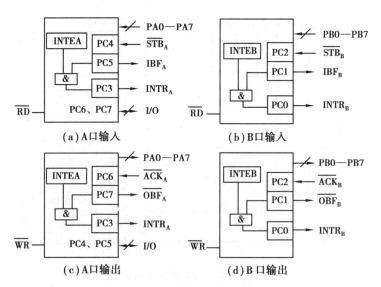

图 5.29　方式 1 下 PA、PB 作为输入/输出口时 PC 口的配置图

1)方式 1 输入

无论是 A 口输入还是 B 口输入,都用 C 口的 3 位作应答信号,一位作中断允许控制位。如图 5.29(a)、(b)所示,各应答信号含义如下:

$\overline{STB}$:外设送给 8255A 的"输入选通"信号,低电平有效,它将外设的信号输入 8255A 的锁存器中。

IBF:8255A 送给外设的"输入缓冲器满"信号,输出,高电平有效,这是 8255A 输出的状态信号,通知外设送来的数据已接收。当 CPU 用输入指令读走数据后,此信号被清除。

INTR:8255A 送给 CPU 的"中断请求"信号,输出,高电平有效。当输入数据时,若 IBF 有效且 INTE=1,则 INTR 变成有效,以便向 CPU 发出中断请求。

INTE:8255A 内部为控制中断而设置的"中断允许"信号。INTE 由软件通过对 PC4 和 PC2 的置位/复位来允许或禁止。INTE=0 禁止中断,可事先用位控制方式写入。INTEA 写入 PC4,INTEB 写 PC2。

C 端口剩下的 2 位 PC7、PC6 可作为简单的输入/输出线使用。控制十的 D3 位为"1"时,PC7、PC6 作输入;控制字的 D3 位为"0"时,PC7、PC6 作输出。

方式 1 下输入时序如图 5.30 所示,具体操作如下:

①数据输入时,外设处于主动地位,当外设准备好数据并放到数据线上后,首先发$\overline{STB}$信号,由它把数据输入 8255A。

②在$\overline{STB}$的下降沿,数据锁存到 8255A 的缓冲器后,引起 IBF 变高,表示 8255A 的"输入缓冲器满",禁止输入新数据。

③在$\overline{STB}$的上升沿,当中断允许(INTE=1)时,IBF 的高电平产生中断请求,使 INTR 上升变高,通知 CPU,接口中已有数据,请求 CPU 读取。

④CPU 得知 INTR 信号有效之后,执行读操作时,$\overline{RD}$信号的下降沿使 INTR 复位,撤除中断请求,为下一次中断请求做好准备。

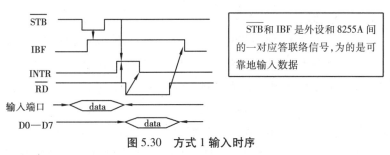

STB 和 IBF 是外设和 8255A 间的一对应答联络信号,为的是可靠地输入数据

图 5.30 方式 1 输入时序

2)方式 1 输出

无论是 A 口输出还是 B 口输出,都用 C 口的 3 位作应答信号,一位作中断允许控制件。如图 5.29(c)、(d)所示,应答信号含义如下。

$\overline{OBF}$:8255A 送给外设的"输出缓冲器满"信号,低电平有效。当$\overline{OBF}$有效时,表示 CPU 给指定端口写入一个字节数据,通知外设可以取数据。

$\overline{ACK}$:外设送给 8255A 的"应答"信号,低电平有效。当外设得知$\overline{OBF}$信号,取数据时,要发出$\overline{ACK}$选通信号,取走数据并清除$\overline{OBF}$。A、B 两个端口的$\overline{ACK}$信号分别由 PC6 和 PC2 提供。

INTR:8255A 送给 CPU 的"中断请求"信号,高电平有效。其作用及引出端都和方式 1 输入时相同。

INTE:8255A 内部为控制中断而设置的"中断允许"信号,含义与输入相同,只是对应 C 口的位数与输入不同,它是通过对 PC7 和 PC2 的置位/复位来允许或禁止。C 端口剩余的两位 PC4、PC5 可作为简单的输入/输出线使用。

方式 1 下输出时序如图 5.31 所示,具体如下:

①数据输出时,CPU 应先准备好数据,并把数据写到 8255A 输山数据寄存器。当 CPU 向 8255A 写完一个数据后,$\overline{WR}$的上升沿使$\overline{OBF}$有效,表示 8255A 的输出缓冲器已满,通知外设读取数据,并且$\overline{WR}$使中断请求 INTR 变低,封锁中断请求。

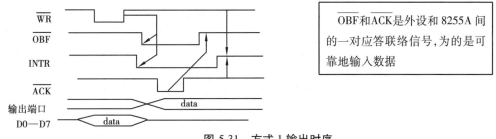

$\overline{OBF}$和$\overline{ACK}$是外设和 8255A 间的一对应答联络信号,为的是可靠地输入数据

图 5.31 方式 1 输出时序

②外设得到$\overline{OBF}$有效的通知后,开始读数。当外设读取数据后,用$\overline{ACK}$回答 8255A,表示数据已收到。

③$\overline{ACK}$的下降沿将$\overline{OBF}$置高,使$\overline{OBF}$无效,表示输出缓冲器为空,为下一次输出作准备。在中断允许(INTE=1)的情况下,$\overline{ACK}$上升沿使 INTR 变高,产生中断请求。CPU 响应中断后,在中断服务程序中执行 OUT 指令,向 8255A 写下一个数据。

使用状态字注意事项：

①状态字是在 8255A 输入/输出操作过程中由内部产生、从 C 口读取，因此从 C 口读出的状态字是独立于 C 口外部引脚的，或者说与 C 口外部引脚无关。

②状态字中供 CPU 查询的状态位有两种：

输入时——IBF 位或 INTR 位（中断允许时）；

输出时——OBF 位或 INTR 位（中断允许时）。

③状态字中的 INTE 位是控制标志位，控制 8255A 能否提出中断请求，因此它不是 I/O 操作过程中自动产生的状态，而是由程序通过按位置/复位命令来设置或清除。

输入时，A 组 INTEA 位是 PC4，B 组 INTEA 位是 PC2。

输出时，A 组 INTEA 位是 PC6，B 组 INTEA 位是 PC2。

（5）方式 2（双向数据传送方式）

工作方式 2 下，外设在单一的 8 位总线上既能发送数据，也能接收数据（双向总线 I/O），其输入和输出都锁存。可用程序查询方式，也可用中断方式。此方式只适合于端口 A，实际上是在方式 1 下 A 口输入输出的结合。这种方式能实现外设与 8255A 的 A 口双向数据传送。它使用 C 口的 5 位作应答信号，其中 2 位作中断允许控制位。此时，B 口和 C 口剩下的 3 位（PC2—PC0）可作为简单的输入/输出线使用或者用作 B 口方式 1 下的控制线，适用于查询或中断方式的数据 I/O。C 口各位的功能见表 5.2。各个信号的功能见表 5.2。

表 5.2　C 口各位的功能表

C 口位线	方式 1		方式 2	
	输入	输出	输入	输出
PC7	I/O	/OBFA		/OBFA
PC6	I/O	/ACKA		/ACKA
PC5	IBFA	I/O	IBFA	
PC4	/STBA	I/O	/STBA	
PC3	INTRA	INTRA	INTRA	INTRA
PC2	/STBB	/ACKB	由端口 B 决定	
PC1	IBFB	/OBFB	由端口 B 决定	
PC0	INTRB	INTRB	由端口 B 决定	

方式 2 与方式 1 异同：

①方式 2 下，A 口既作为输出又作为输入，因此只有当 ACK 有效时，才能打开 A 口输出数据三态门，使数据由 PA0—PA7 输出。

②方式 2 下，A 口输入、输出均具有数据锁存功能。

③方式 2 下，A 口的数据输入或数据输出都可引起中断。

方式 2 下的输入输出操作时序如图 5.32 所示。

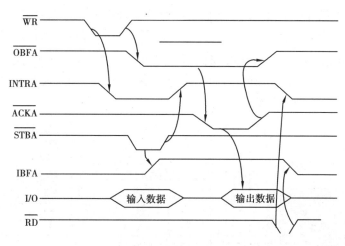

图 5.32 8255A 工作方式 2 时序图

1）输入操作

当外设向 8255A 送数据时，选通信号$\overline{STB}$也同时送到，选通信号将数据锁存到 8255A 的输入锁存器中，从而使输入缓冲器满，信号 IBFA 成为高电平（有效），通知外设 A 口已收到数据。选通信号结束时，使中断请求信号为高，向 CPU 请求中断。

2）输出操作

CPU 响应中断，当用输出指令向 8255A 的 A 端口中写入一个数据时，会发出写脉冲信号$\overline{WR}$，$\overline{WR}$的下降沿使得 INTR 信号变为低电平，而当$\overline{WR}$再次变为高电平时，其上升沿使$\overline{OBFA}$有效（低电平 0）。外设接收到该信号，说明 CPU 已将一个数据写入 8255A 的端口 A 中，外设可以读取数据，通知外设收到该信号后发出应答信号$\overline{ACKA}$，打开 8255A 输出缓冲器，使数据出现在端口 A 和数据总线上。应答信号$\overline{ACKA}$结束（高电平），使$\overline{OBFA}$变为高电平，等待下一个数据的传输。

5.5.2 8255A 应用实例

89C51 单片机 8255A 能够简单地连接而不需其他电路。两者还可共用一套复位电路实现同步启动和确保初始化的正常进行。

8255A 与 C51 单片机的连接包含数据线、地址线、控制线的连接。如图 5.33 所示为 8255A 扩展示意图。

数据线：8255A 的 8 根数据线 D0—D7 直接与 P0 口依次对应连接。

控制线：8255A 的复位线 RESET 与 89C51 的复位端相连，都接到 89C51 的复位电路上，以保证 89C51 对 8255A 的初始化在 8255A 复位之后。8255A 的$\overline{WR}$、$\overline{RD}$与 89C51 的$\overline{WR}$、$\overline{RD}$对应相连。

地址线：因 8255A 的 8 位地址线和数据线复用，且内部没有锁存器，故 89C51 的 AD0 ~ AD7 须经锁存器锁存地址信息后与 8255A 的 A1 和 A0 地址线对应连接，而 89C5l 的地址锁存允许信号 ALE 则与锁存器的使能端相连，CS由 89C51 高端地址提供且接法不是唯一的，一般与 P2 端口剩余的引脚（或者高端地址经译码后）相连。8255A 的$\overline{CS}$端由单片机高端地址

185

P2.7、P2.6 和 P2.5 经译码后连接,当系统要同时扩展外部 RAM 时,就要和 RAM 芯片的片选端一起统一分配来获得,以免发生地址冲突。由图 5.33 可知,将剩余没用到的地址位全部取零,片选信号$\overline{CS}$由 P2.5—P2.7 经 138 译码器$\overline{Y7}$产生。若要选中 8255A,则$\overline{Y7}$必须有效,此时P2.7 P2.6 P2.5 = 111。由此可知各口地址:命令状态口为 E003H、PA 口地址为 E000H、PB 口地址为 E00lH、PC 口地址为 E002H。

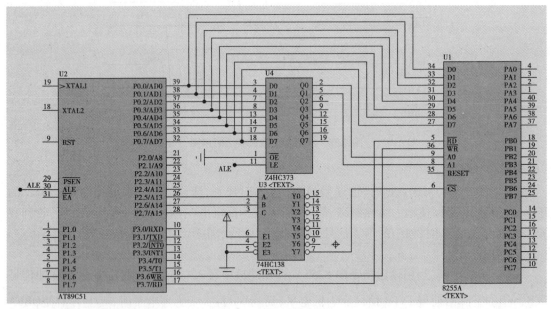

图 5.33　8255A 扩展示意图

【例 5.1】　按照图 5.33 对 8255A 初始化编程。

①A、B、C 口均为基本 I/O 输出方式。

②A 口与上 C 口为基本 I/O 输出方式,B 口与下 C 口为基本 I/O 输入方式。

③A 口为应答 I/O 输入方式,B 口为应答 I/O 输出方式。

解:①A、B、C 口均为基本 I/O 输出方式。

#define　COM8255　XBYTE[0xE003]/∗定义 8255A 控制寄存器地址 ∗/

void　init8255(void)

{

COM8255 = 0x80;/∗ 工作方式选择字送入 8255A 控制寄存器,设置 A、B、C 口为基本 I/O输出方式 ∗/

}

②A 口与上 C 口为基本 I/O 输出方式,B 口与下 C 口为基本 I/O 输入方式。

#define　COM8255　0xE003/∗定义 8255A 控制寄存器地址 ∗/

void　init8255(void)

{

XBYTE[COM8255] = 0x83;/∗工作方式选择字送入 8255A 控制寄存器,A 口与上 C 口为基本 I/O 输出方式,B 口与下 C 口为基本 I/O 输入方式 ∗/

}

③A 口为应答 I/O 输入方式,B 口为应答 I/O 输出方式。

uchar　xdata　COM8255　_at_　0xE003;/∗定义 8255A 控制寄存器地址∗/

void　init8255(void)

{

COM8255＝0xb4;/∗工作方式选择字送入 8255A 控制寄存器,设置 A 口为应答 I/O 输入方式(PA+PC4—PC7),B 口为应答 I/O 输出方式(PB+PC0—PC3)∗/

}

【例 5.2】　如图 5.34 所示是 8255A 与 89C51 的连接图,用 8255A 端口 C 的 PC3 引脚向外输出连续的方波信号,频率为 500 Hz。程序运行仿真如图 5.34 所示。

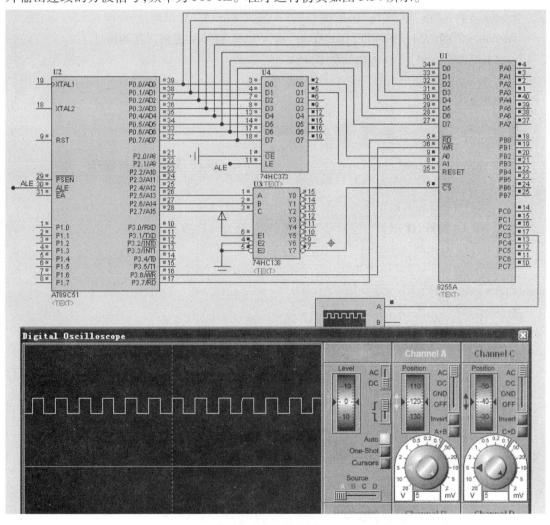

图 5.34　程序运行仿真

分析:可用两种方法,即软件延时方式和定时器 1 工作方式 1 中断实现延时。

①软件延时方式实现。将 C 口设置为基本 I/O 输出方式,先从 PC3 引脚输出高电平,间隔 1 ms 后向 PC3 输出低电平,再间隔 1 ms 后向 PC3 输出高电平,周而复始,则可实现从 PC3 输出频率为 500 Hz 正方波的目的。

②定时器 1 工作方式 1 中断实现,可提高 CPU 的工作效率。将 C 口设置为基本 I/O 输出方式,12 MHz 晶振,定时器初值设为 64536 即可,每次中断 PC3 引脚翻转,周而复始,则可实现从 PC3 输出频率为 500 Hz 正方波的目的。

解:①软件延时方式程序如下:

```
#include <reg51.H>
#include <absacc.h>// 绝对地址定义
bit    bitFF;//＊位计数器＊//
#define    PA8255    XBYTE[0xE000]    //＊定义 8255A    A 口地址＊/
#define    PB8255    XBYTE[0xE001]    //＊定义 8255A    B 口地址＊/
#define    PC8255    XBYTE[0xE002]    //＊定义 8255A    C 口地址＊/
#define    COM8255    XBYTE[0xE003]    //＊定义 8255A 控制寄存器地址＊/
void init8255(void)    //＊初始化 8255＊//
{
    COM8255 = 0x80;
}

void    delay(unsigned char i)        //＊延时 ims 函数,参考前面的程序＊/
{
    unsigned char j,k;
    for(k=0;k<i;k++)
    for(j=0;j<255;j++);
}
void main(void)
{
    init8255();
    while (1)
    {
    COM8255 = 0x07;                //＊PC3 置 1＊/
        delay(2);                  //＊延时 1ms＊/
        COM8255 = 0x06;            //PC3 清 0＊/
        delay(2);                  //＊延时 lms＊/
    }
}
```

②定时器 1 作方式 1 中断实现:

```
#include <reg51.H>
#include <absacc.h>                // 绝对地址定义
bit    bitFF;//＊位计数器＊//
#define    PA8255    XBYTE[0xE000]  //＊定义 8255A    A 口地址＊/
#define    PB8255    XBYTE[0xE001]  //＊定义 8255A    B 口地址＊/
```

188

```
#define    PC8255    XBYTE[0xE002]    //* 定义 8255A   C 口地址 */
#define    COM8255    XBYTE[0xE003]// * 定义 8255A 控制寄存器地址 */
void    init8255(void)                      // * 初始化 8255 *//
{
    COM8255 = 0x80;
}
void main(void)
{
    init8255();                             // * 初始化 8255 */
    TMOD = 0x10;                           // * 设置定时器 1 为工作方式 1 */。
    TH1 = 0xFC;TL1 = 0x18;                  // * 定时器 1 每 1000 计数脉冲发生 1 次中断,
12MHz 晶振,定时时间 1000μs */
    TCON = 0x40;                            // * 内部脉冲计数 */
    IE = 0x88;                              // * 打开定时器中断 */
    while(1);
}
void timerlint(void)interrupt 3           //定时器 T1 中断函数 *//
{
        EA = 0;                           // * 关总中断 */
        TR1 = 0;                          // * 停计数 */
        TH1 = 0xFC;
        TL1 = 0x18;                       // * 重置计数初值 */
        TR1 = 1;                          // * 启动计数 */
        if(bitFF)COM8255 = 0x07;          // * PC3 置 1 */
        else COM8255 = 0x06;              // * PC3 清 0 */
        bitFF = ~bitFF;/ * 位取反 */
        EA = 1;                           // * 开总中断 */
}
```

总结与思考

　　本章着重介绍了单片机外部资源的扩展,并在介绍了单片机外部编址技术的基础上详细介绍了单片机 I/O 口和存储器扩展的方法。其中,I/O 口的扩展主要介绍了简单 I/O 接口扩展。简单 I/O 口的扩展主要是输入缓冲和输出锁存的扩展方法及编程应用;并行接口扩展重点介绍了可编程并行接口芯片 8255A 的原理及其与单片机的连接方法。存储器扩展主要介绍了程序存储器、数据存储器和二者综合的编址方法及编程应用。通过本章的学习,读者应该掌握了以下几个知识点:

　　● 重点掌握单片机扩展的方法和地址编码方法,理解三总线原理。

- 掌握单片机的三总线结构和连接方法,掌握锁存器、译码器及存储芯片的功能、结构和引脚。
- 掌握并行接口芯片 8255A 的编成结构、连接方法、控制字格式和编程方法。

习题 5

5.1　什么是外部三总线？总线结构有何优越性？

5.2　在 C5l 单片机扩展系统中,程序存储器和数据存储器共用 16 位地址线和 8 位数据线,为什么两个存储空间不会发生冲突？

5.3　假设某存储器有 8 192 个存储单元,其首地址为 0,则末地址为多少？

5.4　某存储器有 11 根地址线,可选多少个地址？

5.5　用两片 74HC273 芯片扩展 89C51 的 P1 端口,实现 6 位发光二极管的开关控制和点亮。

5.6　现有 6116 若干,请用这些芯片扩展 4 kB 的数据存储器,画出连线图,并给出每个芯片的地址范围。(用译码法实现)

5.7　设有以 8051 为主机的系统,现要扩展 2 kB 的片外数据存储器,并绘出电路原理图。

5.8　现有 12 根地址线,可选多少个地址？

5.9　试编程对 8255A 进行初始化。A 口为基本输入,B 口为基本输出,C 口上半部为输入,C 口下半部为输出。

项目 6

单片机的串行口及其应用

本章导读
◆了解串行通信的概念及异步串行通信接口标准。
◆掌握单片机串行接口的控制寄存器、串行口的工作方法及波特率的计算。
◆理解远程控制交通灯的硬件、软件设计方法及工作过程。

本章首先介绍了单片机串行接口的理论知识,重点介绍了串行口的结构、串行口控制寄存器、波特率的计算方法和三种常用的接口标准,较详细地讲解了串行口的工作方式;然后通过单片机双机通信和单片机与 PC 机之间的通信两个实例介绍了单片机串行口的设计方法。最后在此基础上,进行了简易交通灯和远程控制交通灯的设计。

6.1 认识串行通信与串行口

MCS-51 单片机内部有一个功能强大的异步通信串行口,通过该串行口可以实现与其他计算机以及外设之间的串行通信。MCS-51 单片机的串行通信有着广泛的应用,不但可以实现单片机之间或单片机和 PC 机之间的串行通信,也可以使用单片机的串行通信接口,实现键盘输入和 LED、LCD 显示器输出的控制,简化电路,节约单片机的硬件资源;应用串行通信接口,还可以进行远程参数检测和控制。

6.1.1 串行通信的概念

在实际应用中,计算机与外部设备之间、计算机与计算机之间常常要进行信息交换,所有这些信息的交换均称为"通信"。通信的基本方式分为并行通信和串行通信两种。

并行通信是构成数据信息的各位同时进行传送的通信方式,例如 8 位数据或 16 位数据并行传送。图 6.1(a)为并行通信方式的示意图。其特点是传输速度快,缺点是需要多条传输线,当距离较远、位数又多时,导致通信线路复杂且成本高。在前面章节所涉及的数据传送都为并行方式,如主机与存储器、主机与键盘、显示器之间等。

串行通信是数据一位接一位地顺序传送。图 6.1(b)为串行通信方式的示意图。其特点

191

是通信线路简单,只要一对传输线就可以实现通信(如电话线),从而大大地降低了成本,特别适用于远距离通信。缺点是传送速度慢。

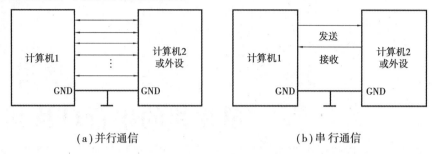

(a)并行通信   (b)串行通信

图 6.1　通信的两种基本方式

在串行通信时,机内的并行数据传送到内部移位寄存器中,数据被移位寄存器形成串行数据,通过通信线传送到接收端,再将串行数据逐位移入移位寄存器后转换成并行数据存放在机中。进行串行通信的接收端和发送端,必须有一定的约定,即必须有相同的传送速率并采用同一的编码方法,接收端的计算机必须知道发送端的计算机发送了哪些信息,发送的信息是否正确,如果有错如何通知对方重新发送;发送端的计算机必须知道接收端的计算机是否正确接收到信息,是否需要重新发送。这些约定称为串行通信协议或规程。通信双方遵守这些协议才能正确地进行数据通信。

(1)串行通信的分类

按照串行通信的时钟控制方式,串行通信可分为异步传送和同步传送两种基本方式。

1)异步通信(Asynchronous Communication)

异步传送的特点是数据在线路上的传送不连续。在传送时,数据是以字符为单位组成字符帧进行传送的。字符帧由发送端一帧一帧地发送,每一帧数据位均是低位在前、高位在后,通过传输线被接收端一帧一帧地接收。发送端和接收端可以由各自独立的时钟来控制数据的发送和接收,这两个时钟互不同步。

在异步通信中,接收端是依靠字符帧(Character Frame)格式来判断发送端是何时开始发送,何时结束的。字符帧格式是异步通信的一个重要指标,是 CPU 与外设之间事先的约定。字符帧也叫数据帧,由起始位、数据位、奇偶校验位和停止位 4 个部分组成。异步传送的字符帧格式如图 6.2 所示。

①起始位:位于字符帧开始,起始位为 0 信号,只占 1 位,用于表示发送字符的开始。

②数据位:紧接起始位之后的就是数据位,它可以是 5 位、6 位、7 位或 8 位,传送时低位在先、高位在后。

③奇偶校验位:数据位后面的 1 位为奇偶校验位,可 0 可 1,可要也可以不要,由用户决定。

④停止位:位于字符帧最后,它用信号 1 来表示 1 帧字符发送的结束,可以是 1 位、1 位半或 2 位。

在串行通信中,两相邻字符帧之间可以没有空闲位,也可以有若干空闲位,这由用户来决定。图 6.2(a)为无空闲位的字符帧,图 6.2(b)表示有 3 个空闲位的字符帧格式。

2)同步通信(Synchronous Communication)

同步通信是一种连续串行传送数据的通信方式,1 次通信只传输一帧信息,即 1 次传送 1 组数据。这里的信息帧和异步通信的字符帧不同,通常有若干个数据字符,如图 6.3 所示。

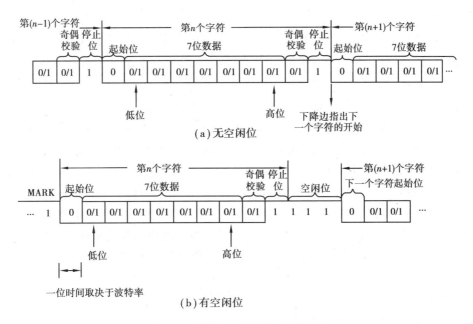

图6.2 串行异步传送的字符帧格式

图6.3(a)为单同步字符帧结构,图6.3(b)为双同步字符帧结构,但它们均由同步字符 SYN、数据字符和校验字符 CRC 三部分组成,数据字符间没有空闲位。在同步通信中,同步字符可以采用统一的标准格式,也可以由用户约定。

同步通信的数据传输速率较高,通常可达 56 000 b/s 或更高,其缺点是要求发送时钟和接收时钟必须保持严格同步。

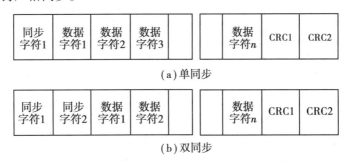

图6.3 同步通信的字符帧格式

(2)串行通信的制式

在串行通信中,数据是在两个站之间进行传送的。按照数据传送方向,串行通信可分为单工(simplex)、半双工(half duplex)和全双工(full duplex)三种制式。三种制式的示意图如图6.4 所示。

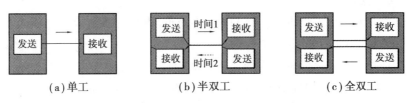

图6.4 单工、半双工和全双工制式示意图

1）单工制式

在这种制式下，通信线的一端接发送器，另一端接接收器，数据只能按照一个固定的方向传送。如图 6.4（a）所示，A 端为发送站，B 端为接收站，数据仅能从 A 站发至 B 站。

2）半双工制式

数据可实现双向传送，但不能同时进行。在半双工制式下，系统的每个通信设备都由一个发送器和一个接收器组成，数据既可从 A 站发送到 B 站，也可以由 B 站发送到 A 站。不过在同一时间只能作 1 个方向的传送，即只能一端发送，一端接收，如图 6.4（b）所示。其收/发开关一般是由软件控制的电子开关。

3）全双工制式

全双工通信系统的每端都有发送器和接收器，可以同时发送和接收，即数据可以在两个方向上同时传送，如图 6.4（c）所示。一般全双工传输方式的线路和设备较复杂。

在实际应用中，尽管多数串行通信接口电路具有全双工功能，但一般情况下，多工作于半双工制式下，这种用法简单、实用。

（3）串行通信的接口电路

串行接口电路的种类和型号很多。包括：能够完成异步通信的硬件电路称为 UART，即通用异步接收器/发送器（Universal Asychronous Receiver/Transmitter）；能够完成同步通信的硬件电路称为 USRT（Universal Sychronous Receiver/Transmitter）；既能够完成异步又能同步通信的硬件电路称为 USART（Universal Sychronous Asychronous Receiver/Transmitter）。

从本质上说，所有串行接口电路都是以并行数据形式与 CPU 接口，以串行数据形式与外部逻辑接口。它们的基本功能都是从外部逻辑接收串行数据，转换成并行数据后传送给 CPU，或从 CPU 接收并行数据，转换成串行数据后输出到外部逻辑。

6.1.2　串行通信的接口

在单片机应用系统中，数据通信主要采用异步串行通信。在设计通信接口时，必须根据需要选择标准接口，并考虑传输介质、电平转换等问题。

8051 串行接口的输入/输出均为 TTL 电平（"0"是 $0 \sim 2.4$ V；"1"是 $3.6 \sim 5$ V；高阻：$2.4 \sim 3.6$ V）。这种以 TTL 电平传输数据的方式，抗干扰性差，传输距离短不能超过 1.5 m。为了提高串行通信的可靠性，增大通信距离，可采用标准串行接口。采用标准接口后，能够方便地把单片机和外设、测量仪器等有机连接起来，从而构成一个测控系统。例如当需要单片机和 PC 机通信时，通常需要采用电平转换芯片进行电平转换。

异步串行通信接口标准主要有三类：RS-232C 接口；RS-449、RS-422 和 RS-485 接口以及 20 mA 电流环。下面详细介绍三种接口标准：

（1）RS-232C 接口

RS-232C 是美国电子工业协会（EIA）1962 年公布，1969 年最后修订而成的通信协议。其中，RS 表示 Recommended Standard，232 是该标准的标识号，C 表示最后一次修订。RS-232C 串行接口总线适用于设备之间通信距离不大于 15 m，传输速率不大于 20 kb/s 的通信领域，是使用最早、应用较多的一种异步串行通信总线标准。

RS-232C 主要用来定义计算机系统的一些数据终端设备（DTE）和数据电路终接设备

（DCE）之间的电气性能。其中，DTE 主要包括计算机和各种终端机，而 DCE 的典型代表是调制解调器。

例如 CRT、打印机与 CPU 的通信大都采用 RS-232C 接口，MCS-51 单片机与 PC 机的通信也是采用该种类型的接口。由于 MCS-51 系列单片机本身有一个全双工的串行接口，因此该系列单片机用 RS-232C 串行接口总线非常方便。

1）RS-232C 信息格式标准

RS-232C 采用串行格式，如图 6.5 所示。该标准规定：信息的开始为起始位，信息的结束为停止位；信息本身可以是 5，6，7，8 位再加一位奇偶校验位。如果两个信息之间无信息，则写"1"，表示空。

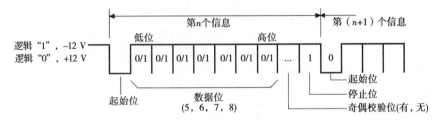

图 6.5　RS-232C 信息格式

2）RS-232C 总线规定及其电平转换器

RS-232C 规定了自己的电气标准，由于它是在 TTL 电路之前研制的，所以它的电平不是+5 V 和地，而是采用负逻辑，即逻辑"0"：+5 V～+15 V；逻辑"1"：−5 V～−15 V。

因此，RS-232C 不能和 TTL 电平直接相连，使用时必须进行电平转换，否则将使 TTL 电路烧坏，实际应用时必须注意！常用的电平转换集成电路是传输线驱动器 MC1488 和传输线接收器 MC1489，如图 6.6 所示。

MC1488 内部有 3 个与非门和 1 个反相器，供电电压为±12 V，输入为 TTL 电平，输出为 RS-232C 电平。MC1489 内部有 4 个反相器，供电电压为+5 V，输入为 RS-232C 电平，输出为 TTL 电平，其应用如图 6.6 所示。现在一般用 MAX232 芯片进行电平转换，其引脚如图 6.7 所示，其应用如图 6.18 所示。

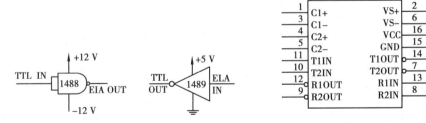

图 6.6　接收器和发送器电平转换集成电路　　图 6.7　MAX232 连接器的引脚图

3）RS-232C 总线规定

RS-232C 标准总线为 25 根，采用标准的 DB-25 或 DB-9 的 D 形插头座。目前计算机上只保留有两个 DB-9 插头，即 COM1 和 COM2 两个串行接口。DB-9 连接器各引脚排列如图 6.8 所示，各引脚定义见表 6.1。

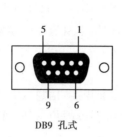

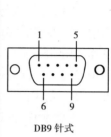

图 6.8 RS-232C 引脚图

表 6.1 DB-9 连接器各引脚各引脚定义

引 脚	名 称	功 能	引 脚	名 称	功 能
1	DCD	载波检测	6	DSR	数据准备完成
2	RXD	发送数据	7	RTS	发送请求
3	TXD	接收数据	8	CTS	发送清除
4	DTR	数据终端准备完成	9	RI	振铃指示
5	SG(GND)	信号地线			

在最简单的全双工系统中,仅用发送数据、接收数据和信号地三根线即可。对于 MCS-51 单片机,利用 RXD(串行数据接收端)线、TXD(串行数据发送端)线和一根地线,就可以构成符合 RS-232C 接口标准的全双工通信口。

RS-232C 既是一种协议标准,又是一种电气标准,它采用单端、双极性电源供电电路。RS-232C 规定的传输速率有:50 b/s、75 b/s、110 b/s、150 b/s、300 b/s、600 b/s、1 200 b/s、2 400 b/s、4 800 b/s、9 600 b/s、19.2 kb/s、33.6 kb/s、56 kb/s 等,能够适应不同传输速率的设备。

在远距离通信时,一般要加 MODEM(调制解调器)。当计算机与 MODEM 连接时,只要将编号相同的引脚连接起来即可,如图 6.9 所示。

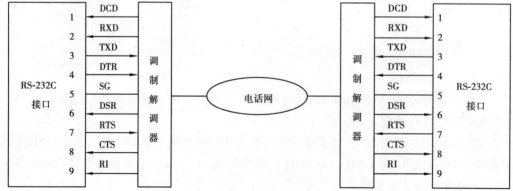

图 6.9 RS-232C(DB9)与调制解调器的连接图

在距离较近(小于 15 m)的情况下进行通信时,不需要使用 MODEM,两个计算机的 RS-232C 接口可以直接互连,如图 6.10 所示。

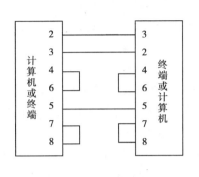

(a)两个终端设备的最简单连接

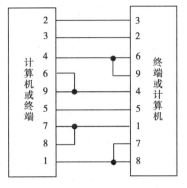

(b)两个终端设备的直接连接

图 6.10　两个 RS-232C(DB9)终端设备的连接图

图 6.10(a)给出的是最简单的互连方式,只需 3 条线就可以实现相互之间的全双工通信,但是其许多功能(如流控)就没有了。

图 6.10(b)给出的是常用信号引脚的连接,为了交换信息,TXD 和 RXD 是交叉连接的,即一个发送数据,另一个接收数据;RTS 和 CTS 与 DCD 互接,即用请求发送 RTS 信号来产生清除发送 CTS 和载波检测 DCD 信号,以满足全双工通信的逻辑控制;用类似的方法可将 DTR、DSR 和 RI 互连,以满足 RS-232C 通信控制逻辑的要求。这种方法连线较多,但能够检测通信双方是否已准备就绪,故通信可靠性高。

RS-232C 接口的信号电平值较高,易损坏接口电路的芯片,又因为与 TTL 电平不兼容,故需使用电平转换电路方能与 TTL 电路连接。RS-232C 接口使用一根信号线和一根信号返回线而构成共地的传输形式,这种共地传输容易产生共模干扰,所以抗噪声干扰性弱。其传输速率较低,在异步传输时,波特率为 20 Bd;传输距离有限,最大传输距离实际上也只能在15 m左右。

(2)RS-449、RS-422A、RS-485 标准接口

RS-232C 虽然应用广泛,但因为推出较早,在现代通信系统中存在以下缺点:数据传输速率慢,传输距离短,未规定标准的连接器,接口处各信号间易产生串扰。鉴于此,EIA 制定了新的标准 RS-449,该标准除了与 RS-232C 兼容外,在提高传输速率、增加传输距离、改善电气性能等方面有了很大改进。

1)RS-449 标准接口

RS-449 是 1977 年公布的标准接口,在很多方面可以代替 RS-232C 使用。RS-449 与 RS-232C 的主要差别在于信号在导线上的传输方法不同:RS-232C 是利用传输信号与公共地的电压差,RS-449 是利用信号导线之间的信号电压差,在 1 219.2 m 的 24-AWG 双绞线上进行数字通信。RS-449 规定了两种接口标准连接器,一种为 37 脚,另一种为 9 脚。

RS-449 可以不使用调制解调器,它比 RS-232C 传输速率高,通信距离长,且由于 RS-449 系统用平衡信号差传输高速信号,所以噪声低,又可以多点或者使用公共线通信,故 RS-449 通信电缆可与多个设备并联。

2)RS-422A 接口

为改进 RS-232 通信距离短、速率低的缺点,RS-422 定义了一种平衡通信接口,将传输速率提高到接收时序 10 Mb/s,传输距离延长到 1 200 m(速率低于 100 kb/s 时),并允许在一条平衡总线上连接最多 10 个接收器。RS-422 是一种单机发送、多机接收的单向、平衡传输规范,被命名为 TIA/EIA−422A 标准。

RS-422A 输出驱动器为双端平衡驱动器,如图 6.11 所示。如果其中一条线为逻辑"1"状态,另一条线就为逻辑"0",比采用单端不平衡驱动对电压的放大倍数大一倍。差分电路能从地线干扰中拾取有效信号,差分接收器可以分辨 200 mV 以上电位差。若传输过程中混入了干扰和噪声,由于差分放大器的作用,可使干扰和噪声相互抵消,因此可以避免或大大减弱地线干扰和电磁干扰的影响。RS-422A 传输速率在 90 kb/s 时,传输距离可达 1 200 m。

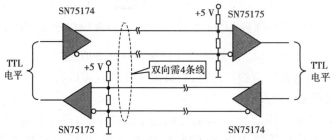

图 6.11　RS-4422A 接口

3)RS-485 接口

RS-485 是 RS-422A 的变型。RS-422A 用于全双工,而 RS-485 则用于半双工。RS-485是一种多发送器标准,在通信线路上最多可以使用 32 对差分驱动器/接收器。如果在一个网络中连接的设备超过 32 个,还可以使用中继器。

RS-485 的信号传输采用两线间的电压来表示逻辑 1 和逻辑 0,如图 6.12 所示。由于发送方需要两根传输线,接收方也需要两根传输线。传输线采用差动信道,所以它的干扰抑制性极好,又因为它的阻抗低,无接地问题,所以传输距离可达 1 200 m,传输速率可达 1 Mb/s。

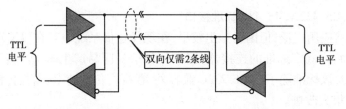

图 6.12　RS-485 接口

RS-485是一点对多点的通信接口,一般采用双绞线的结构。普通的 PC 机一般不带RS485 接口,因此要使用 RS-232C/RS-485 转换器。对于单片机可以通过芯片 MAX485 来完成 TTL/RS-485 的电平转换。在计算机和单片机组成的 RS-485 通信系统中,下位机由单片机系统组成,上位机为普通的 PC 机,负责监视下位机的运行状态,并对其状态信息进行集中处理,以图文方式显示下位机的工作状态以及工业现场被控设备的工作状况。系统中各节点(包括上位机)的识别是通过设置不同的站地址来实现的。

(3)抗干扰能力

通常选择的标准接口,在保证不超过其使用范围时都有一定的抗干扰能力,以保证可靠的信号传输。但在一些工业测控系统中,通信环境十分恶劣,因此在通信介质选择、接口标准选择时,要充分考虑抗干扰能力,并采取必要的抗干扰措施。例如在长距离传输时,使用RS-422A标准能有效地抑制共模信号干扰;使用 20 mA 电流环技术能大大降低对噪声的敏感程度。在高噪声污染的环境中,通过使用光纤介质可减少噪声的干扰,通过光电隔离可以提高通信系统的安全性。

6.1.3　单片机串行口的结构与控制寄存器

MCS-51 内部有一个可编程全双工串行通信接口,它具有 UART 的全部功能,该接口不仅可以同时进行数据的接收和发送,也可做同步移位寄存器使用。该串行接口有 4 种工作方式,帧格式有 8 位、10 位、11 位,其帧格式和波特率均可通过软件编程设置,接收、发送均可工作在查询方式或中断方式。

MCS-5l 单片机的串行口主要由两个独立的数据缓冲器 SBUF、一个输入移位寄存器 PCON (9 位)、一个串行控制寄存器 SCON 和一个波特率发生器 T1 等组成。其结构如图 6.13 所示。

实现单片机的串行口的引脚是 RXD (P3.0) 引脚和 TXD (P3.1)引脚。控制单片机串行口接收/发送的控制寄存器共有 3 个,即特殊功能寄存器 SBUF、SCON 和 PCON。数据缓冲器SBUF 用于存放接收和欲发送的数据,串行控制寄存器 SCON 用来存放串行口的控制和状态信息。定时器/计数器 T1 作串行口的波特率发生器,其波特率是否增倍由电源和波特率控制寄存器 PCON 的最高位控制。

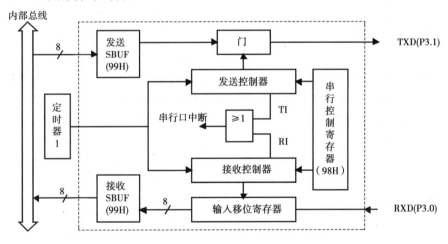

图 6.13　串行口结构框图

(1) 串行口数据缓冲器 SBUF

SBUF 是两个在物理上独立的接收、发送寄存器,是可以直接寻址的专用寄存器。一个用于存放接收到的数据,另一个用于存放欲发送的数据,可同时发送和接收数据。两个缓冲器共用一个地址 99H,通过对 SBUF 的读、写指令来区别是对接收缓冲器还是发送缓冲器进行操作。CPU 在写 SBUF 时,就是修改发送缓冲器;读 SBUF,就是读接收缓冲器的内容。接收或发送数据,是通过串行口对外的两条独立收发信号线 RXD(P3.0)、TXD(P3.1)来实现的,因此可以同时发送、接收数据,其工作方式为全双工制式。

串口的接收/发送端具有缓冲的功能,由 SBUF 特殊功能寄存器实现该功能。接收缓冲器是双缓冲的,它是为了避免在接收下一帧数据之前,CPU 未能及时响应接收器的中断,把上帧数据读走导致产生两帧数据重叠的问题而设置的双缓冲结构。对于发送缓冲器,由于发送时 CPU 是主动的,不会产生两帧数据写重叠的问题。同时为了保持最大传输速率,MCS-51 的发送缓冲器为单缓冲。

(2)串行口控制寄存器 SCON

该专用寄存器的主要功能是选择串行口的工作方式、接收和发送控制以及串行口的状态标志指示等,可以位寻址,字节地址为 98H。收发双方都有对 SCON 的编程,单片机复位时,SCON 的所有位全为 0。SCON 的各位含义如图 6.14 所示。

SCON	9FH	9EH	9DH	9CH	9BH	9AH	99H	98H
	SM0	SM1	SM2	REN	TB8	RB8	TI	RI

图 6.14 SCON 的各位定义

①SM0、SM1(SCON.7、SCON.6):串行口的工作方式选择位。其定义见表 6.2。

表 6.2 串行方式的定义

SM0	SM1	工作方式	功　能	波特率
0	0	方式 0	8 位同步移位寄存器	$f_{osc}/12$
0	1	方式 1	10 位 UART	可变
1	0	方式 2	11 位 UART	$f_{osc}/64$ 或 $f_{osc}/32$
1	1	方式 3	11 位 UART	可变

②SM2:多机通信控制位,用于方式 2 和方式 3 中。在方式 2 和方式 3 处于接收时,若 SM2=1,且接收到的第 9 位数据 RB8 为 0 时,则不激活 RI;若 SM2=1,且 RB8=1 时,则置 RI=1;若 SM2=0,不论接收到第 9 位 RB8 为 0 还是为 1,TI、RI 都以正常方式被激活。在方式 1 处于接收时,若 SM2=1,则只有当收到有效的停止位后,RI 才置 1。在方式 0 中,SM2 应为 0。

③REN:允许串行接收控制位,由软件置位或清零。REN=1 时,允许接收;REN=0 时,禁止接收。

④TB8:发送数据的第 9 位。在方式 2 和方式 3 中,由软件置位或复位,一般用作奇偶校验位。在多机通信中,可作为区别地址帧或数据帧的标识位,一般约定地址帧时 TB8 为 1,数据帧时 TB8 为 0。

⑤RB8:接收数据的第 9 位。功能同 TB8。

⑥TI:发送中断标志位。在方式 0 中,发送完 8 位数据后,由硬件置位;在其他方式中,在发送停止位之初由硬件置位。因此 TI 是发送完一帧数据的标志,可以用指令来查询是否发送结束。TI=1 时,也可向 CPU 申请中断,响应中断后必须由软件清除 TI。

⑦RI:接收中断标志位。在方式 0 中,接收完 8 位数据后,由硬件置位;在其他方式中,在接收停止位时由硬件置位。因此 RI 是接收完一帧数据的标志,也可以通过指令来查询是否接收完一帧数据。RI=1 时,也可向 CPU 申请中断,响应中断后也必须由软件清除 RI。

(3)电源和波特率控制寄存器 PCON

PCON 是一个特殊功能寄存器,其字节地址为 87H,只能进行字节寻址,不能按位寻址。

PCON 是为在 CHMOS 结构的 51 系列单片机上实现电源控制而附加的,对 HMOS 的 51 系列单片机,只用了最高位,其余位都是虚设的。其格式如图 6.15 所示。

PCON (87H)

| SMOD | × | × | × | GF1 | GF0 | PD | IDL |

图 6.15　PCON 的各位定义

PCON 的最高位 D7 位作为 SMOD,是串行口波特率的选择位。在工作方式 1、2、3 时,串行通信的波特率与 SMOD 有关。当 SMOD = 1 时,波特率加倍;当 SMOD = 0 时,波特率不变。例如在工作方式 2 下,若 SMOD = 0 时,则波特率为 $f_{osc}/64$;当 SMOD = 1 时,波特率为 $f_{osc}/32$,恰好增大一倍。系统复位后,SMOD 位为 0。其他各位用于电源管理,在此不作赘述。

6.1.4　单片机串行口的工作方式

MCS-51 的串行口有 4 种工作方式,通过 SCON 中的 SM1、SM0 位来决定,见表 6.2。不同的工作方式有不同的应用,其帧格式也不同。

(1)方式 0

在方式 0 下,串行口作同步移位寄存器用,以 8 位数据为一帧,无起始位和停止位,其波特率固定为 $f_{osc}/12$。串行数据从 RXD(P3.0)端输入或输出,同步移位脉冲由 TXD(P3.1)送出。这种方式常用于扩展 I/O 口,外接移位寄存器实现数据并行输入或输出。

1)数据发送

当一帧数据写入串行口发送缓冲器 SBUF 时,串行口将 8 位数据以 $f_{osc}/12$ 的波特率从 RXD 引脚输出(低位在前),8 位数据发送完置中断标志 TI 为 1,TXD 输出同步脉冲。一帧数据发送完毕,各控制端均恢复原状态,只有 TI 保持为 1,请求中断。在再次发送数据之前,必须由软件清 TI 为 0。

将单片机的 TXD 和 RXD 接到外部的一个 8 位串入并出(74LS164)寄存器,就可以使用方式 0 输出数据。串行口方式 0 发送的具体电路如图 6.16 所示。其中,74LS164 为串入并出移位寄存器,1、2 脚为串行数据输入端,3、4、5、6、10、11、12、13 为并行数据输出端,8 脚为时钟信号,7 脚为地,14 脚接+5 V 电源,9 脚为选通端,低电平清零,高电平选通。74LS164 能完成数据的串并转换。串行口的数据通过 RXD 引脚送到 164 的输入端,串行口输出的移位时钟通过 TXD 引脚加到 164 的时钟端。使用另一条 I/O 线 P1.0 控制 164 的输出允许选通端 CLR(也可以将 164 的选通端直接接高电平)。

当数据写入 SBUF 后,在移位脉冲(TXD)的控制下,数据从 RXD 端逐位移入 74LS164。当 8 位数据全部移出后,TI 由硬件置位,发生中断请求。若 CPU 响应中断,则开始执行串行口中断服务程序,数据由 74LS164 并行输出。

2)数据接收

在满足 REN = 1 和 RI = 0(软件设定)的条件下,便启动串行接口接收数据。此时,RXD 为串行输入端,TXD 为同步脉冲输出端。串行口开始从 RXD 端以 $f_{osc}/12$ 的波特率输入数据(低位在前),当接收完 8 位数据后,置中断标志 RI 为 1,请求中断。在再次接收数据之前,必须由软件清 RI 为 0。

串行口方式 0 接收的基本连线方法如图 6.17 所示。其中,74LS165 为并入串出移位寄存器。74LS165 的移位时钟仍由串行口的 TXD 端提供,74LS165 的串行输出数据送到 RXD 端作为串行口的数据输入,输入端口上的 8 位数据从 RXD 引脚读进来。端口线 P1.0 作为 74LS165 的接收和移位控制端 S/$\overline{L}$,当 S/$\overline{L}$=0 时,允许 74LS165 置入并行数据;当 S/$\overline{L}$=1 时,允许 165 串行移位输出数据。当编程选择串行口方式 0,并将 SCON 的 REN 位置位允许接收,就可开始一个数据的接收过程。

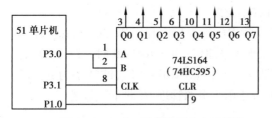

图 6.16 方式 0 用于扩展 I/O 口输出

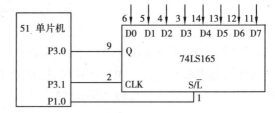

图 6.17 方式 0 用于扩展 I/O 口输入

(2)方式 1

当 SM0=0、SM1=1 时,串行口被定义为方式 1。在方式 1 下,串行口为波特率可调的 10 位通用异步接口 UART,发送或接收的一帧信息,包括 1 位起始位 0,8 位数据位和 1 位停止位 1。其帧格式如图 6.18 所示。

图 6.18 方式 1 下 10 位数据帧格式

1)数据发送

任何一条"写入 SBUF"指令,都可启动一次发送,数据由 TXD 端输出。串行接口能够自动地在数据的前后添加一个起始位(为 0)和一个停止位,组成 10 位一帧的数据,在发送移位脉冲的作用下依次从 TXD 端发送。每经过一个移位脉冲,由 TXD 输出一个数据位,当 8 位数据全部送完后,使中断标志 TI 置 1,同时置 TXD=1 作为停止位发送出去,通知 CPU 发送下一帧数据。方式 1 所传送的波特率取决于定时器 T1 的溢出率和 PCON 中的 SMOD 位。

2)数据接收

当 REN=1,RI=0 时,接收器以所选波特率的 16 倍速检测 RXD 端的状态,接收移位脉冲的频率和发送频率相同。在没有数据送达前,RXD 端的状态为 1,若在 RXD(P3.1)引脚上检测到一个由"1"到"0"负跳变信号,确认是起始位"0",立即启动一次接收。

接收完一帧数据后,当 RI=0,SM2=0 或 RI=0,且接收到的停止位为 1 时,接收数据有效,将接收移位寄存器内的 8 位数据并行装入 SBUF,停止位置入 SCON 寄存器的 RB8(SCON. 2)中,同时将 RI 置 1。若不满足上述条件,则接收的数据信息将丢失。所以,方式 1 接收时,应先用软件清除 RI 或 SM2 标志。此后,接收控制器又将重新再采样测试 RXD 出现的负跳变,以接收下一帧数据。

(3)方式 2

当 SM0=1、SM1=0 时,串行口被定义为方式 2。方式 2 下,串行口为 11 位通用异步接口 UART。这种方式可接收或发送 11 位数据,传送波特率与 PCON 的最高位 SMOD 有关。发送或接收的一帧数据包括 1 位起始位 0,8 位数据位,1 位可编程位(D8)和 1 位停止位 1,共 11

位,比方式1增加了一个数据位,其余相同。第9个数据位即D8位可以通过软件来控制它,用于奇偶校验,也可与特殊功能寄存器SCON中的SM2位配合,使MCS-51单片机的串行口适用于多机通信,其帧格式如图6.19所示。

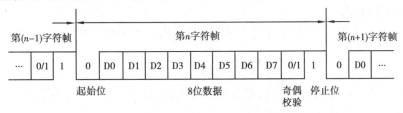

图6.19 方式2下11位数据帧格式

1)数据发送

发送时,先根据通信协议由软件设置TB8,然后用指令将要发送的数据写入SBUF,启动发送器。任何一条"写入SBUF"指令,都可启动一次发送,并把TB8的内容装入发送寄存器的第9位(附加位),使$\overline{SEND}$信号有效,发送开始。在发送过程中,先自动添加一个起始位放入TXD,然后每经过一个TX时钟产生一个移位脉冲,由TXD输出一个数据位。当最后一个数据位(附加位)送完之后,撤销$\overline{SEND}$,并使TI置位,同置置TXD=1为停止位,使TXD输出一个完整的异步通信字符的格式。在发送下一帧信息之前,TI必须由中断服务程序或查询程序清零。

2)数据接收

当REN=1且消除RI后,硬件将自动检测RXD上的信号。若检测到由1至0的跳变,立即启动一次接收。首先,判断是否为一个有效的起始位。对RXD的检测仍是以波特率的16倍速率采样,并在每个时钟周期的中间(第7、8、9计数状态)对RXD连续采样3次,取两次相同的值进行判断。若不是起始位,则此次接收无效,重新检测RXD;若是有效起始位,就在每一个RX时钟周期里接收一位数据。在一帧数据收齐后,若满足RI=0,SM2=0或RI=0,且接收到的第9位数据为1时,接收数据有效,将接收移位寄存器内的8位数据并行装入SBUF,第9位数据置入SCON寄存器的RB8中,同时将RI置1。若不满足上述条件,则丢失已收到的一帧信息,不再恢复,也不置位RI。此后,无论哪种情况都将重新检测RXD的负跳变。

(4)方式3

方式3为波特率可变的11位UART通信方式,除了波特率以外,方式3和方式2完全相同。

注意:串行口工作于方式2和方式3时,与方式1不同之处是,进入RB8的是第9位数据,而不是停止位。接收到的停止位的值与SBUF、RB8或RI是无关的。这一个特点可用于多机通信。

6.1.5 串行口的波特率

在串行通信中,收发双方对传送的数据速率即波特率要有一定的约定。MCS-51单片机的串行口工作于不同的工作方式,其波特率的设置也应有所不同。串行口通过编程可以有4种工作方式,其中,方式0和方式2的波特率是固定的,方式1和方式3的波特率可变,由定时器T1的溢出率决定。下面分别说明。

(1)方式0和方式2

在方式0中,波特率为时钟频率的1/12,即$f_{osc}/12$,固定不变。

在方式 2 中，波特率取决于 PCON 中的 SMOD 值。当 SMOD＝0 时，波特率为 $f_{osc}/64$；当 SMOD＝1 时，波特率为 $f_{osc}/32$。即波特率 $= \dfrac{2^{SMOD}}{64} \times f_{osc}$。

(2)方式 1 和方式 3

在方式 1 和方式 3 下，波特率由定时器 T1 的溢出率和 SMOD 共同决定，即

$$波特率 = \frac{2^{SMOD}}{32} \times T1\ 溢出率$$

其中，T1 的溢出率取决于单片机定时器 T1 的计数速率和定时器的预置值。计数速率与 TMOD 寄存器中的 C/$\overline{T}$ 位有关。当 C/$\overline{T}$＝0 时，计数速率为 $f_{osc}/12$；当 C/$\overline{T}$＝1 时，计数速率为外部输入时钟频率。

实际上，当定时器 T1 作波特率发生器使用时，通常是工作在模式 2，即自动重装载的 8 位定时器，此时 TL1 作计数用，自动重装载的值在 TH1 内。设计数的预置值(初始值)为 X，那么每过 $(256-X)$ 个机器周期，定时器溢出一次。为了避免溢出而产生不必要的中断，此时应禁止 T1 中断。溢出周期为：

$$12 \times (256-X)/f_{osc}$$

溢出率为溢出周期的倒数，所以波特率的计算公式为：

$$波特率 = \frac{2^{SMOD}}{32} \times \frac{f_{osc}}{12 \times (256-X)}$$

表 6.3 列出了各种常用的波特率及获得办法。

表 6.3　定时器 T1 产生的常用波特率

波特率/Bd	f_{osc}/MHz	SMOD	定时器 T1		
			C/$\overline{T}$	方式	初始值
方式 0：1 M	12	×	×	×	×
方式 2：375 k	12	1	×	×	×
方式 1、3：62.5 k	12	1	0	2	FFH
19.2 k	11.059 2	1	0	2	FDH
9.6 k	11.059 2	0	0	2	FDH
4.8 k	11.059 2	0	0	2	FAH
2.4 k	11.059 2	0	0	2	F4H
1.2 k	11.059 2	0	0	2	E8H
137.5 k	11.986	0	0	2	1DH
110 k	6	0	0	2	72H
110 k	12	0	0	1	FEEBH

表 6.3 有两点需要注意：

①在使用的时钟振荡频率为 12 MHz 或 6 MHz 时，表中初值 X 和相应的波特率之间有一定误差。例如，FDH 的对应理论值是 10 416 Bd(时钟振荡频率为 6 MHz 时)，与 9 600 Bd 相

差 816 Bd。通过调整时钟振荡频率 f_{osc} 可消除误差。

②如果串行通信选用很低的波特率,如波特率选为 55 Bd,可将 T1 设置为方式 1 定时,但这种情况下,T1 溢出时需要在中断服务程序中重新装入初值。这样,中断响应时间和执行指令时间会造成波特率产生误差,可用改变初值的方法加以调整。

【例 6.1】选用 T1 作波特率发生器,工作于方式 2,波特率为 2 400 Bd。已知 f_{osc} = 11.059 2 MHz,设波特率控制位 SMOD = 0,不增倍,求计数初值 X。

解:$X = 256 - 2^0 \times 11.059\ 2 \times 10^6 / (384 \times 2\ 400) = 244 = $ F4H。

只要把 F4H 装入 TH1 和 TL1,则 T1 发出的波特率为 2 400 Bd。

上述结果也可以从表 6.3 中查到。

6.2　单片机的双机通信

采用两台 AT89C51 单片机甲和乙进行双机串行通信设计。单片机甲的按键 K1 产生控制码,通过串行口 TXD 端将控制码以方式 1 的方式发送至单片机乙的 RXD 端,乙机再利用该控制码分别实现 LED1 闪烁、LED2 闪烁、LED1 和 LED2 同时闪烁、关闭所有 LED 等功能。本任务将使读者掌握 MCS-51 系列单片机串行通信的基本原理、控制方法及波特率设计等串行口应用知识。

6.2.1　硬件电路与软件程序设计

(1)硬件电路设计

根据单片机双机通信距离、抗干扰性等要求,可以选择直接 TTL 电平传输、RS-232C、RS-422A 等串行接口方法。本设计采用标准 RS-232 接口芯片 MAX232 进行通信,硬件电路如图 6.20 所示。

图 6.20 中,U1 作为发送机(甲机),U2 作为接收机(乙机),两者通过 U3 和 U4(MAX232)进行串行通信。D2、D4 分别代表 LED1 和 LED2,D1、D3 用于在甲机上观察显示状态,D1 和 D3 分别对应 D2 和 D4,K1 为操作按键,通过对它的操作可控制 D1—D4 的状态。

(2)程序设计

要实现双方的通信,还必须编写双方的通信程序。编写程序应遵守双方约定:对于发送方,应知道什么时候发送信息、发送的内容对方是否收到、收到的内容是否错误、要不要重发、怎样通知对方发送结束等;而接收方必须知道对方是否发送了信息、发的是什么、收到的信息是否有错、如果有错怎样通知对方重发、怎样判断结束等。另外,发送和接收双方的数据帧格式、波特率必须一致。

程序设计时,首先需要进行串口初始化,主要任务是设置定时器 1、串口控制和中断控制等。本任务中,两片单片机的串口均工作在方式 1 下,所以甲机程序中设置 SCON = 0x40,乙机程序中设 SCON = 0x50,两者都设为方式 1,但乙机还将 REN 位设为 1 以允许接收。需要说明的是,本例甲机不接收数据,因此两机的 SCON 都设成 0x50 也不影响运行结果;程序中设 TH1 = TL1 = 0xFD(即 253),PCON = 0x00(PCON 的最高位 SMOD = 0,波特率不倍增)。本例中两单片机均使用查询方式,甲机通过循环查询 TI 标志判断是否发送完毕,乙机通过查询 RI

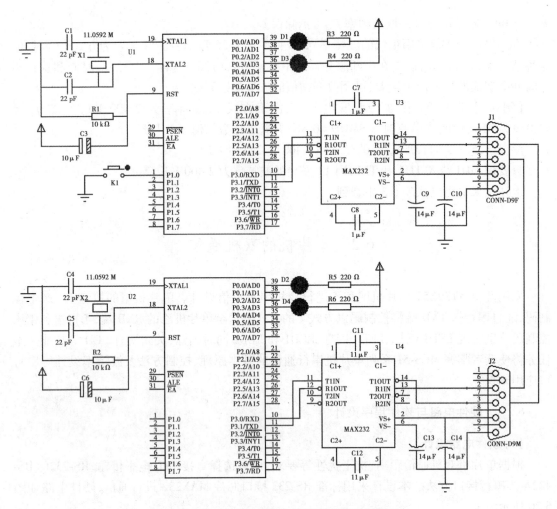

图 6.20　单片机串行口双机通信硬件电路

判断是否接收到数据。每一次收发前都需要通过程序将 TI 和 RI 清零。

本任务程序代码如下：

```
/***********************************************
甲机程序代码
***********************************************
说明:甲机发送控制命令字符"A""B""C",或停止发送,
     乙机根据接收字符完成相应显示。
***********************************************/
#include <reg51.h>
#define uchar unsigned char
#define uint unsigned int
sbit   LED1 = P0^0;
sbit   LED2 = P0^3;
sbit   K1 = P1^0;
// 延时
```

```
void DelayMS ( uint ms)
{
    uchar i;
    while( ms--)    for ( i=0; <120; i++);
}
// 向串口发送字符
void Putc_to_SerialPort( uchar c)
{
    SBUF = c;
    while ( TI = = 0);
    TI = 0;
}
//主程序
void main( )
{
    uchar Operation_No = 0;
    SCON = 0x40;　// 串口模式 1
    TMOD = 0x20;　// T1 工作模式 2
    PCON = 0x00;　// 波特率不倍增
    TH1 = 0xfd;
    TL1 = 0xfd;
    TI = 0;
    TR1 = 1;　　　　 // 启动 T1
    while (1)
    {
        if  (K1 = = 0)　　　　 // 按下 K1 时选择操作代码 0,1,2,3
        {
        while (K1 = = 0);
        Operation_No = (Operation_No+1) %4;
        }
        switch (Operation_No)　　　 // 根据操作代码发送 A/B/C 或停止发送
        {
            case 0: LED1 = LED2 = 1;
                break;
            case 1: Putc_to_SerialPort( 'A');
                LED1 = ~LED1; LED2 = 1;
                break;
            case 2: Putc_to_SerialPort( 'B');
                LED2 = ~LED2; LED1 = 1;
                break;
            case 3: Putc_to_SerialPort( 'C');
                LED1 = ~LED1; LED2 = LED1;
```

```
                        break;
                }
            DelayMS (100);
        }
}


/* * * * * * * * * * * * * * * * * * * * * * * * * * * * * * *
乙机程序代码
  * * * * * * * * * * * * * * * * * * * * * * * * * * * * * *
说明:乙机接收到甲机发送的信号后,根据相应信号控制 LED1 闪烁、LED2 闪烁、
    双闪烁、或停止闪烁。
  * * * * * * * * * * * * * * * * * * * * * * * * * * * * * * */
#include<reg51.h>
#define uchar unsigned char
#define uint unsigned int
sbit LED1 = P0^0;
sbit LED2 = P0^3;
// 延时
void DelayMS (uint ms)
{
    uchar i;
    while (ms--)   for (i=0; i<120; i++);
}
// 主程序
void main ()
{
    SCON = 0x50;   //串口模式 1,允许接收
    TMOD = 0x20;   //T1 工作模式 2
    PCON = 0x00;   //波特率不倍增
    TH1 = 0xfd;    //波特率 9600
    TL1 = 0xfd;
    RI = 0;
    TR1 = 1;
    LED1 = LED2 = 1;
    while(1)
{
    if  (RI)  // 如收到则 LED 闪烁
    {
        RI=0;
        switch(SBUF)//根据所收到的不同命令字符完成不同动作
        {
            case  'A':  LED1 = ~LED1; LED2 = 1;      // LED1 闪烁
```

```
                break;
        case  'B'：  LED2 = ~LED2；LED1 = 1；          // LED2 闪烁
                break；
        case  'C'：  LED1 = ~LED1；LED2 = LED1；  // 双闪烁
        }
    }
    else   LED1 = LED2 =1；      // 关闭 LED
    DelayMS（100）；
    }
}
```

6.2.2　调试与仿真运行

上述甲机(数据发送)和乙机(数据接收)源程序代码经过 Keil 软件编译,生成相应的 .hex 文件,分别对应为"甲机. hex"和"乙机.hex"。在 Proteus ISIS 中打开绘制的电路原理图, 对单片机 U1 载入"甲机.hex",单片机 U2 载入"乙机.hex"。启动仿真,操作按键开关 K1,即 可观察到本任务仿真效果,如图 6.21 所示。

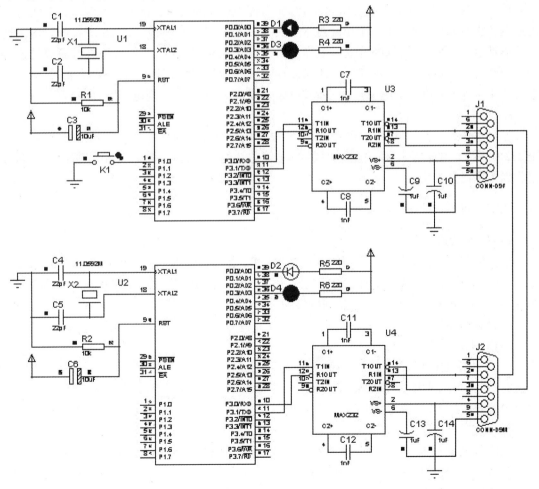

图 6.21　甲-乙单片机串行通信仿真

209

6.3 单片机与 PC 机串行通信

在数据处理和过程控制应用领域,往往需要一台 PC 机来管理一台或若干台以单片机为核心的智能测量控制装置,即实现 PC 机和单片机之间的通信。本任务介绍 PC 机和单片机之间的通信接口设计和软件编程。

6.3.1 任务与计划

使用 PC 机通过串行口实现与 AT89C51 单片机之间的通信,实现的功能为:

①单片机接收 PC 机发来的数字串,并逐个显示在数码管上。为了显示接收到的数据,在单片机的 P0 口连接数码管。

②当按下单片机系统的按键时,会有一串中文字符由单片机串口发送给 PC 机,并显示在接收窗口。

在 PC 机系统内都装有异步通信适配器,利用它可以实现异步串行通信。该适配器的核心元件是可编程的 Intel 8250 芯片,它使 PC 机有能力与其他具有标准的 RS-232C 接口的计算机或设备进行通信。而 MCS-51 单片机本身具有一个全双工的串行口,因此只要配以电平转换的驱动电路、隔离电路就可组成一个简单可行的通信接口。PC 机和单片机最简单的连接是三线经济型。这是进行全双工通信所必需的最简线路。因为 MCS-51 单片机输入、输出电平为 TTL 电平,而 PC 机配置的是 RS-232C 标准接口,二者的电气规范不同,所以要加电平转换电路。

通过本任务的学习,可了解单片机和 PC 之间的串行通信硬件连接方法,掌握 TTL 电平和 RS232 电平之间的转换技术,熟悉电平转换集成芯片的使用,进一步学习串行通信协议和数据收发程序设计方法。

6.3.2 硬件电路与软件程序设计

(1)硬件电路设计

单片机与 PC 之间串行通信硬件电路如图 6.22 所示。两者采用三线制通信方式,PC 机作为主机,单片机作为从机控制数码管的显示,操作 K1 向 PC 机发送字符串。使用 MAX232 芯片实现 TTL 电平和 RS232 电平之间的转换。

(2)程序设计

1)PC 机控制程序

PC 主机的通信程序可以采用 Turbo C、VC、VB、Delphi 等高级语言编写,也可以直接借助于现有的"串口调试助手"应用软件完成。用户要由 PC 机向单片机发送数据,只要把波特率参数设置好就行了,不需自己编程。

2)单片机串口通信程序

使用 Keil 软件建立"receive"工程项目,建立源程序文件"receive.c",输入如下源程序:

```
/*****************************************************
```
单片机程序代码

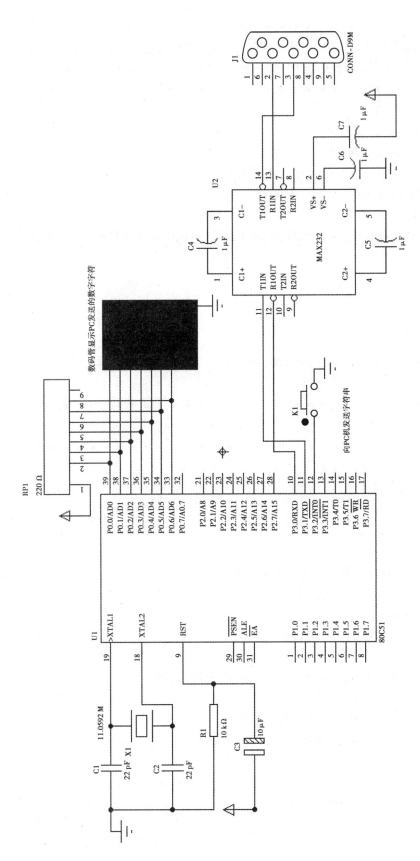

图6.22　单片机与PC之间串行通信硬件电路

```
* * * * * * * * * * * * * * * * * * * * * * * * * * * * * * * * * *
    说明:单片机接收 PC 机的串口调试软件所发送的数字,逐个显示在数码管上;
        当操作 K1 时,单片机串口会有一串中文字符串发送给串口调试助手。
    * * * * * * * * * * * * * * * * * * * * * * * * * * * * * * * * */
#include < reg51.h >
#define uchar unsigned char
#define uint unsigned int
uchar Receive_Buffer[101];   // 接收缓冲
uchar Buf_Index = 0;   // 缓存空间
//数码管编码
uchar code Dsy_code[ ] = { 0x3F,0x06,0x5B,0x4F,0x66,0x6D,0x7D,0x07,0x7F,0x6F,
0x00 };
// 延时
void Delay (uint x)
{
    uchar i;
    while (--x)   for (i = 0; i < 120; i++);
}
// * * * * * * * * * * * * * * * * * * * * * * * * * * * * * * * * * *
// 主程序
// * * * * * * * * * * * * * * * * * * * * * * * * * * * * * * * * * *
void main( )
{
    uchar i;
    P0 = 0x00;
    Receive_Buffer[0] = -1;
    SCON = 0x50;   //串口模式 1,允许接收
    TMOD = 0x20;   //T1 方式 2
    PCON = 0x00;
    TH1 = TL1 = 0xFD;   //波特率=9600
    EA = 1;
    EX0 = 1;   IT0 = 1;   //允许外部中断 0,下降沿触发
    ES = 1;   //允许串口中断
    IP = 0x01;   //外部中断 0 为高优先级
    TR1 = 1;     //启动定时器
    while(1)
    {
        for (i = 0; i < 100; i++)
        {
```

```
            if ( Receive_Buffer[ i ] = = -1 )break；  //有 -1 结束显示
            P0 = Dsy_code[ Receive_Buffer [ i ] ]；
            Delay( 200 )；
        }
        Delay( 200 )；
    }
}
```

```
// * * * * * * * * * * * * * * * * * * * * * * * * * * * * * * * *
// 接收中断函数
// * * * * * * * * * * * * * * * * * * * * * * * * * * * * * * * *
void Serial_INT( ) interrupt 4
{
    uchar c；
    if ( RI = = 0)   return；
    ES = 0；  //关闭串口中断
    RI = 0；  //清除接收标志位
    c = SBUF；  //读字符
    if ( c > = '0' && c< = '9' )
    {
        //接收每个字符后存放 -1 为结束标志
        Receive_Buffer [ Buf_Index ] = c - '0'；
        Receive_Buffer [ Buf_Index +1 ] = -1；
        Buf_Index = ( Buf_Index + 1 )% 100；
    }
    ES =1；  //允许串口中断
}
```

```
// * * * * * * * * * * * * * * * * * * * * * * * * * * * * * * * *
// 外部中断 0
// * * * * * * * * * * * * * * * * * * * * * * * * * * * * * * * *
void EX_INT0( )interrupt 0
{
    uchar*s = "单片机发送的字符串！\r\n"；
    uchar i = 0；
    while ( s[ i ] ! = '\0' )
    {
        SBUF = s[ i ]；
        while ( TI = = 0)；
        TI = 0；
        i++；
    }
}
```

6.3.3　调试与仿真运行

Proteus 的 COMPIM 组件是一种串行接口组件，当由 CPU 或 UART 软件生成的数字信号出现在 PC 机的物理 COM 端口时，它能缓冲所接收的数据，并将它们以数字信号的形式发送给 Proteus 仿真电路。如果不希望使用物理串口而使用虚拟串口，使"串口调试助手"软件能与 Proteus 单片机串口直接交互，这时需要安装虚拟串口驱动软件 Virtual Serial Port Driver。

本系统中，单片机接收 PC 机的串口调试软件所发送的数字，并将其逐个显示在数码管上。当操作 K1 时，单片机串口会有一串中文字符串（如："单片机发送的字符串！"）发送给串口调试助手，显示在软件接收窗口中。仿真效果如图 6.23 所示，串口调试助手运行效果如图 6.24 所示。

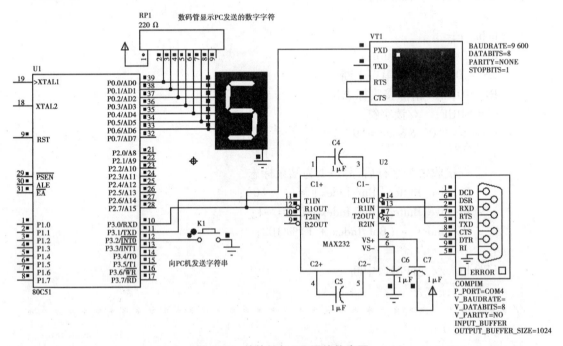

图 6.23　单片机与 PC 通信仿真图

本设计要实现的是单片机与 PC 机之间的串行通信，实际仿真时是 Proteus 中的单片机仿真系统与 PC 机通过串口进行的通信，而串口有虚拟和物理两种，因此本例可以有多种调试方法。

①利用两台 PC 机。Proteus 仿真系统安装在 PC1，串口调试软件安装在 PC2，然后使用交叉串口线连接 PC1 和 PC2，将两者的串行端口属性参数设置为一致。

②Proteus 仿真系统和串口调试软件同时安装在一台 PC 上。PC 有两个物理串口，两者分别占用一个端口，然后使用交叉串口线连接两个端口，并将两个串行端口的属性参数设置为一致。

③采用虚拟串口。使用虚拟串口驱动软件 Virtual Serial Port Driver(VSPD)虚拟两个串行端口，如 COM4、COM5，并虚拟配对连接，如图 6.25 所示。将 COM4 分配给 COMPIM，COM5 分配给"串口调试助手"，运行同一台 PC 中的"串口调试助手"软件和 Proteus 的单片机仿真系统，即可实现两者之间的通信了，与物理连接方式相同。如果打开 PC 机的设备管理器，会在端口下发现多了两个串口，显示窗口如图 6.26 所示。

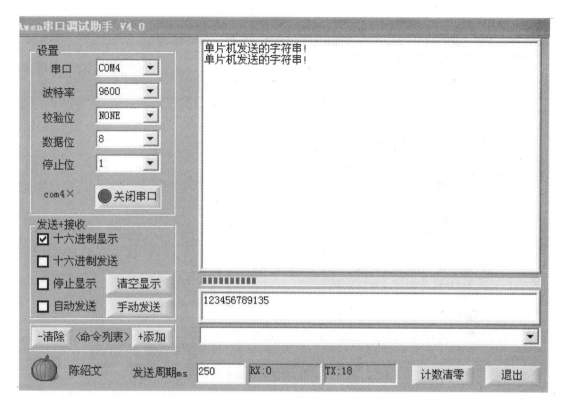

图 6.24　串口调试助手

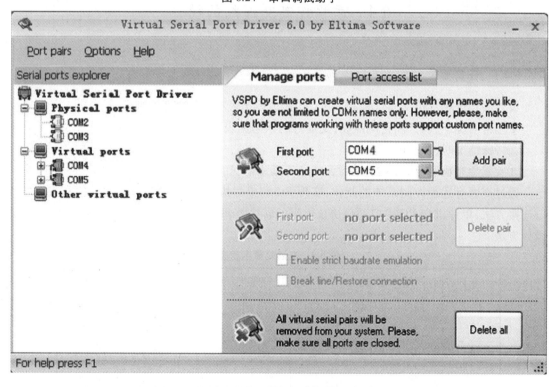

图 6.25　虚拟串口驱动软件窗口

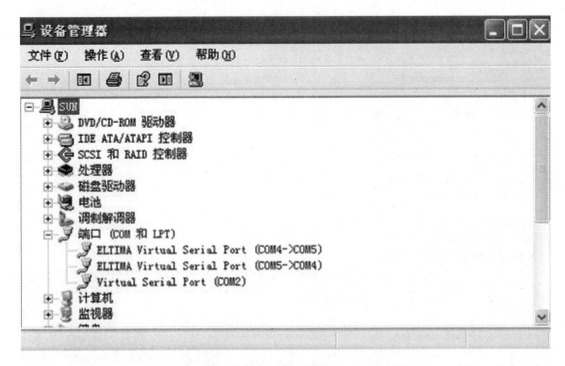

图 6.26　PC 设备管理器窗口

6.4　远程控制交通灯的设计

6.4.1　任务要求

设计并实现单片机交通灯控制系统，实现以下情况下的交通灯控制。

①正常情况下，双方向轮流点亮，交通灯的状态见表 6.4。

②特殊情况时，A 道运行。

③有紧急车辆通行时，A、B 道均为红灯。紧急情况的优先级高于特殊情况。

通过交通灯远程控制系统的制作，实现 PC 和单片机之间的通信，学习单片机和 PC 的串口连接方法，单片机和 PC 串口通信协议电平的转换技术，以及单片机和 PC 端数据收发程序设计方法。

表 6.4　交通灯显示状态

东西方向（简称 A 方向）			南北方向（简称 B 方向）			状态说明
红灯	黄灯	绿灯	红灯	黄灯	绿灯	
灭	灭	亮	亮	灭	灭	A 方向通行，B 方向禁行
灭	灭	闪烁	亮	灭	灭	A 方向警告，B 方向禁行
灭	亮	灭	亮	灭	灭	A 方向警告，B 方向禁行

续表

东西方向(简称 A 方向)			南北方向(简称 B 方向)			状态说明
红灯	黄灯	绿灯	红灯	黄灯	绿灯	
亮	灭	灭	灭	灭	亮	A 方向禁行,B 方向通行
亮	灭	灭	灭	灭	闪烁	A 方向禁行,B 方向警告
亮	灭	灭	灭	亮	灭	A 方向禁行,B 方向警告

本任务实现用 PC 作为控制主机、单片机控制信号灯为从机的远程控制系统。主、从机双方除了要有统一的数据格式、波特率外,还要约定一些握手应答信号,即通信协议,见表 6.5。

表 6.5 交通灯控制系统 PC 与单片机通信协议

主机(PC)		从机(单片机)	
发送命令	接收应答信息	接收命令	回发应答信息
01H	01H	01 H	01H
命令含义:紧急情况,要求所有方向均为红灯,直到解除命令			
02H	02H	02H	02H
命令含义:解除命令,恢复正常交通指示灯状态			

协议说明:

①通过 PC 键盘输入 01H 命令,发送给单片机;单片机收到 PC 发来的命令后,进入紧急情况状态,将两个方向的交通指示灯都变为红灯,再发送 01 作为应答信号,PC 收到应答信号并在屏幕上显示出来。

②通过 PC 键盘输入 02H 命令,发送给单片机;单片机收到 PC 发来的命令后,恢复正常交通灯指示状态,并回送 02H 作为应答信号,PC 屏幕上显示 02H。

③设置主、从机的波特率为 2 400 Bd;帧格式为 10 位,包括 1 位起始位、8 位数据位、1 位停止位,无校验位。

6.4.2 电路及元器件

本任务涉及定时控制东、南、西、北 4 个方向上的 12 盏交通信号灯,且出现特殊和紧急情况时能及时调整交通灯指示状态。

采用 12 个 LED 发光二极管模拟红、黄、绿交通灯,用单片机的 P1 口控制发光二极管的亮灭状态;而单片机的 P1 口只有 8 个控制端,如何控制 12 个二极管的亮灭呢?

观察表 6.4 不难发现,在不考虑左转弯行驶车辆的情况下,东、西两个方向的信号灯显示状态是一样的。所以,对应两个方向上的 6 个发光二极管只用 P1 口的 3 根 I/O 端口线控制即可。同样道理,南、北方向上的 6 个发光二极管可用 P1 口的另外 3 根 I/O 端口线控制。当 I/O 端口线输出高电平时,对应的交通灯灭;反之,当 I/O 端口线输出低电平时,对应的交通灯亮。各控制端口线的分配及控制状态见表 6.6。

表 6.6　交通灯控制端口线分配及控制状态

P1.7 无关	P1.6 无关	P1.5 A 红灯	P1.4 A 黄灯	P1.3 A 绿灯	P1.2 B 红灯	P1.1 B 黄灯	P1.0 B 绿灯	P1 端口数据	状态说明
0	0	0	0	1	1	0	0	0CH	状态 1:A 通行,B 禁行
0	0	0	0	0、1 交替	1	0	0	04H 或 0CH	状态 2:A 绿灯闪,B 禁行
0	0	0	1	0	1	0	0	14H	状态 3:A 警告,B 禁行
0	0	1	0	0	0	0	1	21H	状态 4:A 禁行,B 通行
0	0	1	0	0	0	0	0、1 交替	20H 或 21H	状态 5:A 禁行,B 绿灯闪
0	0	1	0	0	0	1	0	22H	状态 6:A 禁行,B 警告

按键模拟紧急情况和特殊情况的发生,S1、S2 为高电平时(不按按键时)表示正常情况,S1 为低电平时表示紧急情况,S1 信号接至 INT0* 引脚,即可实现外部中断 0 的中断申请。S2 为低电平时表示特殊情况,S2 信号接至 INT1* 引脚,即可实现外部中断 1 的中断申请。为了保证数码管的亮度,必须保证输入电流的大小,因此,选用反相器作为位驱动放大器。

根据以上分析,采用如图 6.27 所示的电路连接方法。

考虑到可能有紧急情况发生,在单片机的 INT0 引脚连接按键,当按键按下时让 A、B 两个方向都是红灯。

根据电路图,交通灯控制电路元器件清单见表 6.7。

表 6.7　交通灯控制电路元器件清单

元器件名称	参　数	数　量	元器件名称	参　数	数　量
IC 插座	DIP40	1	电阻	10 kΩ	3
单片机	89C51	1	电解电容	22 μF	1
晶体管振荡	12 MHz	1	弹性按键		3
瓷片电容	30 pF	2	电阻	300 Ω	12
发光二极管		12	PNP 三极管		4
IC 插座	DIP16	1	电平转换芯片	MAX232	1

6.4.3　程序设计

(1)程序设计流程图

根据表 6.6 可以画出各个函数流程,如图 6.27—图 6.29 所示。

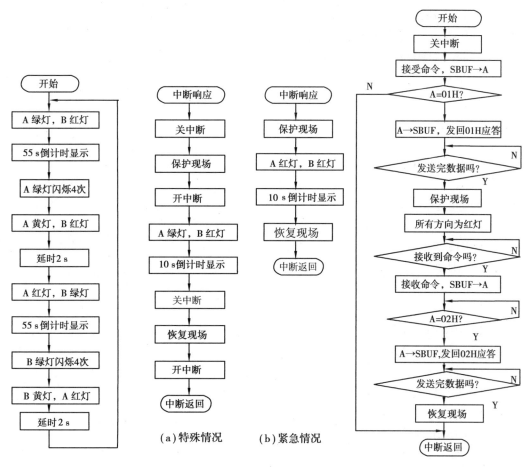

图 6.27　正常情况程序流程　　　图 6.28　中断情况下交通状态流程　　　图 6.29　通信程序流程

（2）源程序

```c
#include <reg51.h>
    #define uchar unsigned char
    #define uint unsigned int
    uchar led[ ] = {0x3F,0x06,0x5B,0x4F,0x66,0x6D,0x7D,0x07,0x7F,0x6F};
    uchar DispX[ ] = {0x04,0x0c,0x04,0x0c,0x14,0x20,0x21,0x20,0x21,0x22};
    void AFangXing(void);            //函数声明
    void ShanShuo(uchar *PTR);
    void JingGao(uchar *PTR);
    void BFangXing(void);
    void delay_5ms(void)//5ms 定时
    {
        uchar i;
        for(i=0;i<5;i++)            //T0 方式 1,定时 1 ms,循环 5 次即实现 5 ms 定时
    {
        TH0 = 0xfc;
```

```
            TL0 = 0x18;
            TR0 = 1;        // T/C0 开始工作
            while( ! TF0);
            TF0 = 0;
        }
    }


    void int_0( )interrupt 0
    {
        uint i,x,y,l,m;
        EA = 0;        //关中断
        i = P1;
        l = TH1;
        m = TL1;
        EA = 1;
        P1 = 0x24;
        for( x = 10;x>0;x--)
    {
        for( y = 100;y>0;y--)
        {
        P2 = 0x01;
        P0 = led[ x%10];
        delay_5ms( );
        P2 = 0x02;
        P0 = led[ x/10];//紧急情况倒计时
        delay_5ms( );
        }
    }
        EA = 0;
        P1 = i;
        TH1 = l;
        TL1 = m;
        EA = 1;
    }
    void int_1( )interrupt 2 //特殊情况中断
    {
        uint i,l,m,x,y;
        EA = 0;//关中断
        i = P1;
```

```
        l = TH1;
        m = TL1;
        EA = 1;
        P1 = 0x21;
        for( x = 10 ; x>0 ; x-- )
        {
        for( y = 100 ; y>0 ; y-- )
    {
        P2 = 0x01;
        P0 = led[ x%10 ];
        delay_5ms( );
        P2 = 0x02;
        P0 = led[ x/10 ];//特殊情况倒计时
        delay_5ms( );
            }
    }
        EA = 0;
        P1 = i;
        TH1 = l;
        TL1 = m;
        EA = 1;
    }
    void main ( )   //主函数
    {
        uchar *PTR = &DispX;
        TMOD = 0x21;      //工作方式寄存器 TMOD 用于选择定时器/计数器的工作模式和工
作方式
        TH1 = 0xf4;       //由波特率为 2 400 kBd,晶体频率为 11.059 2 MHz,可知定时器 T1
的初值,T1 采用方式 2,8 位初值自动重装入
        TL1 = 0xf4;
        TR0 = 1;
        TR1 = 1;
        SCON = 0x50;      //SCON 为串行口控制寄存器,采用方式 1,允许串行接收
        PCON = 0x00;      //设置波特率 SMOD
        IE = 0x95;        //IE 为中断允许寄存器,允许串行口中断,允许外部中断 1 中断,
允许外部中断 0 中断
        IP = 0x11;        //串行口中断、外部中断 0 设定为高优先级中断
        IT0 = 1;          //外部中断 0 的中断请求信号为边沿触发(下降沿有效)
        IT1 = 1;          //外部中断 1 的中断请求信号为边沿触发(下降沿有效)
```

```
        while(1){
            AFangXing();    //A 道绿灯,B 道红灯(计时 55 s)
            ShanShuo(PTR);  //A 绿灯闪烁 4 次(2 s),B 道红灯
            ShanShuo(++PTR);
            ShanShuo(++PTR);
            ShanShuo(++PTR);
            JingGao(++PTR);  //A 道黄灯(2 s),B 道红灯
            BFangXing();    //B 道绿灯,A 道红灯(计时 55 s)
            ShanShuo(++PTR);  //B 绿灯闪烁 4 次(2 s),A 道红灯
            ShanShuo(++PTR);
            ShanShuo(++PTR);
            ShanShuo(++PTR);
            JingGao(++PTR);  //B 道黄灯(2 s),A 道红灯
            PTR=&DispX;     //重新给 PTR 指针赋值,开始新的一轮
        }
    }
    void AFangXing(void)     //A 向通行函数
    {
    uchar i,j;
    P1=0x0c;  //A 道绿灯,B 道红灯
    for(i=55;i>0;i--)
        {
            for(j=50;j>0;j--)
            {
            P2=0x01;
            P0=led[i%10];//显示 A 方向秒个位
            delay_5ms();
            P2=0x02;
            P0=led[i/10];//显示 A 方向秒十位
            delay_5ms();
            P2=0x04;
            P0=led[(i)%10];//显示 B 方向秒个位
            delay_5ms();
            P2=0x08;
            P0=led[(i)/10];//显示 B 方向秒十位
            delay_5ms();
                }
        }
    }
```

```
void ShanShuo(uchar *PTR)    //绿灯闪烁函数
{
    uchar i,j;
    for(i=1;i>0;i--)
    {
        P1 = *PTR;
        for(j=25;j>0;j--)
        {
        P2=0x01;
        P0=led[i%10];//显示 A 方向秒个位
        delay_5ms();
        P2=0x02;
        P0=led[i/10];//显示 A 方向秒十位
        delay_5ms();
        P2=0x04;
        P0=led[i%10];//显示 B 方向个位
        delay_5ms();
        P2=0x08;
        P0=led[i/10];//显示 B 方向十位
        delay_5ms();
        }
    }
}
void JingGao(uchar *PTR)    //黄灯警告函数
{
    uchar i,j;
    P1 = *PTR;
    for(i=2;i>0;i--)
    {
        for(j=50;j>0;j--)
        {
        P2=0x01;
        P0=led[i%10];//显示 A 方向秒个位
        delay_5ms();
        P2=0x02;
        P0=led[i/10];//显示 A 方向秒十位
        delay_5ms();
        P2=0x04;
            P0=led[i%10];//显示 B 方向个位
```

```
                delay_5ms();
                P2=0x08;
                P0=led[i/10];//显示 B 方向十位
                delay_5ms();
                }
           }
    }
void BFangXing(void)          //B 向通行函数
    {
      uchar i,j;
      P1=0x21;//A 道红灯,B 道绿灯
      for(i=55;i>0;i--)
        {
          for(j=50;j>0;j--)
            {
          P2=0x01;
          P0=led[(i)%10];//显示 A 方向秒个位
          delay_5ms();
          P2=0x02;
          P0=led[(i)/10];//显示 A 方向秒十位
          delay_5ms();
          P2=0x04;
          P0=led[i%10];//显示 B 方向个位
          delay_5ms();
          P2=0x08;
          P0=led[i/10];//显示 B 方向秒十位
          delay_5ms();
            }
          }
    }
void serial()interrupt  4  // PC 机控制程序
    {
      uchar i ;
      EA=0;
        if(RI==1)
          {
             RI=0;
        if(SBUF==0x01)
            {
```

```
            SBUF = 0x01;
            while(! TI);
            TI = 0;
            i = P1;

            P1 = 0x24;
            while(SBUF! = 0x02)
              {
              while(! RI);
              RI = 0;
              }
            SBUF = 0x02;
            while(!TI);
            TI = 0;
            P1 = i;
            EA = 1;
            }
            else
            {
            EA = 1;
          }
        }
      }
    }
```

　　程序说明:该交通灯设计使用了函数,使程序结构清晰;定义了数组和指针,用指针访问数组使程序简练易读。倒计时显示用了 for 循环动态刷新,LED 数码管是共阴极,但由于位选加了反向驱动,所以 P2.0—P2.3 某位为 1 时该位被选中点亮。

　　利用外部中断 0(P3.2)和外部中断 1(P3.3)增加了现场紧急情况和特殊情况处理,按下紧急情况键则定时 10 s 双向红灯;按下特殊情况键则定时 10 s B 绿灯 A 红灯;定时到则返回原来的状态。紧急情况的优先级高于特殊情况。

　　PC 机通过串行口对单片机进行控制如下:

　　①通过 PC 键盘输入 01H 命令发送给单片机,单片机则控制交通灯进入紧急情况状态,将两个方向的交通指示灯都变为红灯,再发送 01 作为应答信号,PC 收到应答信号并在屏幕上显示出来。

　　②通过 PC 键盘输入 02H 命令发送给单片机,单片机收到 PC 发来的命令后恢复正常交通灯指示状态,并回送 02H 作为应答信号,PC 屏幕上显示 02H。

6.4.4　Proteus 仿真运行

仿真图如图 6.30 所示,使用的是共阴极的 LED 数码管。

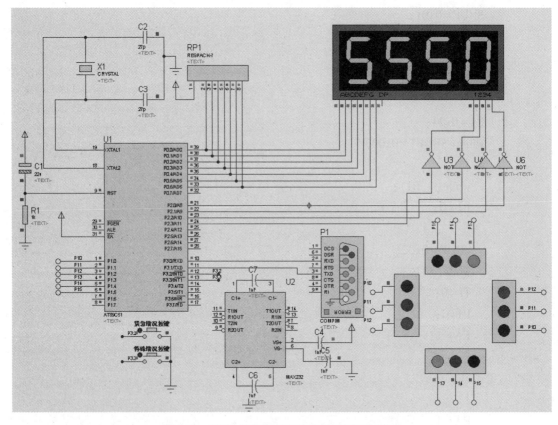

图 6.30   PC 机与单片机远程控制交通灯电路图

（1）Proteus **仿真说明**

由于在仿真时 MAX232 没有信号,故直接把 9 针的串口终端和单片机的 P3.0,P3.1 相连,P3.0(RXD)接到终端的 2(RXD)引脚,P3.1 相连, P3.1(TXD)接到终端的 3(TXD)引脚即可。

Proteus 的 COMPIM 组件是一种串行接口组件,当由 CPU 或 UART 软件生成的数字信号出现在 PC 的物理 COM 端口时,它能缓冲所接收的数据,并将它们以数字信号的形式发送给 Proteus 仿真电路。如果不希望使用物理串口而使用虚拟串口,实现"串口调试助手"软件与 Proteus 单片机串口直接交互,这就需要安装虚拟串口驱动软件。

（2）**调试方法**

①Proteus 仿真系统和串口调试软件同时安装在一台 PC 上。PC 有两个物理串口,两者分别占用一个端口,然后使用交叉串口线连接两个端口,并将两个串行端口的属性参数设置为一致。

②采用虚拟串口。使用虚拟串口驱动软件 Virtual Serial Port Driver(VSPD)虚拟两个串行端口,如 COM2、COM3,并虚拟配对连接。将 COM3 分配给 COMPIM,COM2 分配给"串口调试助手",运行同一台 PC 中的"串口调试助手"软件和 Proteus 的单片机的仿真系统,即可实现两者之间的通信,与物理连接方式一样。其设置如图 6.31 所示。

在此,使用第 2 种调试方式,设置波特率参数如图 6.32 所示。

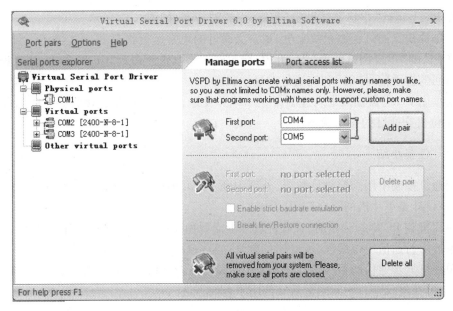

图 6.31　虚拟串口驱动软件设置

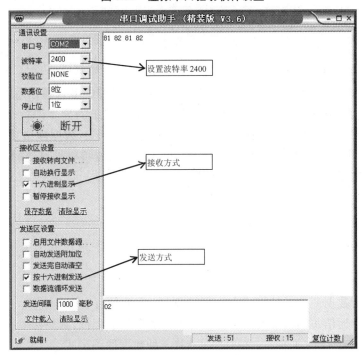

图 6.32　设置波特率参数

　　程序经 Keil 软件编译通过后,将编译好的程序"YCJTD.hex"加载到 AT89C51 单片机中,然后再将单片机仿真系统的 COMPIM 与"串口调试助手"的端口参数设置一致,进行运行测试。通过"串口调试助手"给单片机发送数据。

(3)调试并运行程序

　　将安装有"串口调试助手"应用程序的 PC 与单片机从机的通信线路连接好,然后进行以下测试:

227

①在 PC 上运行"串口调试助手"程序,设置波特率,如图 6.32 所示。

②给单片机交通灯控制系统上电,观察交通灯的正常运行状态。

③在 PC 的"串口调试助手"中,用 PC 键盘输入十六进制命令"01"并发送,注意观察是否接收到返回的握手信号"01"和交通灯的显示状态。

④继续用 PC 键盘输入十六进制命令"02"并发送,注意观察是否接收到返回的握手信号"02"和下位机交通灯的显示状态。

6.4.5　任务小结

①交通灯控制中用到定时计数器、外部中断 INT0、INT1、LED 动态显示和串行通信的知识,因此该设计是单片机的综合应用。

②单片机和 PC 串行通信时,在硬件设计上需要熟悉端口电平转换芯片的使用,在软件设计上要掌握串行通信协议编程,端口的参数设置要一致。

③单片机异步通信的程序设计通常采用两种方法:查询法和中断法。本设计任务采用的是中断法,但在进入串口中断函数后又使用了查询方法。

总结与思考

本项目结合单片机的双机通信、单片机与 PC 串行通信、简易交通灯的设计等任务,主要介绍了串行通信协议、单片机串行口结构与编程以及 RS-232C 串行通信总线标准和接口设计。重点介绍了系列单片机串行口结构,该串口是一个全双工的异步串行通信 I/O 口,有四种工作方式:方式 0、1、2、3。其波特率和帧格式可以编程设定。数据帧格式有 10 位、11 位。方式 0 和方式 2 的传送波特率是固定的,方式 1 和方式 3 的波特率是可变的,由定时器 T1 的溢出率决定,最终完成远程控制交通灯的设计。

习题 6

6.1　填空题

(1)异步串行数据通信的帧格式由(　　)位、(　　)位、(　　)位和(　　)位组成。若串行异步通信每帧为 11 位,串行口每秒传送 250 个字符,则波特率应为(　　)。

(2)串行通信有(　　)、(　　)和(　　)共 3 种数据通路形式。

(3)串行接口电路的主要功能是(　　)化和(　　)化,把帧中格式信息滤除而保留数据位的操作是(　　)化。

(4)串行异步通信,传送速率为 2 400 b/s,每帧包含 1 个起始位、7 个数据位、1 个奇偶校验位和 1 个停止位,则每秒传送字符数为(　　)。

(5)80C51 串行口使用定时器 1 作波特率发生器时,应定义为工作方式 2,即(　　)方式。假定晶振频率为 12 MHz,则可设定的波特率范围是(　　)~(　　)。

(6)在 80C51 串行通信中,方式(　　)和方式(　　)的波特率是固定的,波特率大小只与( )频率有关。而方式( )和方式( )的波特率是可变或可设置的,波特率大小与定时器( )的( )率有关。

6.2 单项选择题

(1)下列特点中,不是串行数据传送所具有的特点是( )。

A.速度快 B.成本低

C.传送线路简单 D.适用于长距离通信

(2)在下列有关串行同步通信与异步通信的比较中,错误的是( )。

A.它们采用相同的数据传输方式,但采用不同的数据传输格式

B.它们采用相同的数据传输格式,但采用不同的数据传输方式

C.同步方式适用于大批量数据传输,而异步方式则适用于小批量数据传输

D.同步方式对通信双方同步的要求高,实现难度大,而异步方式的要求则相对较低

(3)调制解调器的功能是( )。

A.数字信号与模拟信号的转换 B.电平信号与频率信号的转换

C.串行数据与并行数据的转换 D.基带传输方式与频带传输方式的转换

(4)帧格式为1个起始位、8个数据位和1个停止位的异步串行通信方式是( )。

A.方式 0 B.方式 1 C.方式 2 D.方式 3

(5)通过串行口发送或接收数据时,在程序中应使用( )。

A.MOV 指令 B.MOVX 指令 C.MOVC 指令 D.SWAP 指令

(6)以下有关第9数据位的说明中,错误的是( )。

A.第9数据位的功能可由用户定义

B.发送数据的第9数据位内容在 SCON 寄存器的 TB8 位中预先准备好

C.帧发送时使用指令把 TB8 位的状态送入发送 SBUF 中

D.接收到的第9数据位送 SCON 寄存器的 RB8 中保存

(7)下列有关串行通信的说明中,错误的是( )。

A.80C51 串行口只有异步方式而无同步方式,因此,只能进行串行异步通信

B.80C51 串行口发送和接收使用同一个数据缓冲寄存器 SBUF

C.双机通信时要求两机的波特率相同

D.偶校验是指给校验位写入一个 0 或 1,使得数据位和校验位中 1 的个数为偶数

项目 **7**

单片机人机交互

本章导读

◆ 了解独立按键和矩阵键盘的应用。

◆ 掌握矩阵键盘的结构和编程。

◆ 了解串行 LED 动态显示驱动芯片编程应用。

7.1 认识按键

7.1.1 键盘工作原理

在单片机应用系统中,键盘是十分重要的人机对话组成部分,是人向单片机发出指令、输入信息的必需设备。

(1)开关的分类

按照结构原理,按键可分为两类,一类是触点式按键开关,如机械式开关、导电橡胶式开关等;另一类是无触点式按键开关,如电气式按键、磁感应按键等。前者造价低,后者寿命长。单片机应用系统中最常见的是触点式按键开关。开关外形如图 7.1 所示。

图 7.1 开关外形

按编码方式,按键可分为编码键盘和非编码键盘。编码键盘主要是用硬件电路来实现对键的识别,键盘上闭合键的识别由专用的硬件编码器实现,并产生键编码或键值,如 BCD 码键盘、ASCII 码键盘等。非编码键盘主要是由软件来实现键盘的定义与识别。

全编码键盘能够由硬件逻辑自动提供与键对应的编码,此外,一般还具有去抖动和多键、窜键保护电路。这种键盘使用方便,但需要较多的硬件,价格较贵,一般在 PC 机上用。非编码键盘只简单地提供行和列的矩阵,其他工作均由软件完成,经济实用。

在单片机应用系统中,用得最多的是非编码键盘。非编码键盘按连接方式又分为独立连接式按键与矩阵连接式按键。下面将重点介绍非编码键盘。

(2)键输入原理

在单片机应用系统中,除了复位按键有专门的复位电路及专一的复位功能外,其他按键都是以开关状态来设置控制功能或输入数据。当所设定的功能键或数字键按下时,单片机应用系统应完成该按键所设定的功能。键信息输入是与软件结构密切相关的过程。

对于一个或一组键,总有接口电路与单片机相连。通过查询方式或中断方式可以了解有无键输入,并检查是哪一个键按下,将该键号送入累加器 ACC,然后通过跳转指令转入执行该键的功能程序,执行完后再返回主程序。

(3)键盘与单片机接口需解决的问题

1)键盘开关状态的可靠输入

单片机应用系统通常使用触点式按键开关,其主要功能是把机械上的通断转换成为电气上的连接关系。触点式按键按下或释放时,由于机械弹性作用的影响,触点通常伴随有一定时间的机械抖动,从而使输入单片机的电压信号也出现抖动,其抖动过程如图 7.2(a)所示。抖动时间的长短与开关的机械特性有关,一般为 5~10 ms。

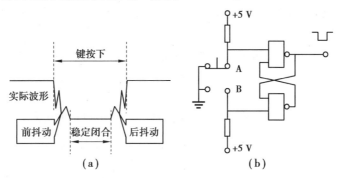

图 7.2　触点式按键的机械抖动和双稳态去抖动电路

在触点抖动期间检测按键的通断状态,可能导致判断出错,即按键一次按下或释放被错误地认为是多次操作,这种情况是不允许出现的。为了克服按键触点机械抖动所致的检测误判,必须采取去抖动措施。

去抖动的方法主要有两种:硬件去抖动和软件去抖动。

①硬件去抖动的措施是:在键输出端加 R-S 触发器构成去抖动电路。图 7.2(b)所示是一种由 R-S 触发器构成的双稳态去抖动电路。图 7.2(b)中两个与非门构成一个 RS 触发器,当按键未按下时,触发器输出为高电平 1;当按键按下时,触发器输出为低电平 0。当按键按下时,即使按键因弹性抖动而产生瞬时断开,但触发器一旦翻转,触点抖动不会对输出信号产生任何影响。

②软件去抖动的措施是:在检测到按键闭合时,执行一个 10 ms 左右(具体时间可视所使用的按键进行调整)的延时程序,让前沿抖动消失后再一次检测按键的状态,如果仍保持闭合状态,则确认为真正有键按下。当检测到按键释放后,也执行一个 10 ms 左右的延时程序,待

后沿抖动消失后才能转入对该键的处理。

软件去抖动方法简单、可靠。在单片机应用系统中,通常采用软件去抖动。

2)对按键进行编码以给定键值

一组按键或键盘都要通过单片机 I/O 口线查询按键的开关状态。根据键盘结构的不同,采用不同的编码方法。无论有无编码以及采用什么编码,最后都要转换成为与累加器中数值相对应的键值,以实现按键功能程序的跳转,与此对应的跳转指令(常称散转指令)为"JMP @ A+DPTR"。

3)编制键盘程序

一个完善的键盘控制程序应具备以下功能:

①监测有无按键闭合。

②有键闭合时,如无硬件去抖动电路,应采取软件延时方法消除按键机械触点抖动的影响。

③有可靠的逻辑处理办法。每次只处理一个按键,其间其他任何按键操作对单片机应用系统不产生影响,且无论一次按键时间有多长,系统仅执行一次按键功能程序。

④准确输出键值,以满足跳转指令要求。

7.1.2 独立式按键

单片机控制系统中,往往只需要几个功能键,此时,可采用独立式按键结构。

(1)独立式按键结构

独立式按键是直接用单片机 I/O 口线构成的单个按键电路,其特点是每个按键单独占用一根 I/O 口线,每个按键的工作不会影响其他 I/O 口线的状态。独立式按键的典型应用如图 7.3 所示。

图 7.3 中,8 个按键 K0—K7 分别与单片机 I/O 口 P1.0—P1.7 相连。

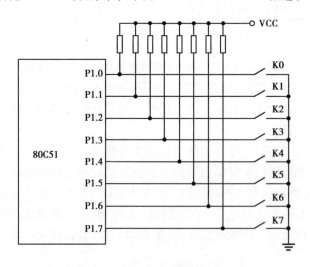

图 7.3 独立式按键电路结构

独立式按键电路配置灵活,软件结构简单,但每个按键必须占用一根 I/O 口线。因此,在按键较多时,I/O 口线浪费较大,不宜采用。独立式按键多用于设置控制键、功能键,适用于键数较少的场合。

（2）独立式按键的程序设计

在程序设计中,监测独立式按键的开关状态常采用查询方式,电路如图 7.3 所示。图 7.3 中,先逐位查询每根 I/O 口线的输入状态,如某一根 I/O 口线输入为"0"(低电平),则可确认该 I/O 口线所对应的按键已按下;而无键按下时,I/O 口线输入为"1"(高电平)。当确认某键按下后,再转向该键的功能处理程序。扫描流程图如 7.4 所示。

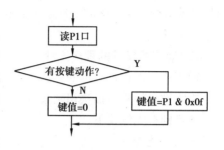

图 7.4　键控流水灯扫描流程图

多个独立式按键的识别程序如下。

```
void main( void )
{
    P1=0XFF;                              //作为输入,首先输出高
    while ( 1 )
    {
        if     ( ( P1 & 0x01 ) = = 0 )……;  //为真则 P1.0 对应键按下,执行 1#键功能
        else   if ( ( P1 & 0x02 ) = = 0 )……;//为真则 P1.1 对应键按下,执行 2#键功能
        else   if ( ( P1 & 0x04 ) = = 0 )……;//为真则 P1.2 对应键按下,执行 3#键功能
        else   if ( ( P1 & 0x08 ) = = 0 )……;//为真则 P1.3 对应键按下,执行 4#键功能
        else   if ( ( P1 & 0x10 ) = = 0 )……;//为真则 P1.4 对应键按下,执行 5#键功能
        ……                                 //其它键识别
    }
}
```

7.1.3　矩阵式按键

单片机系统中,若使用按键较多时,通常采用矩阵式(也称行列式)按键。

（1）矩阵式按键的结构

矩阵式按键由行线和列线组成,按键位于行、列线的交叉点上,其结构如图 7.5 所示。

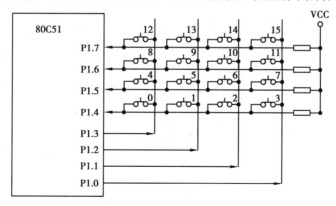

图 7.5　矩阵式键盘电路结构

由 7.5 图可知,一个 4×4 的行、列结构可以构成一个含有 16 个按键的键盘,用这个方法也可以实现 3×3、5×5、6×6 等键盘。显然,在按键数量较多时,矩阵式按键较之独立式按键要节省很多 I/O 口。

(2)矩阵式按键的程序设计

矩阵式按键识别按键的方法很多,有翻转法和动态扫描法,最常见的是动态扫描法。

矩阵键盘编程扫描法识别按键一般应包括以下内容:

- 判别有无键按下。
- 消抖处理。
- 键盘扫描取得闭合键的行、列号。
- 用计算法或查表法得到键值。
- 判断闭合键是否释放,如没释放则继续等待。
- 将闭合键的键值保存,同时转去执行该闭合键的功能。

①识别有无按键闭合,图 7.5 中行线(P1.4~P1.7)为输入,列线(P1.0~P1.3)为输出。没有键按下时,行线列线之间断开,行线端口输入全为高电平。有键按下时,键所在行线与列线短路,故行线输入的电平为列线输出的状态,若列线输出低电平,则按键所在行线的输入也为低电平。因此,通过检测行线的状态是否全为高电平 1,就可以判断是否有键按下。

②单片机应用中消抖处理一般采用调用 10 ms 延时函数来躲过按键抖动区。

③进一步确定闭合的按键,键盘扫描流程图如图 7.6 所示。

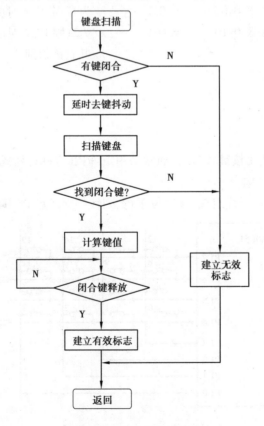

图 7.6 键盘扫描流程图

④矩阵式键盘的工作方式:编程扫描、定时扫描和中断扫描。

编程扫描是随机扫描;定时扫描是利用定时器产生定时中断去扫描;中断扫描是接到有键按下的中断请求再去扫描,三种工作方式比较表明中断扫描识别按键最好。

图 7.5 中,可以采用逐列扫描法,原理同上,此时逐个给每列输出低电平 0,读取行线的状态。若行值全为高电平 1,则说明此列无键闭合,继续扫描下一列,使下一列输出为低电平 0。若行值中某位为低电平 0,则说明此行、列交叉点处的按键被闭合。

采用上述动态扫描方式时,无论是否有键闭合,CPU 都要定时扫描键盘,而单片机应用系统工作时,并非经常需要键盘输入,因此,CPU 经常处于空扫描状态。

【例 7.1】　一种矩阵式按键电路如图 7.7 所示。试采用动态扫描方式编写 16 个按键监测与键功能处理程序。

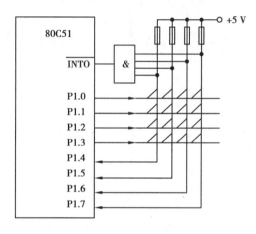

图 7.7　键盘中断扫描接口电路

为提高 CPU 工作效率,可采用中断扫描工作方式。其工作过程是:当无键按下时,CPU 处理自己的工作;当有键按下时,产生中断请求,CPU 转去执行键盘扫描子程序,并识别键号。

图 7.7 是一种简化后的键盘接口电路。该键盘是由单片机 P1 口构成的 4×4 键盘。键盘的列线与 P1 口的高 4 位相连,键盘的行线与 P1 口的低 4 位相连,因此,P1.4—P1.7 是键输入线,P1.0—P1.3 是扫描输出线。图 7.7 中的 4 输入与门用于产生按键中断,其输入端与各列线相与,再通过上拉电阻接至+5 V 电源,输出端接至单片机的外部中断 0($\overline{INT0}$)。具体工作过程是:当键盘无键按下时,与门各输入端均为高电平,保持与门输出端为高电平,没有中断请求;当有键按下时,与门输出端任何一个为低电平,向 CPU 申请中断,若开放外部中断,则 CPU 会响应中断请求,转去执行键盘扫描子程序。

7.1.4　数码管显示 4×4 矩阵键盘编程

这里介绍的键盘处理程序比较简单,实际上,键盘的处理是很复杂的,但这种复杂并不来自于单片机的本身,而是来自于操作者的习惯等问题,因此,在编写键盘处理程序之前,最好先把它从逻辑上理清,然后用适当的算法表示出来,最后再去写代码,这样,才能快速有效地写好代码。数码管显示 4×4 矩阵键盘硬件电路如图 7.8 所示。编程实现显示按下的键号。

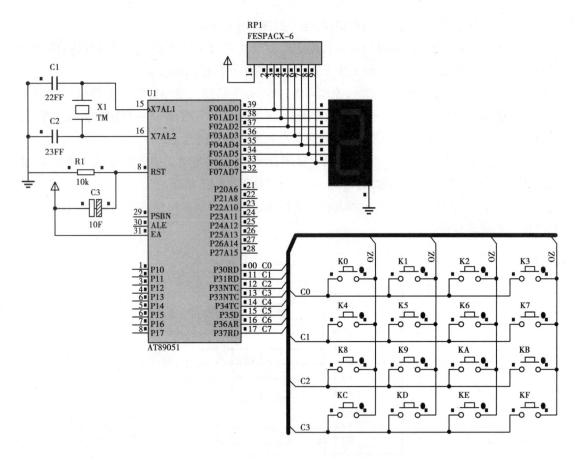

图 7.8 数码管显示 4×4 矩阵键盘

程序如下所示。

/ **** 名称:数码管显示 4×4 阵列式键盘按键

功能描述:当有按键按下时,LED 数码管显示键盘的按键编号。 *****/

```c
#include <reg52.h>
#define uchar unsigned char
#define uint unsigned int
uchar const dofly[ ] =
{   0x3f,0x06,0x5b,0x4f,0x66,0x6d,0x7d,0x07,
   0x7f,0x6f, 0x77,0x7c,0x39,0x5e,0x79,0x71 };   //0-F 的显示代码
uchar keys_scan( );
void delay(uint i);
//   主程序
void main( )
{   uchar key;
   P0 = 0x00;                              //数码管灭,为显示键码作准备
```

```
    while(1)
    {
      key = keys_scan();                        //调用键盘扫描,
switch(key)
      {
        case 0xee:P0=dofly[0];break;            // 0 按下相应的键显示相应的码值
        case 0xde:P0=dofly[1];break;            //1
        case 0xbe:P0=dofly[2];break;            //2
        case 0x7e:P0=dofly[3];break;            //3
        case 0xed:P0=dofly[4];break;            //4
        case 0xdd:P0=dofly[5];break;            //5
        case 0xbd:P0=dofly[6];break;            //6
        case 0x7d:P0=dofly[7];break;            //7
        case 0xeb:P0=dofly[8];break;            //8
        case 0xdb:P0=dofly[9];break;            //9
        case 0xbb:P0=dofly[10];break;           //a
        case 0x7b:P0=dofly[11];break;           //b
        case 0xe7:P0=dofly[12];break;           //c
        case 0xd7:P0=dofly[13];break;           //d
        case 0xb7:P0=dofly[14];break;           //e
        case 0x77:P0=dofly[15];break;           //f
      }
    }
}
/ *** 函数名称:keys_scan
函数功能:键盘扫描函数
返回值: 返回键盘码,高4位为行码,低4位为列      ******/
uchar keys_scan()
{
  uchar cord_h, cord_l;                         //行列值
  P3 = 0x0f;                                     //列线输出全为0
  cord_h = P3 & 0x0f;                            //读入行线值
  if(cord_h != 0x0f)                             //先检测有无按键按下
  {
    delay(100);                                  //消抖动
```

```
        cord_h = P3 & 0x0f;
        if( cord_h ! = 0x0f)
        {
            P3 = cord_h|0xf0;
            cord_l = P3 & 0xf0;
            return( cord_h + cord_l);
        }
    }
    return( 0xff);
}
/ ** 函数名称:delay( uint i);延时函数 **/
void delay( uint i)
{    while( i--);
}
```

7.2 MAX7219/MAX7221 串行 8 位 LED 显示驱动器

7.2.1 MAX7219/MAX7221 特点

MAX7219/MAX7221 是一种集成化的串行输入/输出共阴极数码管显示驱动器,其上包括一个片上的 B 型 BCD 编码器、多路扫描回路、段字驱动器,而且还有一个 8×8 的静态 RAM 用来存储每一个数据,以及显示测试、移位、锁存器等。每片可驱动 8 位 LED 数码管显示,也可以连接条线图显示器或者 64 个独立的 LED。与单片机的接口只需 3 根线,输出电流达 40 mA,外围只需一只亮度调整电阻。有一个外部寄存器用来设置各个 LED 的段电流。MAX7221 与 SPI™、QSPI™以及 MICROWIRE™相兼容,同时它有限制回转电流的段驱动来减少 EMI(电磁干扰)。用 MAX7219/MAX7221 作为显示驱动电路编程简单,控制方式灵活,使显示部分的电路和编程大为简化。

MAX7219/MAX7221 是一个方便的四线串行接口,可以联接所有通用的微处理器。每个数据可以寻址在更新时不需要改写所有的显示。MAX7219/MAX7221 同样允许用户对每一个数据选择编码或者不编码。整个设备包含一个 150 μA 的低功耗关闭模式,模拟和数字亮度控制,一个扫描限制寄存器允许用户显示 1-8 位数据,还有一个让所有 LED 发光的检测模式。MAX7219/MAX7221 使用时可以多片级联,图 7.9 是两片级联应用。

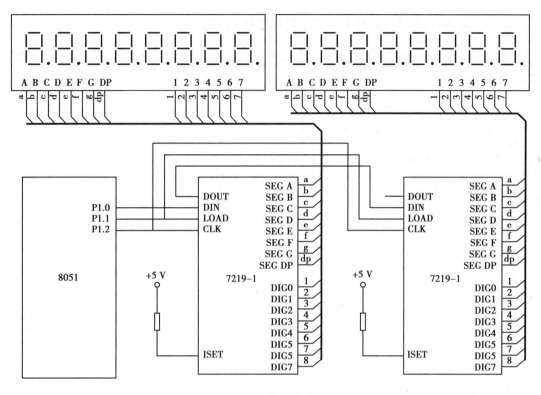

图 7.9　两片级联应用

7.2.2　MAX7219/MAX7221 时序

串行数据格式和时序图如图 7.10 所示,具体介绍请参考 MAX7219 数据手册。

D15	D14	D13	D12	D11	D10	D9	D8	D7	D6	D5	D4	D3	D2	D1	D0
×	×	×	×	地址				数据							

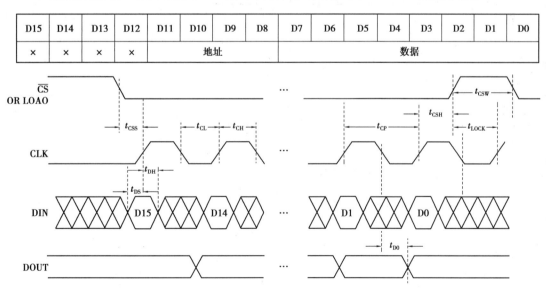

图 7.10　串行数据格式和时序图

239

7.2.3 MAX7219/MAX7221 数据寄存器和控制寄存器

表 7.1 列出了 14 个可寻址的数据寄存器和控制寄存器,具体介绍请参考 MAX7219 数据手册。

表 7.1 数据寄存器和控制寄存器

寄存器	地址					十六进制编码
	D15~D12	D11	D10	D9	D8	
无操作	×	0	0	0	0	×0
数字 0	×	0	0	0	1	×1
数字 1	×	0	0	1	0	×2
数字 2	×	0	0	1	1	×3
数字 3	×	0	1	0	0	×4
数字 4	×	0	1	0	1	×5
数字 5	×	0	1	1	0	×6
数字 6	×	0	1	1	1	×7
数字 7	×	1	0	0	0	×8
译码模式	×	1	0	0	1	×9
亮度	×	1	0	1	0	×A
扫描范围	×	1	0	1	1	×B
掉电	×	1	1	0	0	×C
显示测试	×	1	1	1	1	×F

7.2.4 MAX7219/MAX7221 应用示例

【例 7.2】 MAX7219 驱动 8 位数码管动态显示接口和仿真电路,如图 7.11 所示。

程序如下:

```
#include<reg51.h>
sbit CLK = P1^2; //MAX7219 时钟信号线
sbit LD = P1^1; //数据加载线
sbit DIN = P1^0; //数据输入线
unsigned char code disp_table[ ] = {0x7e,0x30,0x6d,0x79,0x33,0x5b,0x5f,0x70,0x7f,
```

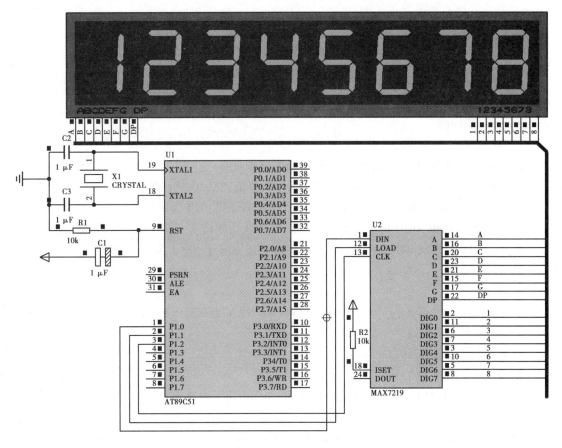

图 7.11 仿真电路图

0x7b,0x77,0x1f,0x4e,0x3d,0x01,0x00};//非译码方式时的共阴数码管显示编码,0~9,E,o,
r,d,-,息灭

void w_max7219(unsigned char addr,unsigned char wdata);//向 MAX7219 写数据函数声明

void init_max7219();//MAX7219 初始化函数声明

void TImer_ms(unsigned char TIm);//毫秒级延时函数声明

   / ************************** 主函数 **************************

****

main()

{

   init_max7219();//MAX7219 初始化函数

   w_max7219(0x01,disp_table[1]);//向 MAX7219 第一位寄存器写显示数据 1

   w_max7219(0x02,disp_table[2]);//向 MAX7219 第二位寄存器写显示数据 2

   w_max7219(0x03,disp_table[3]);//向 MAX7219 第三位寄存器写显示数据 3

   w_max7219(0x04,disp_table[4]);//向 MAX7219 第四位寄存器写显示数据 4

   w_max7219(0x05,disp_table[5]);//向 MAX7219 第五位寄存器写显示数据 5

   w_max7219(0x06,disp_table[6]);//向 MAX7219 第六位寄存器写显示数据 6

   w_max7219(0x07,disp_table[7]);//向 MAX7219 第七位寄存器写显示数据 7

```
    w_max7219(0x08,disp_table[8]);  //向 MAX7219 第八位寄存器写显示数据 8
    while(1);
}
```

/ ****************************** MAX7219 初始化 ************************
******************** /

```
void init_max7219( )
{
    w_max7219(0x0a,0x07);  //显示亮度,取值范围 0~f
    w_max7219(0x0b,0x07);  //8 位扫描显示,取值范围 0x01~0x07
    w_max7219(0x09,0x00);  //译码方式,0x00 为不译码,0xff 为译码
    w_max7219(0x0c,0x01);  //操作方式,0x00 为低功耗模式,0x01 为正常操作模式
    w_max7219(0x0f,0x00);  //显示状态,0x00 为正常显示,0x01 为显示测试
    TImer_ms(2);
}
```

/ ****************************** 向 MAX7219 写入数据 ****************
******************** /

```
    函数名称:w_max7219
    函数功能: 向 MAX7219 写入数据
    入口参数:addr MAX7219 内部寄存器地址,wdata 写入内部寄存器的操作数值
    出口参数:无
    *****************************************************************
****************** /
void w_max7219(unsigned char addr,unsigned char wdata)
{
    unsigned char temp,i=1,j,k;
    LD=0;
    while(i<16)
{   if(i<8) temp=addr;  //先写入 MAX7219 内部寄存器地址,再向内部寄存器写入操作数值
    else temp=wdata;
    for(j=0;j<8;j++)
{
    CLK=0;
    if((temp&0x80)==0x80) DIN=1;  //先发送数据的最高位
    else DIN=0;
    for(k=5;k>0;k--);  //时钟频率高的单片机需增加延时时间,此处为 12MHz
    CLK=1;
    for(k=5;k>0;k--);
    temp<<=1;
}
```

```
    i+=8;
    }
    LD=1;
}
```

/ * ----------------------------延时子程序---------------------------- * /

函数名称：TImer_ms

函数说明：1ms 延时子程序

入口参数：tim 为接收主调传来需延时的毫秒数，取值范围 1~256，定时时间 1~256ms

出口参数：无

/ * -- * /

```
    void timer_ms(unsigned char tim)
    {
    unsigned char i;
    while(tim--)
      {
        for(i=0;i<200;i++);//延时1ms
        }
      }
```

7.3　LED 点阵显示屏的设计

本任务要求利用 8×8LED 点阵屏循环显示数字 0、1、…、9。目的是：

①熟悉 8051 单片机与点阵显示器外部引脚接线方法；

②理解动态扫描显示的基本含义；

③学习基本 I/O 口的使用方法及编程方法。

LED 点阵屏是构成大屏幕显示器的基本单元，它可以显示各种字符、汉字、图形、图像等信息。本设计实现方法是通过选择 8051 单片机（或扩展芯片）的两个并行 I/O 接口，分别与 8×8LED 点阵屏的行和列引出端相连接。动态接口采用各列循环轮流显示的方法，当循环显示频率较高时，利用人眼的暂留特性，使人看不出闪烁显示现象。这种显示需要一个接口完成数字点阵编码的输出（见软件设计部分），另一接口完成各列的轮流点亮。在进行程序设计时对各列轮流扫描多遍以稳定显示第一个字符"0"，然后再进行下一个字符的显示。此时只需要更改待显示的数字点阵编码即可，对于显示的数字点阵编码可以采用查表方法来完成。

7.3.1　认识 LED 点阵模块

(1)LED 点阵显示器结构与工作原理

LED 数码管不能显示汉字和图形信息。为了显示更为复杂的信息，人们把很多高亮度发光二极管按矩阵方式排列在一起,形成点阵式 LED 显示结构。最常见的 LED 点阵有 4×4、4×8、5×7、5×8、8×8、16×16、24×24、40×40 等多种。LED 点阵显示器单块使用时,既可代替数码管显示数字,也可显示各种中西文字及符号。如 5×7 点阵显示器可用于显示西文字母;5×8 点阵显示器可用于显示中西文;8×8 点阵既可用于汉字显示,也可用于图形显示。用多块点阵显示器组合则可构成大屏幕显示器。图 7.12 是 8×8LED 点阵显示器外观及引脚图,其电路连接方式如图 7.12 所示。

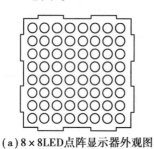
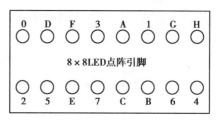

（a）8×8LED点阵显示器外观图　　　　（b）8×8LED点阵显示器引脚图

图 7.12　8×8 点阵的外观及引脚图

图 7.13 是 8×8LED 点阵内部结构,从图 7.13 可以看出,8×8 点阵共需要 64 个发光二极管组成,且每个发光二极管是放置在行线和列线的交叉点上。当对应的某一列置 1 电平,某一行置 0 电平,则相应的二极管就亮。

图 7.13　8×8 点阵的连接方式

LED 点阵显示器也可分为静态显示和动态扫描显示两种显示方式。静态显示每一个像素需要一套驱动电路,如果显示屏为 $n×m$ 个发光二极管结构,则需要 $n×m$ 套驱动电路;动态显示只需要对列线和行线进行驱动,对于 $n×m$ 的显示屏,仅需要 $n+m$ 套驱动电路。以共阴接法为例,动态显示的过程是:先送第一列对应的点阵编码（行码）到行线,同时置第一列线为低电平"0",其他列线为高电平"1",延时 2 ms 左右;再送第二列对应的点阵编码到行线,同时置第二列线为"0",其他列线为"1";如此下去,直到送完最后一列对应的点阵编码,再从头开始传送。

8×8LED 点阵显示器动态显示时与 8 位数码管的动态显示非常相似,点阵屏的每一列相当于一只数码管,点阵屏的行码相当于数码管的段码,点阵屏的列码相当于数码管的位码,两者的逻辑结构是完全一样的。

由于 LED 管芯大多为高亮度型,因此某行或某列的单个 LED 驱动电流可选用窄脉冲,但其平均电流应限制在 20 mA 内。多数点阵显示器的单个 LED 的正向压降约 2 V,但大亮点的点阵显示器单体 LED 的正向压降约为 6 V。

(2)LED 大屏幕显示技术

大屏幕显示系统一般是由多个 LED 点阵组成的小模块以搭积木的方式组合而成,每一个小模块都有自己独立的控制系统,组合在一起后只要引入一个总控制器控制各模块的命令和数据即可。这种方法既简单,又具有易扩展、易维修的特点。LED 大屏幕显示器宜用动态显示方式。它可以直接与 8051 并行口相连接,信号采用并行传送方式,I/O 接口可以复用。但实际应用中,由于显示要求的内容丰富,所需显示器件复杂,同时显示屏与计算机及控制器有一定距离,因此应尽量减少两者之间控制信号线的数量。信号一般采用串行传送方式,也可以采用并行传送与串行传送分别驱动行和列的方式。

图 7.14 是 8051 与 LED 大屏幕显示器接口的一种应用实例。图 7.14 中的 LED 显示器为 8×64 点阵,由 8 个 8×8 点阵的 LED 显示块拼装而成。8 个块的行线相应地并接在一起,形成 8 路复用,行控制信号由 P1 口经行驱动后形成行扫描信号 Y0—Y7。8 个块的列控制信号分别经由各 8 位串入并出的移位寄存器 74LS164 输出。8 个 74LS164 串接在一起,形成 8×8=64 位串入并的移位寄存器,其输出对应 64 列。显示数据 DATA 由 8051 的 RXD 端输出,时钟 CLK 由 8051 的 TXD 端输出。RXD 发送串行数据,而 TXD 输出移位时钟,此时串行口工作于方式 0,即同步串行移位寄存器状态。显示屏的工作以行扫描方式进行,扫描显示过程是每一次显示一行 64 个 LED 点,显示时间称为行周期。8 行扫描显示完成后开始新一轮扫描,这段时间称为场周期。

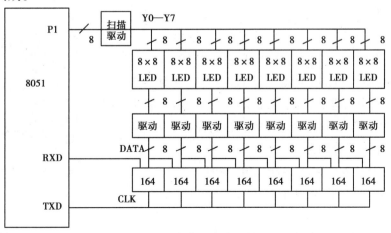

图 7.14　8051 与 LED 大屏幕显示器的接口(图中 164 可以替用低功耗 74HC595)

LED 大屏幕显示器不仅能显示文字,还可以显示图形、图像,而且能产生各种动画效果,是广告宣传、新闻传播的有力工具。LED 大屏幕不仅有单色显示,还有彩色显示,其应用越来越广,已渗透到人们的日常生活之中。

7.3.2　硬件电路与软件程序设计

(1)硬件电路设计

本任务的设计直接用 8051 单片机的 P0 口和 P3 口分别连接 8×8LED 点阵屏的行线和列线,其硬件原理图如图 7.15 所示。实际应用时,各口线上应加驱动元件,用于 Proteus 仿真并不影响结果。图 7.15 中 RP 是 P0 口的上拉电阻,可用电阻排实现,阻值选 1 kΩ。单片机振荡频率可以选 12 MHz。

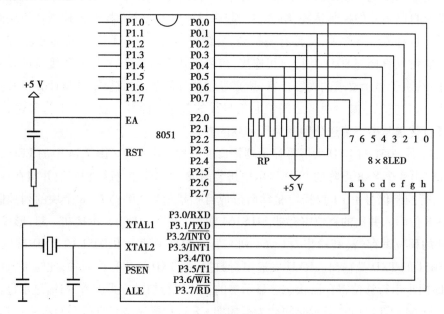

图 7.15　8×8LED 点阵屏显示原理图

(2)软件程序设计

1)数字点阵编码

数字的点阵编码(可以用字模提取软件提取待显示字模)就是根据某数字在点阵屏上的显示形状,将每一列对应的 8 个 LED 状态用两位十六进制(八位二进制)代码表示。例如数字"6"的显示形状如图 7.16 所示,其每一列(自左向右)对应的两位十六进制点阵编码分别为:

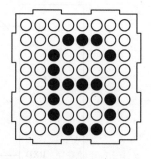

图 7.16　数字"6"显示图

00H,00H,3EH,49H,49H,49H,26H,00H。

同样方法可以得到其他 9 个数字的点阵编码。

2)程序设计

实现 8×8LED 点阵屏循环显示数字 0 到 9 的程序如下:

```
//--------------------------------
// 8×8LED 点阵屏显示数字 0 到 9
//--------------------------------
#include <reg51.H>
#define uchar unsigned char
#define uint unsigned int
uchar code tab[ ] = {0xfe,0xfd,0xfb,0xf7,0xef,0xdf,0xbf,0x7f} ;
uchar code Table_of_Digits[10][8] =
{
    {0x00,0x00,0x3e,0x41,0x41,0x41,0x3e,0x00} ,    //0
    {0x00,0x00,0x00,0x00,0x21,0x7f,0x01,0x00} ,    //1
    {0x00,0x00,0x27,0x45,0x45,0x45,0x39,0x00} ,    //2
    {0x00,0x00,0x22,0x49,0x49,0x49,0x36,0x00} ,    //3
    {0x00,0x00,0x0c,0x14,0x24,0x7f,0x04,0x00} ,    //4
    {0x00,0x00,0x72,0x51,0x51,0x51,0x4e,0x00} ,    //5
    {0x00,0x00,0x3e,0x49,0x49,0x49,0x26,0x00} ,    //6
    {0x00,0x00,0x40,0x40,0x40,0x4f,0x70,0x00} ,    //7
    {0x00,0x00,0x36,0x49,0x49,0x49,0x36,0x00} ,    //8
    {0x00,0x00,0x32,0x49,0x49,0x49,0x3e,0x00}      //9
} ;

uint Num_Index ;
uchar cnta ;
uchar cntb ;
//--------------------------------
//   主程序
//--------------------------------
void main( void)
{
    TMOD = 0x00;                        //T0 工作方式
    TH0 = (8192-2000)/ 32;              //延时 2 ms
    TL0 = (8192-2000)% 32;
    TR0 = 1;
    IE = 0x82;
    while(1)
        {;
        }
```

```
    }
    //-------------------------------
    //    中断
    //-------------------------------
    void t0(void)interrupt 1
    {
        TH0 = (8192-2000)/ 32;                    //重装延时初值
        TL0 = (8192-2000)% 32;
        P3 = tab[cnta];//列码
        P0 = Table_of_Digits[cntb][cnta];         //行码
        cnta++;
        if(cnta == 8)                             //每屏由八字节构成
        {
            cnta = 0;
        }
        Num_Index++;
        if(Num_Index == 333)                      //每数字显示一段时间
        {
            Num_Index = 0;
            cntb++;
            if(cntb = = = 10)                     //显示下一数字
            {
                cntb = 0;
            }
        }
    }
```

7.3.3 调试与仿真运行

8×8LED 点阵屏循环显示数字 0~9 的 Proteus 仿真如图 7.17 所示。

按照电路原理图 7.17,利用单片机最小系统外接 1 块 8×8 点阵或 1 块 16×16 点阵,组成 LED 点阵显示电路。上述点阵显示屏比较简单,只是让大家对点阵显示屏有基本认识,如果真正做大屏幕,还要外加串入串出的驱动芯片和译码芯片,常用的串入串出驱动芯片有 74HC595 或 MAX7219 芯片,常用的译码芯片有 74LS138 或 74LS154 等。有关这方面的应用请参考网上资料,由于篇幅限制,此处不在详写。另外,在仿真接线时还要测试哪端引脚是阴极或阳极,若引脚连接错不能正常显示。

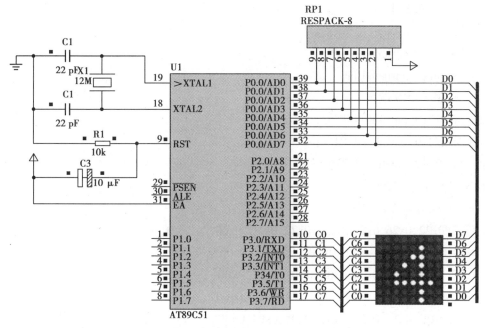

图 7.17　8×8LED 点阵屏循环显示数字 0 到 9 的 Proteus 仿真图

7.3.4　MAX7219 驱动 8×8 点阵

上面的 8×8 点阵显示占用 2 个 8 位 I/O 口,这样做是不合理的。利用 MAX7219 驱动 8×8 点阵的接口电路比图 7.17 简单很多,只需要 3 根线即可,电路接线如图 7.18 所示。程序也比较简单,具体程序如下。

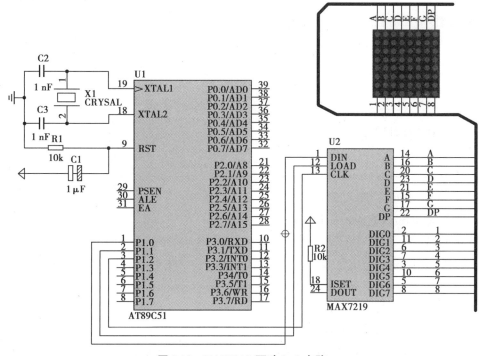

图 7.18　MAX7219 驱动 8×8 点阵

```c
#include <reg51.h>
#include <intrins.h>
#define uchar unsigned char
#define uint   unsigned int
//定义 Max7219 端口
sbit Max7219_pinCLK = P1^2;
sbit Max7219_pinCS  = P1^1;
sbit Max7219_pinDIN = P1^0;
//定义显示字符数组
uchar code disp1[10][8]={
{0x1C,0x22,0x26,0x2A,0x32,0x22,0x1C,0x00},   //0
{0x08,0x18,0x08,0x08,0x08,0x08,0x1C,0x00},   //1
{0x1C,0x22,0x02,0x04,0x08,0x10,0x3E,0x00},   //2
{0x1C,0x22,0x02,0x0C,0x02,0x22,0x1C,0x00},   //3
{0x04,0x0C,0x14,0x24,0x3E,0x04,0x04,0x00},   //4
{0x3E,0x20,0x3C,0x02,0x02,0x22,0x1C,0x00},   //5
{0x1C,0x22,0x20,0x3C,0x22,0x22,0x1C,0x00},   //6
{0x3E,0x02,0x04,0x08,0x08,0x08,0x08,0x00},   //7
{0x1C,0x22,0x22,0x1C,0x22,0x22,0x1C,0x00},   //8
{0x1C,0x22,0x22,0x1E,0x02,0x22,0x1C,0x00},   //9
};
/* n 毫秒的延时程序 */
void Delay_xms(uint x)
{
  uint i,j;
  for(i=0;i<x;i++)
    for(j=0;j<112;j++);
}
//--------------------------------------------
//向 MAX7219(U3)写入字节
void Write_Max7219_byte(uchar DATA)
{   uchar i;
    Max7219_pinCS=0;                        //CS=0 有效,CS=1 锁存
    for(i=8;i>=1;i--)
    {
      Max7219_pinCLK=0;
        Max7219_pinDIN=DATA&0x80;           //&10000000,编译器对位操作的理
```

解:非 0 即为 1

```
        DATA = DATA<<1;
      Max7219_pinCLK = 1;                          //上升沿把数据送出去
        }

}
//--------------------------------------------
/*向第一片 MAX7219 写入数据*/
void Write_Max7219_1(uchar add1,uchar dat1)
{
        Max7219_pinCS = 0;
      Write_Max7219_byte(add1);                    //写入地址,即数码管编号
        Write_Max7219_byte(dat1);                  //写入数据,即数码管显示数字
      Max7219_pinCS = 1;

}
/*第二片 MAX7219 的写入数据*/   如果两片级联
void Write_Max7219_2(uchar add2,uchar dat2)
{
      Max7219_pinCS = 0;
      Write_Max7219_byte(add2);
      Write_Max7219_byte(dat2);
      Max7219_pinCLK = 1;
      Write_Max7219_byte(0x00);                    //片 1 写入空
      Write_Max7219_byte(0x00);
      Max7219_pinCS = 1;

}
/*初始化芯片*/
void Init_MAX7219(void)
{
Write_Max7219_1(0x09, 0x00);                        //译码方式:0x00 为不译码
Write_Max7219_1(0x0a, 0x03);                        //显示亮度,取值范围 0~f
Write_Max7219_1(0x0b, 0x07);                        //扫描界限;8 个数码管显示
Write_Max7219_1(0x0c, 0x01);                        //掉电模式:0,普通模式:1
Write_Max7219_1(0x0f, 0x00);                        //显示测试:1;测试结束,正常显示:0
}
/******************* 主程序 ************************/
void main(void)
{
```

```
uchar i,j;
Delay_xms(50);
Init_MAX7219();
while(1)
{
    for(j=0;j<10;j++)
    {
    for(i=1;i<9;i++)
    {
        Write_Max7219_1(i,disp1[j][i-1]);
        Write_Max7219_2(i,disp1[j][i-1]);          // 如果两片级联
        }
    Delay_xms(1000);


        }
    }
}
```

仿真图如图 7.19 所示。

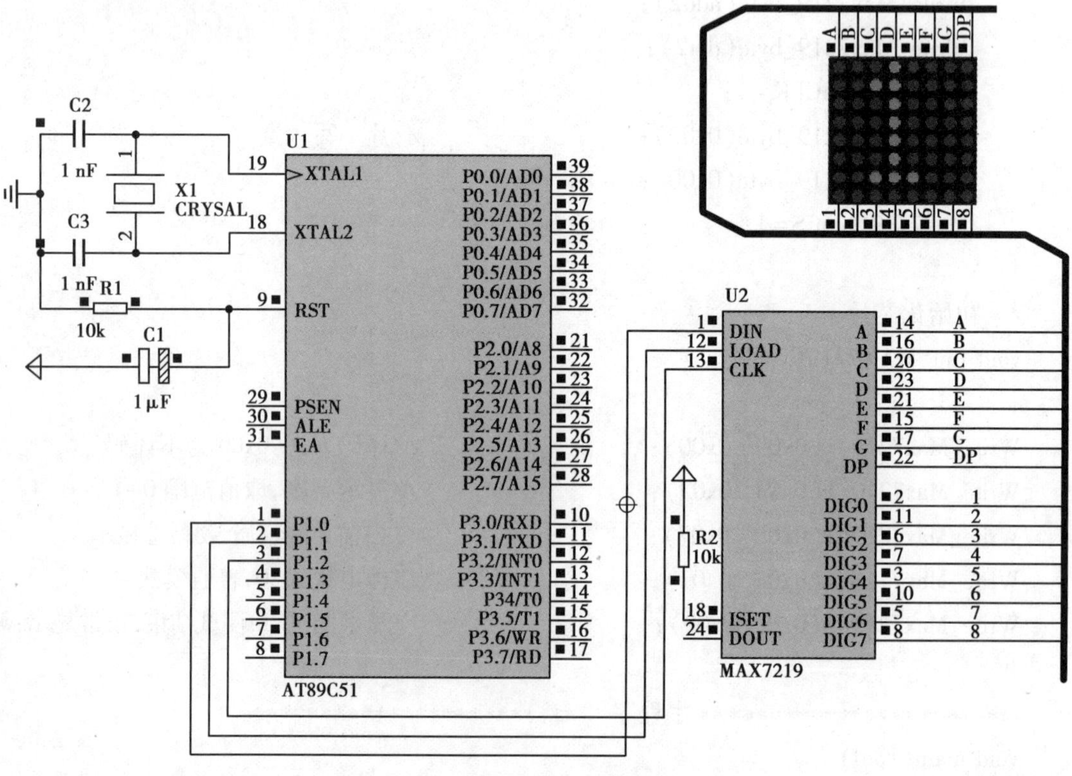

图 7.19　MAX7219 驱动 8×8 点阵仿真

总结与思考

1.键盘分为独立式按键和行列式键盘两种基本类型。前者:每个按键独立占用 1 个 I/O 口线,电路简单,易于编程,可根据实际需要灵活编码,但占用 I/O 口较多。后者:所有按键按序跨接在行线和列线上,占用较少的系统资源,但编程复杂,占用机时较多。

2.矩阵式键盘:按键的位置由行号和列号唯一确定,因此可分别对行号和列号进行二进制编码,然后将两值合成一个字节,高 4 位是行号,低 4 位是列号。

3.无论以何种方式编码,均应以处理问题方便为原则,而最基本的就是键所处的物理位置即行号和列号,它是各种编码之间相互转换的基础,编码相互转换可通过计算或查表的方法实现。

4. MAX7219/MAX7221 是一种集成化的串行输入/输出共阴极数码管显示驱动器,是一个方便的四线串行接口可以联接所有通用的微处理器。它包括片上 BCD 编码器、多路扫描回路、段字驱动器,还有一个 8×8 的静态 RAM 用来存储每一个数据,以及显示测试、移位、锁存器等。每片可驱动 8 位 LED 数码管显示,也可以驱动点阵显示屏、条线图显示器或者 64 个独立的 LED。与单片机的接口只需 3 根线,控制方式灵活,使显示部分的电路所占 I/O 线大大减少,编程也大为简化。

习题 7

7.1　问答题

①机械式按键组成的键盘如何消除按键抖动?

②独立式按键和矩阵键盘分别具有什么特点? 适用于什么场合?

③MAX7219/MAX7221 是什么器件? 有何特点? 查资料说明内部寄存器的使用。

④LED 大屏幕显示器是采用静态显示还是动态显示? 它只能显示文字吗?

⑤74HC595 是什么器件? 有何特点? 查资料说明其如何使用。

7.2　设计一个简单 3 个按键的键盘来控制一组发光二极管,使这组发光二极管可以以 6 种不同的花色循环点亮。

7.3　设计一个 3×4 的键盘,用一位共阴极的数码管显示所按下的键号。

7.4　用 MAX7219 驱动设计一个 16×16 的点阵屏,动态显示汉字或图片。

项目 8

信号发生器与数字电压表的设计

本章导读

◆ 了解 ADC 和 DAC 的作用及主要性能指标。

◆ 掌握 DAC0832 和 ADC0808/0809 的结构、工作原理和使用方法。

◆ 理解简易波形信号发生器和数字电压表的硬件及软件设计方法及工作过程。

在单片机的应用系统中,被测量对象有些是电量(如电压、电流等),而有些变量是非电量(如温度、压力、速度等),须经传感器转换成连续变化的模拟电信号(电压、电流)。这些模拟电信号还需经 A/D 转换器(模/数转换器,简称 ADC)转换为数字量后才能输入单片机进行处理;单片机处理后的数字量,也常常需要经 D/A 转换器(数/模转换器,简称 DAC)转换为模拟信号。这些都需要通过模拟量输入输出通道进行处理。

8.1 简易波形信号发生器的设计

利用数/模转换器和单片机技术设计一个波形发生器,使其能输出 3 种波形:方波、锯齿波及正弦波。设计目的是:

①熟悉 MCS-51 单片机与 D/A 转换器 DAC0832 的接线方法。

②学习数/模转换芯片 DAC0832 的编程方法。

③进一步掌握单片机全系统调试的过程及方法。

波形发生器是一种常用的信号源,以 8051 为主控制器,扩展数/模转换器 DAC0832 可以很方便地输出这三种波形。设计思路是:将一个随时间连续变化的信号波形分解成许多离散的点,这些点随时间的变化而改变其幅值。为了得到所要求的信号波形,可让单片机系统随时间的增长输出按某一规律变化的电压(或电流)信号。如果每次所取的时间增长量越小,所得的波形曲线越光滑。时间的定时增长可以通过软件延时实现(也可利用定时器实现)。输出信号的变化通过数/模转换器 DAC0832 实现。送给 DAC0832 的数据应根据波形的要求给出,这些数据可以放置在一个数据表中,系统运行时,由 DAC0832 按变化周期循环输出,就可得到所要求的波形。有些波形,如锯齿波,可以每增长一个时间 Δt,使输出波形增长一个电压 Δv,就可用改变增量来实现。

8.1.1　认识 D/A 转换器芯片 DAC0832

(1)D/A 转换器

1)D/A 转换器概述

D/A 转换器是模拟量输出通道的核心,它输入的是数字信号,经转换后输出的是模拟量。单片机的数字量输出,往往需要转换成模拟电量才能去驱动被控对象或用于信号显示。因此,单片机应用系统通常设有模拟量输出通道,负责把单片机输出的数字信号转换成模拟电量驱动被控对象。

D/A 转换器电路形式比较多。在集成的 D/A 转换器中大多采用 T 型电阻解码网络。在解码网络中,有一个标准电源 V_{REF},二进制数的每一位对应一个电阻,有一个由该二进制值所控制的双向电子开关。当数字量某位为"1"时,对应的电子开关将基准电压 V_{REF} 接入电阻网络的相应支路;若为"0"时,则将该支路接地。各支路的电流信号经过电阻网络加权后,由运算放大器求和并转换成电压信号,作为 D/A 转换器的输出。

D/A 转换器按可转换的数字量位数分为 8 位、10 位、12 位、16 位等;按接口的数据传送格式,可分为并行和串行两种。DAC 按输出形式还可分为电流输出和电压输出两种类型。在实际应用中,对于电流输出的 D/A 转换器,如需要模拟电压输出,可在其输出端加一个由运算放大器构成的电流/电压转换电路。

在 D/A 转换器进行数/模转换期间,D/A 转换器输入端的数字量必须保持不变,因此应当在它的输入端之前设置锁存器,以保存需要转换的二进制数据。D/A 转换器按接口形式可分为两类,一类是不带锁存器的,另一类是带锁存器的。对于内部不带锁存器的 DAC,可与 MCS-51 单片机的 P1、P2 和 P3 口直接相连接,因为这些 I/O 口的输出具有锁存功能;当与 P0 口相连时,由于 P0 口的特殊性,需要在 DAC 前面加锁存器。而带锁存器的 DAC,同时内部还带有地址译码电路,有些还具有多重的数据缓冲电路,可与 MCS-51 的 P0 口直接相连接。

D/A 转换器中,标准电源 V_{REF}(也叫参考基准电压)是唯一影响输出结果的模拟参量,对接口电路的工作性能、电路的结构有很大影响。使用内部带有低漂移、精密参考电压源的 D/A 转换器既能保证有较好的转换精度,而且可以简化电路结构。但目前常用到的 D/A 转换器大多不带有标准电源。为了方便地改变输出模拟电压范围、极性,需要配置相应的参考电压源。D/A 转换器接口设计中经常配置的参考电压源主要有精密参考电压源和三点式集成稳压电源两种形式。

2)DAC 的主要技术指标

DAC 的性能指标是选用 DAC 芯片型号的依据,也是衡量芯片质量的重要参数。描述 D/A 转换器的性能指标很多,主要有分辨率、转换时间、输入数字代码种类、转换精度、线性度和输出电平等。

①分辨率:D/A 转换器输入数字量的最小变化(加、减 1)引起输出模拟量变化的程度,通常定义为输出满刻度值与 2^n 之比(n 为 D/A 转换器的二进制位数)。显然,输入数字量的位数越多,输出模拟量的最小变化量就越小。例如,若量程为 10 V,DAC 为 8 位,则分辨率为 $10\ \text{V}/2^8 = 39.1\ \text{mV}$。通常分辨率也可用数字量的数位表示。

②转换时间:从输入数字量到转换为模拟量输出所需的时间,反映 D/A 转换器的快慢程度,一般电流型 D/A 转换器比电压型 D/A 转换器快。

③输入编码形式:如二进制码,BCD码等。

④转换精度:在 D/A 转换器转换范围内,输入的数字量对应模拟量的实际输出值与理论值之间的最大误差包括零点误差、漂移误差、增益误差、噪声和线性误差、微分线性误差等综合误差。转换精度和分辨率并不完全一致,只要位数相同,分辨率就相同,但相同位数的不同DAC 转换精度会有所不同。理想情况下,转换精度与分辨率基本一致。

⑤线性度:D/A 转换器的线性度(也叫非线性误差)定义为实际转换特性曲线与理想特性曲线之间的最大偏差,并以该偏差相对于满量程的百分数度量。转换器电路设计一般要求非线性误差不大于±1/2 LSB。

⑥输出电平:不同型号的输出电平相差很大。大部分是电压型输出,一般为 5~10 V;也有高压输出型的,为 24~30 V。还有一些是电流型的输出,低者为 20 mA 左右,高者可达 3 A。

(2)DAC0832 的内部结构及引脚功能

DAC0832 是电流输出型 D/A 转换器,可以很方便地与 MCS-51 单片机接口。可外接运算放大器转换为电压输出,转换控制方便,价格低廉,应用非常广泛。其主要特性为:

①出电流线性度可在满量程下调节。

②转换时间为 1 μs。

③数据输入可采用双缓冲、单缓冲或直通方式。

④增益温度补偿为 0.02 FS/℃。

⑤每次输入数字为 8 位二进制数。

⑥功耗 20 mW。

⑦逻辑电平输入与 TTL 兼容。

⑧供电电源为单一电源,为 5~15 V。

DAC0832 是一个 20 引脚双列直插式单片 8 位 D/A 转换器,其内部结构及引脚如图 7.1 所示,主要由两个 8 位寄存器和一个 8 位 D/A 转换器以及控制逻辑电路组成。D/A 转换器采用 R-2R 的 T 型解码网络,实现 8 位数据的转换。两个 8 位寄存器(输入寄存器和 D/A 寄存器)用于存放待转换的数字量,构成双缓冲结构,通过相应的控制信号可以使 DAC0832 工作于三种不同的方式。寄存器输出控制逻辑电路由 3 个与门电路组成,该逻辑电路的功能是进行数据锁存控制。DAC0832 中无运算放大器,且是电流输出,使用时需要外接运算放大器才能得到模拟输出电压。

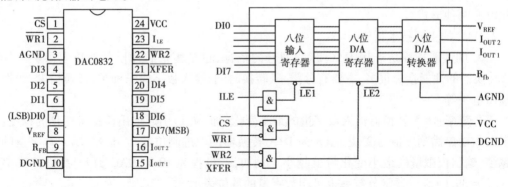

(a)DAC0832 引脚图　　　　　　　　(b)DAC0832 内部结构

图 8.1　DAC0832 内部结构及引脚图

DAC0832 芯片各引脚的功能如下：

DI0—DI7:8 位数据输入线,TTL 电平,用于接收单片机送来待转换的数字量,DI7 为最高位。

$\overline{CS}$:片选信号输入线,低电平有效。

ILE:数据锁存允许控制信号输入线,高电平有效。

$\overline{WR1}$:第一级输入寄存器的写选通输入线,低电平有效,当 $\overline{CS}=0$,ILE $=1$,$\overline{WR1}=0$ 时,输入寄存器(第一寄存器)为直通方式;当 $\overline{CS}=0$,ILE $=1$,$\overline{WR1}=1$ 时,DI0—DI7 的数据被锁存至输入寄存器,输入寄存器为锁存方式。

$\overline{XFER}$:数据传送控制信号输入线,低电平有效。

$\overline{WR2}$:D/A 寄存器写选通输入线,低电平有效。当 $\overline{WR2}=0$,$\overline{XFER}=0$ 时,D/A 寄存器(第二寄存器)为直通方式;当 $\overline{WR2}=1$ 和 $\overline{XFER}=0$ 时, D/A 寄存器为锁存方式。

I_{OUT1}:输出电流 1,当输入数据为全"1"时,I_{OUT1} 最大。此输出信号一般作为运算放大器的一个差分输入信号。

I_{OUT2}:输出电流 2,当输入数据为全"1"时,I_{OUT2} 最小。它作为运算放大器的另一个差分输入信号,I_{OUT1} 与 I_{OUT2} 的输出电流之和总为一常数。

R_{FB}:运算放大器的反馈电阻引线端。芯片中已设置了 15 kΩ 的反馈电阻 R_{fb},若运算放大器增益不够,还须外加反馈电阻。

VCC:数字部分的电源输入端。VCC 可在 +5 ~ +15 V 范围内选取。

V_{REF}:基准电压输入线,其电压可正可负,范围是 -10 ~ +10 V。

AGND:模拟电路地,为模拟信号和基准电源的参考地。

DGND:数字电路地,为工作电源地和数字逻辑地。

(3)DAC0832 的输出连接方式

DAC0832 根据应用场合不同,电压输出常采用单极性和双极性两种连接方式。

1)单极性输出方式

单极性输出方式是由运算放大器进行电流→电压转换,使用内部反馈电阻。接线方式如图 8.2 所示。

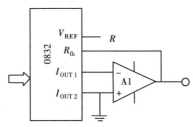

图 8.2　DAC0832 双极性电压输出方式

由于 DAC0832 是 8 位的 D/A 转换器,所以其输出电压 V_o 与输入的数字量(用 D 表示)的关系为：

$$V_o = -V_{REF}D/256$$

显然 V_o 与输入数字量 D 成正比,且极性与基准电压源 V_{REF} 相反。

2)双极性输出方式

如果实际应用系统中要求输出模拟电压为双极性,则需要用转换电路实现。接线方式如图 8.3 所示。

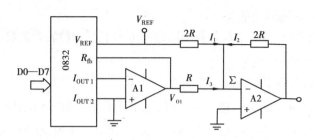

图 8.3　DAC0832 双极性电压输出方式

考虑到 $\sum$ 点为虚地，且有：

$$I_1 + I_2 + I_3 = 0$$

可得输出电压 V_o 与输入的数字量 D 的关系为：

$$V_o = (D - 128)V_{REF}/128$$

明显可以看到，D 为 0（00H）时输出为 $-V_{REF}$；D 为 128（80H）时输出为 0 V；D 为 256（FFH）时输出为 $+V_{REF}$。

另外也可以利用数据最高位控制 V_{REF} 极性转换的方法实现双极性输出。

（4）DAC0832 的工作方式

DAC0832 利用 $\overline{WR1}$、$\overline{WR2}$、ILE、$\overline{XFER}$ 控制信号可以构成直通、单缓冲和双缓冲三种工作方式。

1）直通方式

$\overline{WR1} = \overline{WR2} = \overline{CS} = \overline{XFER} = 0$，ILE = 1 时，两个寄存器都处于常通状态，数据可以从输入端经两个寄存器直接进入 D/A 转转器进行转换，故工作方式为直通方式。直通方式不能直接与系统的数据总线相连，需另加锁存器，故较少应用。

2）DAC0832 单缓冲方式

单缓冲方式是指 DAC0832 内部的两个寄存器有一个工作于直通方式，另一个工作于受单片机控制的锁存方式。此工作方式适用于一路模拟量输出或几路模拟量非同步输出的应用场合。

单缓冲方式的两种连接电路如图 8.4 和图 8.5 所示。

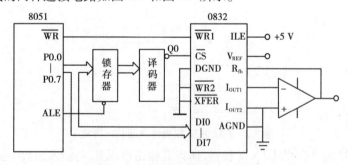

图 8.4　DAC0832 单缓冲方式接口一

图 8.4 中 $\overline{WR2}$ 和 $\overline{XFER}$ 接地，所以 DAC0832 的 8 位 D/A 寄存器（见图 8.1）工作于直通方式；8 位输入寄存器受 $\overline{CS}$ 和 $\overline{WR1}$ 控制，$\overline{CS}$ 由译码输出端 F8H 送来（也可以由 P2 口的某位控制）。

图 8.5 为输入寄存器和 D/A 寄存器同时受控的连接方法，$\overline{WR1}$ 和 $\overline{WR2}$ 一起接 8051 的 $\overline{WR}$，$\overline{CS}$ 和 $\overline{XFER}$ 共同接 8051 的 P2.6，因此两个寄存器具有相同的地址（BFFFH）。

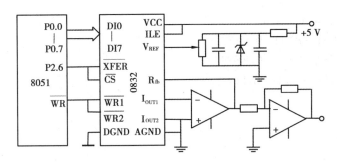

图 8.5　DAC0832 单缓冲方式接口二

3)DAC0832 双缓冲方式

双缓冲方式是先使输入寄存器接收资料,再控制输入寄存器的输出资料到 DAC 寄存器,即分两次锁存输入资料。这种工作方式适用于多路模拟量同时输出的应用场合。此情况下,每一路模拟量输出都需要一片 DAC0832 才能构成同步输出系统。双路模拟量输出的接口电路如图 8.6 所示。

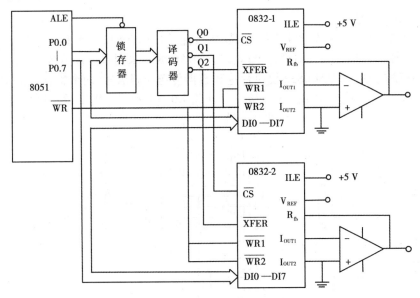

图 8.6　DAC0832 双缓冲方式接口

图 8.6 中,两片 DAC0832 的输出寄存器分别由两个不同的片选信号区分开,即首先将两路数据由不同的片选分别打入对应的 0832 的输入寄存器;而两片 DAC0832 的 D/A 寄存器传送的控制信号 $\overline{\text{XFER}}$ 同时由一个片选信号控制,所以当选通 D/A 寄存器时,各自输入寄存器中的数据可以同时进入各自的 D/A 寄存器中以达到同时进行转换、同步输出的目的。图 8.6 中,DAC0832-1 内部的输入寄存器占一个端口地址 FFF8H(没有用的地址线都取高电平"1"),DAC0832-2 的输入寄存器占一个端口地址 FFF9H,而两片 DAC0832 的 D/A 寄存器共用一个端口地址 FFFAH,因此,两片 DAC0832DAC 共占用 3 个外部 RAM 地址。

如果将图 8.6 的两路输出分别接图形显示器的两输入端,执行下面程序,可以绘制各种图形。

```
#include <reg51.h>
#include <absacc.h>
```

```
#define uchar unsigned char
#define DAC_CS1 XBYTE[0xFFF8]
#define DAC_CS2 XBYTE[0xFFF9]
#define DAC_XFE XBYTE[0xFFFA]
void main( )
{
  uchar X, Y;
  …
  DAC_CS1 = X;
  DAC_CS2 = Y;
  DAC_XFER = Y;
}
```

8.1.2 硬件电路与软件程序设计

(1)硬件电路设计

波形发生器的硬件连接如图 8.7 所示,数/模转换器 DAC0832 的数据输入端直接与 8051 的 P0 口相连,输出经运算放大器得到电压波形。DAC0832 采用单极性单缓冲方式工作,八 D 锁存器 74LS373 的 Q0 为 DAC0832 提供片选和数据传送控制信号,两个寄存器的写控制端连接 8051 的写输出端。在 8051 的 P1 口接三个开关 K0、K1 和 K2,用来设置输出波形的类型, K0、K1 和 K2 分别对应正弦波、锯齿波和方波。

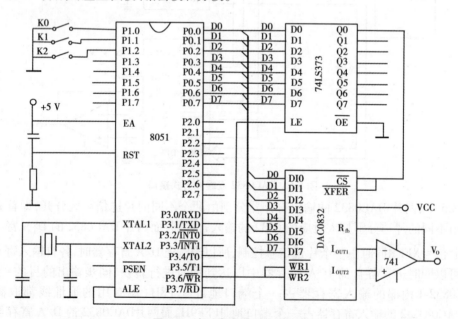

图 8.7 波形发生器硬件原理图

(2)程序设计

```
// ********** DAC0832 输出正弦波、锯齿波、方波 **********
#include <reg51.h>
#include <absacc.h>
```

```
#define uchar unsigned char
#define DAC0832 XBYTE[0xFFFE]
sbit K0=P1^0;                                      //按键接口
sbit K1=P1^1;
sbit K2=P1^2;
uchar code Sin_TAB[ ] = {0X7F,0X89,0X94,0X96,0XAA,0XB4,0XBE,0XC8,0XD1,0XD9,
                0XE0,0XE7,0XED,0XF2,0XF7,0XFA,0XFC,0XFE,0XFF,
                0XFE,0XFC,0XFA,0XF7,0XF2,0XED,0XE7,0XE0,0XD9,
                0XD1,0XC8,0XBE,0XB4,0XAA,0X9F,0X94,0X89,0X7F,
                0X75,0X6A,0X5F,0X54,0X4A,0X40,0X36,0X2D,0X25,
                0X1E,0X17,0X11,0X0C,0X07,0X04,0X02,0X01,0X00,
                0X01,0X02,0X04,0X07,0X0C,0X11,0X17,0X1E,0X25,
                0X2D,0X36,0X40,0X4A,0X54,0X5F,0X6A,0X75,0X7F};
void Delay(uchar ms)                              //延时
{
    uchar t;
    while(ms--) for(t=0; t<120; t++);
}
void sin()                                        //正弦波
{
    uchar i;
    while (1)
    {
        for (i =0; i < 73; i++) DAC0832 = Sin_TAB[i];
    }
}
void Saw_Tooth()                                  //锯齿波
{
    uchar i;
    while (1)
    {
        for (i = 0; i < 256; i++) DAC0832 = i;
    }
}
void Square()                                     //方波
{
    uchar i;
    while (1)
    {
        for (i = 0; i < 250; i++) DAC0832 = 250;
        for (i = 0; i < 250; i++) DAC0832 =0;
```

```
    }
 }
void main( )
 {
    P1＝0xFF;
    if ( K0＝0)    sin( );
    else if ( K1＝0)    Saw_Tooth( );
      else if ( K2＝0)    Square( );
        else sin( );
    Delay(1);
 }
```

8.1.3 调试与仿真运行

本设计实例的仿真电路及结果分别如图 8.8 和图 8.9 所示。

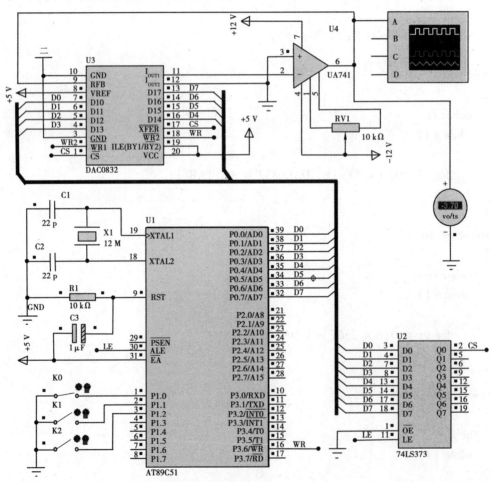

图 8.8　简易波形发生器仿真电路

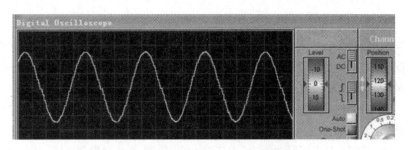

图 8.9　简易波形发生器输出正弦波时的仿真结果

8.2　数字电压表的设计

利用 MCS-51 单片机和 A/D 转换器设计一个数字直流电压表。要求测量范围在 0~+5 V,测量结果用三位 LED 数码管显示。设计目的是:

①了解 A/D 芯片 ADC0808/0809 的工作原理及编程。

②掌握单片机与 ADC0808/0809 的接口技术。

③通过实训了解单片机如何进行数据采集。

④进一步掌握 LED 数码管动态显示的工作原理。

本任务被测量的直流电压是模拟量,必须将它转换成数字量之后,才能通过单片机进行处理和显示。ADC0809 是按逐次逼近方式工作的八通道 A/D 转换器,它与单片机连接主要涉及两个问题:一是八路模拟通道数据选择,二是模/数转换完成后转换数据的传送。本设计任务只有一路模拟电压输入,所以选择 ADC0809 的任一输入通道即可,可以通过将 ADC0809 的模拟输入通道地址选择线 A、B、C 分别接地或高电平不实现(如 A=B=C=0 时,选择通道 0)。数据的传送可以按中断方式进行。这样,将被测电压(模拟电量)送给模/数转换器 ADC0809 转换为与模拟量成正比的数字量,然后输入单片机进行处理,处理结果再输出到数码管上进行显示,就实现了直流电压的测量功能。

8.2.1　认识 A/D 转换器芯片 ADC0808/0809

（1）A/D 转换器

1）A/D 转换器概述

A/D 转换器(模/数转换器,简称 ADC)是一种能把输入模拟电压转换成与它成正比数字量的器件。这样,微处理机就能够从传感器、变送器或其他模拟信号获得信息。A/D 转换器芯片的种类较多,按转换原理可分为计数器式 ADC、逐次逼近式 ADC、双积分式 ADC 和并行 ADC 等多种。

尽管 ADC 芯片的品种、型号很多,其内部功能强弱、转换速度快慢、转换精度高低有很大差别,但从用户最关心的外特性看,无论哪种芯片,都必不可少地要包括以下四种基本信号引脚端:模拟信号输入端(单极性或双极性);数字量输出端(并行或串行);转换启动信号输入端;转换结束信号输出端。除此之外,各种不同型号的芯片可能还会有一些其他各不相同的控制信号端。选用 ADC 芯片时,除了必须考虑各种技术要求外,通常还需了解芯片以下两方

面的特性:

①数字输出的方式是否有可控三态输出。有可控三态输出的 ADC 芯片允许输出线与微机系统的数据总线直接相连,并在转换结束后利用读数信号$\overline{RD}$选通三态门,将转换结果送上总线。没有可控三态输出(包括内部根本没有输出三态门和虽有三态门但外部不可控两种情况)的 ADC 芯片则不允许数据输出线与系统的数据总线直接相连,而必须通过 I/O 接口与单片机交换信息。

②启动转换的控制方式是脉冲控制式还是电平控制式。对脉冲启动转换的 ADC 芯片,只要在其启动转换引脚上施加一个宽度符合芯片要求的脉冲信号,就能启动转换并自动完成。一般能和 MPU 配套使用的芯片,MPU 的 I/O 写脉冲都能满足 ADC 芯片对启动脉冲的要求。对电平启动转换的 ADC 芯片,在转换过程中,启动信号必须保持规定的电平不变,如中途撤销规定的电平,就会停止转换而可能得到错误的结果。为此,必须用 D 触发器或可编程并行 I/O 接口芯片的某一位来锁存这个电平,或用单稳等电路来对启动信号进行定时变换。

2)A/D 转换器性能指标

①分辨率:A/D 转换器能分辨的最小模拟输入量,通常用数字量的位数表示,如 8 位、10 位、12 位、16 位分辨率等。分辨率越高,转换时对输入量的微小变化的反应越灵敏。

②量程:所能转换的输入电压范围,如 5 V、10 V 等。

③精度:有绝对精度和相对精度两种表示方法。常用数字量的位数作为度量绝对精度的单位,而用百分比来表示满量程时的相对误差。精度和分辨率是不同的概念。精度是指转换后所得结果相对于实际值的准确度,而分辨率是指能对转换结果发生影响的最小输入量。

④转换时间:A/D 转换器完成一次转换所需的时间。转换时间是软件编程时必须考虑的参数,若 CPU 采用无条件传送方式输入转换后的数据,则从启动 ADC 芯片转换开始到 ADC 芯片转换结束的时间称为延时等待时间,该时间由启动转换程序之后的延时程序实现,延时等待时间必须大于或等于 ADC 转换时间。

⑤输出逻辑电平:多数与 TTL 电平匹配。在考虑数字输出量与微型机数据总线的关系时,还要对其他一些有关问题加以考虑,例如:是否要用三态逻辑输出,采用何种编码制式,是否需要对数据进行门锁等。

⑥量化误差:将模拟量转换成数字量过程中引起的误差。

(2)ADC0808/0809 的内部结构及引脚功能

ADC0808 和 ADC0809 除精度略有差别外(前者精度为 8 位、后者精度为 7 位),其余各方面完全相同。它们都是 CMOS 器件,不仅包括一个 8 位的逐次逼近型的 ADC 部分,而且还提供一个 8 通道的模拟多路开关和通道寻址逻辑,因而有理由把它作为简单的"数据采集系统"。利用它可直接输入 8 个单端的模拟信号分时进行 A/D 转换,在多点巡回检测和过程控制、运动控制中应用十分广泛。主要技术指标和特性如下:

①分辨率:8 位。

②总的不可调误差:ADC0808 为 $\pm 1/2$LSB,ADC0809 为 ± 1LSB。

③转换时间:取决于芯片时钟频率,如 CLK = 500 kHz 时,$T_{CONV} = 128$ μs。

④单一电源:+5 V。

⑤模拟输入电压范围:单极性 0~5 V;双极性 ± 5 V,± 10 V(需外加一定电路)。

⑥具有可控三态输出缓存器。

⑦启动转换控制为脉冲式(正脉冲),上升沿使所有内部寄存器清零,下降沿使 A/D 转换开始。

⑧使用时不需进行零点和满刻度调节。

ADC0808 和 ADC0809 的内部结构和引脚如图 8.10 所示。ADC0808/0809 内部由八路模拟开关、地址锁存与译码器、8 位 A/D 转换电路和三态输出锁存器等组成。

8 路模拟开关根据地址译码信号来选择 ADC0808/0809 的输入通道,允许 8 路模拟量分时输入,共用一个 A/D 转换器进行转换。地址锁存与译码电路完成对 A、B、C 三个地址位进行锁存和译码,其译码输出用于通道选择。8 位 A/D 转换器是逐次逼近式,由控制与时序电路、比较器、逐次逼近寄存器 SAR、树状开关以及电阻阶梯网络等组成,实现逐次比较 A/D 转换,在 SAR 中得到 A/D 转换完成后的数字量。其转换结果通过三态输出锁存器输出,输出锁存器用于存放和输出转换得到的数字量,当 OE 引脚为高电平时,就可以从三态输出锁存器取走 A/D 转换结果。三态输出锁存器可以直接与系统数据总线相连。

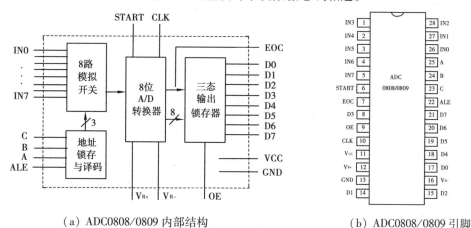

（a）ADC0808/0809 内部结构　　　　　（b）ADC0808/0809 引脚

图 8.10　ADC0808/0809 内部结构和引脚图

ADC0808/0809 是 28 引脚列直插式封装的芯片,各引脚功能如下:

IN0—IN7(8 条):8 路模拟量输入,用于输入待转换的模拟电压。ADC0808/0809 对输入模拟量的要求主要有:信号单极性,电压范围为 0~5 V。另外,输入模拟量在 A/D 转换过程中其值不应变化太快,因此对于变化速度快的模拟量,在输入前应增加采样保持电路。

D0—D7:数字量输出,为三态缓冲输出形式,可以和单片机的数据线直接相连。

A、B、C:模拟输入通道地址选择线。A 为低位地址,C 为高位地址,用于对模拟通道进行选择。其地址与通道的对应关系见表 8.1。

表 8.1　ADC0808/0809 通道选择

C	B	A	选择通道	C	B	A	选择通道
0	0	0	IN0	1	0	0	IN4
0	0	1	IN1	1	0	1	IN5
0	1	0	IN2	1	1	0	IN6
0	1	1	IN3	1	1	1	IN7

265

ALE:地址锁存允许。由低至高电平的正跳变将通道地址送至地址锁存器,经译码后控制八路模拟开关工作。

START:A/D 转换启动信号。其上升沿将内部逐次逼近寄存器清 0,下降沿启动 A/D 转换。在 A/D 转换期间,START 应保持低电平。

EOC:转换结束信号。低电平表示正在进行转换;高电平表示 A/D 转换已结束。EOC 可作中断请求信号,也可作为查询状态标志使用。

OE:允许输出控制信号。当 OE 为高电平时,A/D 转换器的输出锁存缓冲器开放,将其中的数据放到外部的数据线上。当 OE 为低电平时,输出数据线呈高阻态。

CLK:时钟输入,为 ADC0808/0809 提供逐次比较所需时钟脉冲。要求频率范围在 10 kHz ~ 1.2 MHz。通常使用频率为 500 kHz 的时钟信号。

VCC:+5 V 电源输入线。

GND:地线。

V_{R+}、V_{R-}:参考电压输入线,用来与输入的模拟信号进行比较,作为逐次逼近的基准。其典型值为+5 V。

(3) ADC0808/0809 与 MCS-51 单片机的接口

图 8.11 是 ADC0808/0809 与 8051 单片机的一种常用接口电路图。8 路模拟量的变化范围为 0 ~ 5 V,ADC0808/0809 的 EOC 转换结束信号接 8031 的外部中断 1 上,8051 通过地址线 P2.7 和读、写信号来控制转换器的模拟量输入通道地址锁存、启动和输出允许。模拟输入通道地址 A、B、C 由 P0.0—P0.2 经锁存器提供。ADC0808/0809 时钟输入由单片机 ALE 经二分频电路(D 触发器构成)获得,若单片机时钟频率符合要求,也可不加二分频电路。

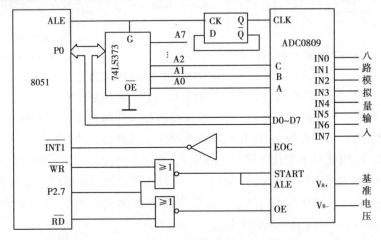

图 8.11　ADC0808/0809 与 8051 单片机的接口电路

电路连接主要涉及两个问题,一个是 8 路模拟信号的通道选择,另一个是 ADC 转换完成后转换数据的传送。

1)通道选择

图 8.11 中,A、B、C 分别接地址锁存器提供的低三位地址,只要把三位地址写入 0809 中的地址锁存器,就实现了模拟通道选择。对本系统来说,为了把三位地址写入,还要提供口地址。口地址由 P2.7 确定,因此,该电路中 ADC0808/0809 的通道地址见表 8.2。

表 8.2　ADC0808/0809 的通道地址

P27	P26	P25	P24	P23	P22	P21	P20	P07	P06	P05	P04	P03	P02	P01	P00	通道
0	×	×	×	×	×	×	×	×	×	×	×	×	0	0	0	IN0
0	×	×	×	×	×	×	×	×	×	×	×	×	0	0	1	IN1
0	×	×	×	×	×	×	×	×	×	×	×	×	0	1	0	IN2
0	×	×	×	×	×	×	×	×	×	×	×	×	0	1	1	IN3
0	×	×	×	×	×	×	×	×	×	×	×	×	1	0	0	IN4
0	×	×	×	×	×	×	×	×	×	×	×	×	1	0	1	IN5
0	×	×	×	×	×	×	×	×	×	×	×	×	1	1	0	IN6
0	×	×	×	×	×	×	×	×	×	×	×	×	1	1	1	IN7

口地址也可以由单片机其他不用的口线,或者由几根口线经过译码后来提供,这样,8 路通道的地址也就有所不同。

本电路把 ADC0808/0809 的 ALE 信号与 START 信号连接在了一起,这样使得在 ALE 信号的前沿写入地址信号,紧接着在其后沿就启动 A/D 转换。

2)转换数据的传送

A/D 转换后得到的数据应传送给单片机进行处理。数据传送的关键问题是如何确认 A/D 转换完成,通常可采用下述三种方式。

①定时传送方式。对于一种 A/D 转换器来说,转换时间作为一项技术指标是已知的和固定的。例如 ADC0808/0809 转换时间为 128 μs,相当于 6 MHz 的 MCS-51 单片机的 64 个机器周期。可据此设计一个延时子程序,A/D 转换启动后即调用这个延时子程序,延迟时间一到,ADC 也已经完成转换工作,接着就可进行数据传送。

②查询方式。A/D 转换芯片都有表明转换完成的状态信号,如 ADC0808/0809 的 EOC端。单片机可以用查询方式测试 EOC 的状态,若 EOC 为高,即可确定转换已经完成,可以进行数据传送。

③中断方式。如果把表示转换结束的状态信号(EOC)作为中断请求信号,那么便可以中断方式进行数据传送。

不论使用哪种方式,一旦确认转换完成,即可进行数据传送。首先送出口地址,并以 8051 的 $\overline{RD}$ 作为选通信号。当信号有效时,OE 信号即有效,把转换数据送上数据总线,供单片机接收。

8.2.2　硬件电路与软件程序设计

(1)硬件电路设计

本设计的硬件电路如图 8.12 所示。采用 ADC0808/0809 进行模数转换,ADC0808/0809 的数字输出端直接与 8051 的 P0 口相连,由于只测量一路直流电压,图中将地址选择线 A、B、C 接地,以选择第一个通道(IN0),这样可以节省地址锁存器件。LED 显示采用动态方式,其段码线连接 8051 的 P1 口,位选信号由 8051 的 P2.0—P2.2 提供,P2.3 作为 ADC0808/0809 的地址控制端(ADC0808/0809 通道 IN0 的地址为 0XF7F8)。应该注意的是在实际应用时 LED 的位选线应加驱动和限流元件。为了便于仿真,被测电压利用电位器 RV 对 VCC 分压获得。

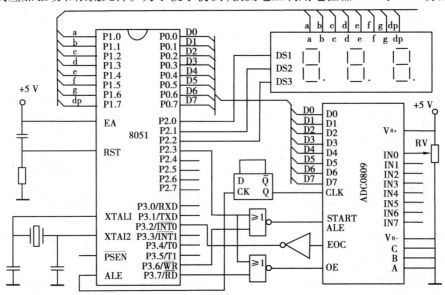

图 8.12　直流电压表硬件原理图

(2)程序设计

数字式直流电压表程序如下:

```c
// *********** 利用 0809 设计数字电压表 *************
#include <at89x51.h>
#include <absacc.h>
#include <math.h>
#define unit unsigned int
#define uchar unsigned char
#define AD XBYTE[0XF7F8]                          //选通道 0
sbit led1 = P2^0;                                  //定义驱动口
sbit led2 = P2^1;
sbit led3 = P2^2;
sbit ad_INT = P3^2;                                //选中断 0
uchar ad_data;
uchar data dis[ ] = {0x00,0x00,0x00,0x00,0x00};
uchar code led_Data[ ] = {0x3F,0x06,0x5B,0x4F,0x66,
                0x6D,0x7D,0x07,0x7F,0x6F};          //显示码
void data_Pr();
void delay (k);
void display_Re()                                  //LED 显示子程序
{
    P1 = led_Data[dis[2]] | 0x80;
```

```
        led1 = 0;
        delay(1);
        led1 = 1;
        P1 = led_Data[dis[1]];
        led2 = 0;
        delay(1);
        led2 = 1;
        P1 = led_Data[dis[0]];
        led3 = 0;
        delay(1);
        led3 = 1;
}
void main()                                      //主程序
{
    EA = 1;                                      //开中断
    EX0 = 1;
    ad_data = 0;                                 //采样值存储单元置 0
    ad_INT = 0;
    while(1)
    {
        AD = 0;
        data_Pr();
        display_Re();
    }
}
void Delay(int count)                            //延时
{
    int i,j;
    for(i = 0;i<count;i++)
    for(j = 0;j<120;j++);
}
void data_Pr(void)                              //数据处理
{
    dis[2] = ad_data/51;
    dis[4] = ad_data%51;
    dis[4] = dis[4] * 10;
    dis[1] = dis[4]/51;
    dis[4] = dis[4]%51;
    dis[4] = dis[4] * 10;
```

```
        dis[0]=dis[4]/51;
}
void adc0809(void) interrupt 0 using 1
{
        ad_data=AD;                                    //将 AD 的数据送 ad_data
}
```

8.2.3 调试与仿真运行

仿真电路及效果如图 8.13 所示。

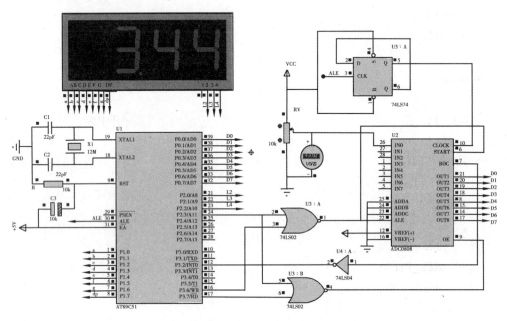

图 8.13　数字电压表仿真效果

总结与思考

本项目通过简易波形信号发生器和数字电压表的设计两任务,介绍了 DAC0832 和 ADC0808/0809 的内部结构、功能及与单片机的接口方法。

任务一采用单极性(也可采用双极性)单缓冲方式。编程时选择数/模转换器 DAC0832 的地址,单片机按一定的规律发送数据,在电路输出端即可得到相应的电压波形。本例产生了方波、锯齿波和正弦波三种常见波形。这三种波形数据产生的方式并不相同,方波是将上限电平和下限电平延时后交替输出而得到的;锯齿波是将输出量逐步递增得到的;正弦波是通过读取事先量化的正弦表而得到的,本例是每间隔 5°量化一个值。所谓量化,就是以一定的量化单位把数值上连续的模拟量转变为数值上离散的阶跃量的过程,量化相当于只取近似整数商的除法运算。正弦波的产生实际上是一种 DDS 技术(Direct Digital Synthesizer 直接数字式频率合成器)的具体应用。利用 DDS 技术可以得到任意波形的电压信号。

　　任务二是利用 ADC0809 设计直流数字电压表,重点是掌握 ADC0809 的引脚功能、工作过程和与单片机的接口方法。本设计实例是按中断方式进行数据传送的。设计图中的 D 触发器将 8051 的 ALE 二分频后给 ADC0809 提供采样频率。晶振频率为 12 MHz,ADC0809 的最高频率是 1.2 MHz,所以使用时二分频电路也可以不要。在实际应用时,除要给 LED 加驱动外,设计图中的中断反向器可以用或非门代替,这样可以节省一个集成电路。

习 题 8

　　8.1　DAC 的主要性能指标有哪些? 分辨率和转换精度是一样的吗?

　　8.2　某 ADC 的分辨率为 12 位,若用百分比表示,其分辨率为多少? 若最大允许输入电压为 10 V,它能分辨输入模拟电压最小变化量是多少?

　　8.3　DAC0832 中唯一影响输出结果的模拟参量是什么? 对输出有何影响?

　　8.4　DAC 0832 与 MCS-51 单片机连接时有哪些控制信号? 其作用是什么? 在什么情况下要使用 D/A 转换器的双缓冲方式?

　　8.5　DAC0832 输出的是电流,如何得到模拟输出电压?

　　8.6　电平启动转换的 ADC 在转换过程中对启动信号有何要求?

　　8.7　ADC0809 转换数据的传送通常可采用哪些方式进行? 每种方式是如何实现的?

　　8.8　ADC 数字输出的方式是否有可控三态输出,分别如何与单片机连接?

　　8.9　按 DAC0832 直通工作方式设计一个输出固定直流电压的电路并编程。

　　8.10　按图 8.11 所示的电路编写中断法读取数据的程序(设选取模拟通道 IN3)。

项目 9

数字温度控制器的设计与制作

本章要点
◆掌握单总线数字温度传感器的使用方法。
◆掌握液晶显示器的使用方法。
◆掌握温度报警器及数字温度控制器的设计。

本章主要介绍单总线数字温度传感器及液晶显示器的使用,并利用温度传感器及结晶显示器设计制作简单的温度报警器及数字温度控制器。

9.1 认识单总线

1-Wire,即单线总线,又叫单总线。它是美国的达拉斯半导体公司(DALLASSEMICON-DUCTOR)推出的一项特有的技术。该技术采用单根信号线,系统中的数据交换、控制都由这根线完成,既可传输时钟,又能传输数据,而且数据传输是双向的,因而这种单总线技术具有线路简单、硬件开销少、成本低廉,便于总线扩展和维护等优点。

9.1.1 单总线数字温度传感器 DS18B20

DS18B20 是美国 DALLAS 公司生产的单总线数字温度传感器,可把温度信号直接转换成串行数字信号供微机处理,在一条总线上可挂接多个 DS18B20 芯片。单总线通常要求外接一个约为 4.7 kΩ 的上拉电阻,当总线闲置时,其状态为高电平。DS18B20 数字温度传感器可提供 9~12 位温度读数。读取或写入 DS18B20 的信息仅需一根总线,总线本身可以向所有挂接的 DS18B20 芯片提供电源,而不需额外的电源。由于这一特点,DS18B20 非常适合于温度检测系统。

(1)DS18B20 的优点

◆采用单总线的接口方式。与微处理器连接时,仅需要一条口线即可实现微处理器与 DS18B20 的双向通信。具有经济性好,抗干扰能力强,使用方便等优点。

272

◆每个器件上都有独一无二的序列号。

◆测量温度范围宽,测量精度高。DS18B20 的测量范围为 – 55 ℃ ~ + 125 ℃;在 – 10 ~ +85 ℃ 范围内,精度为±0.5 ℃。

◆在使用中不需要任何外围元件即可实现测温。

◆内部有温度上、下限告警设置。

◆支持多点组网功能。多个 DS18B20 可以并联在唯一的单线上,实现多点测温。

◆供电方式灵活。DS18B20 可以通过内部寄生电路从数据线上获取电源,因此,当数据线上的时序满足一定的要求时,可以不接外部电源,从而使系统结构更趋简单,可靠性更高。

◆测量参数可配置。DS18B20 的测量分辨率可通过程序设定 9~12 位。

◆负压特性。电源极性接反时,温度计不会因发热而烧毁,但不能正常工作。

◆掉电保护功能。DS18B20 内部含有 EEPROM ,在系统掉电以后,它仍可保存分辨率及报警温度的设定值。

◆体积小、适用电压宽、更经济。

(2)DS18B20 芯片结构

DS18B20 可采用 3 脚 TO-92 小体积封装和 8 脚 SOIC 封装。其外形和引脚图如图 9.1 所示。

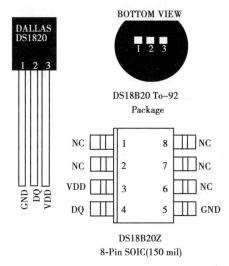

图 9.1　DS18B20 外形和引脚配置图

DS18B20 各引脚功能见表 9.1。

表 9.1　DS18B20 引脚功能

序号	名称	引脚功能描述
1	GND	地信号
2	DQ	数据输入/输出引脚。开漏单总线接口引脚。当被用在寄生电源下,也可以向器件提供电源
3	VDD	可选择的 VDD 引脚。当工作于寄生电源时,此引脚必须接地

DS18B20 内部结构如图 9.2 所示。

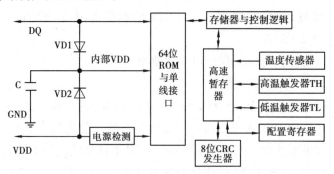

图 9.2　DS18B20 内部结构图

DS18B20 内部主要由主要包括 7 部分：①64 位光刻 ROM 与单线接口；②温度传感器；③寄生电源；④温度报警触发器 TH 和 TL,分别用来存储用户设定的温度上、下限；⑤高速暂存器,即便笺式 RAM,用于存放中间数据；⑥存储与控制逻辑；⑦8 位循环冗余校验码(CRC)。

光刻 ROM 中的 64 位序列号是出厂前被光刻好的,它可以看作是该 DS18B20 的地址序列码。第一个 8 位为单总线器件识别码(DS18B20 为 28 h),接下来 48 位是器件的唯一系列码,最后 8 位是前 56 位的 CRC 校验码。每个 DS18B20 的序列号都各不相同,这样就可以达到一根总线上挂接多个 DS18B20 的目的。

9.1.2　传感器的读写时序

由于 DS18B20 采用的是 1-Wire 总线协议方式,即在一根数据线实现数据的双向传输,而对 MCS-51 单片机来说,硬件上并不支持单总线协议,因此,必须采用软件的方法来模拟单总线的协议时序来完成对 DS18B20 芯片的访问。

由于 DS18B20 是在一根 I/O 线上读写数据,因此,对读写的数据位有着严格的时序要求。DS18B20 有严格的通信协议来保证各位数据传输的正确性和完整性。该协议定义了几种信号的时序:初始化时序、读时序、写时序。所有时序都是将主机作为主设备,单总线器件作为从设备。而每一次命令和数据的传输都是从主机主动启动写时序开始,如果要求单总线器件回送数据,在进行写命令后,主机需启动读时序完成数据接收。数据和命令的传输都是低位在先。

DS18B20 的一线工作协议流程是:初始化→ROM 操作指令→存储器操作指令→数据传输。

(1)初始化时序

主机首先发出一个 480~960 μs 的低电平脉冲,然后释放总线变为高电平,并在随后的 480 μs 时间内对总线进行检测。如果有低电平出现,说明总线上有器件已作出应答;若无低电平出现,一直都是高电平,说明总线上无器件应答。

作为从器件的 DS18B20 在一上电后就一直在检测总线上是否有 480~960 μs 的低电平出现,如果有,在总线转为高电平后等待 15~60 μs 后将总线电平拉低 60~240 μs 作出响应存在脉冲,告诉主机本器件已做好准备。若没有检测到,就一直在检测等待。

DS18B20 初始化时序如图 9.3 所示。

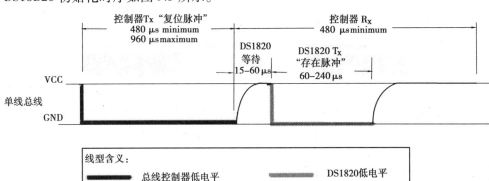

图 9.3　DS18B20 初始化时序图

（2）对 DS18B20 的写和读操作时序

初始化后主机发出各种操作命令，但各种操作命令都是向 DS18B20 写 0 和写 1 组成的命令字节，接收数据时也是从 DS18B20 读取 0 或 1 的过程。因此，首先要搞清主机是如何进行写 0、写 1、读 0 和读 1 的。

写周期最少为 60 μs，最长不超过 120 μs。写周期一开始作为主机先把总线拉低 1 μs 表示写周期开始。随后，若主机想写 0，则继续拉低电平最少 60 μs 直至写周期结束，然后释放总线为高电平。若主机想写 1，在一开始拉低总线电平 1 μs 后就释放总线为高电平，一直到写周期结束。而作为从机的 DS18B20 则在检测到总线被拉低后等待 15 μs，然后从 15～45 μs 开始对总线采样，在采样期内总线为高电平则为 1，若采样期内总线为低电平则为 0。

对于读数据操作，时序也分为读 0 时序和读 1 时序两个过程。读时隙是从主机把单总线拉低之后，在 1 μs 之后就释放单总线为高电平，以让 DS18B20 把数据传输到单总线上。DS18B20 在检测到总线被拉低 1 μs 后，便开始送出数据。若是要送出 0，就把总线拉为低电平直到读周期结束；若要送出 1，则释放总线为高电平。主机在一开始拉低总线 1 μs 后释放总线，然后在包括前面的拉低总线电平 1 μs 在内的 15 μs 时间内完成对总线进行采样检测，采样期内总线为低电平则确认为 0。采样期内总线为高电平则确认为 1。完成一个读时序过程，至少需要 60 μs 才能完成。

DS18B20 的读和写操作时序分别如图 9.4、图 9.5 所示。

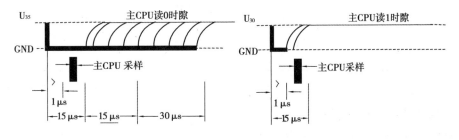

图 9.4　DS18B20 读操作时序图

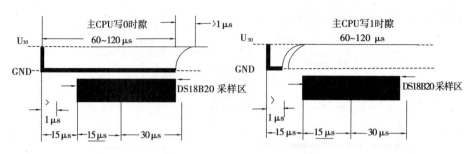

图 9.5　DS18B20 写操作时序图

9.1.3　传感器的操作使用

DS18B20 单线通信功能是分时完成的。它有严格的时隙概念，如果出现序列混乱，1-WIRE器件将不响应主机，因此读写时序很重要。系统对 DS18B20 的各种操作必须按协议进行。根据 DS18B20 的协议规定，微控制器控制 DS18B20 完成温度的转换必须经过以下几个步骤：

（1）每次读写前对 DS18B20 进行复位初始化

复位要求主 CPU 将数据线下拉 500 μs，然后释放，DS18B20 收到信号后等待 16~60 μs，然后发出 60~240 μs 的存在低脉冲，主 CPU 收到此信号后表示复位成功。

（2）发送一条 ROM 指令

DS18B20 的 ROM 指令集见表 9.2。

表 9.2　DS18B20 的 ROM 指令集

指令名称	指令代码	指令功能
读 ROM	33H	读 DS18B20ROM 中的编码（即读 64 位地址）
ROM 匹配（符合 ROM）	55H	发出此命令之后，接着发出 64 位 ROM 编码，访问单总线上与编码相对应 DS18B20 使之作出响应，为下一步对该 DS18B20 的读写作准备
搜索 ROM	OFOH	用于确定挂接在同一总线上 DS18B20 的个数和识别 64 为 ROM 地址，为操作各器件做好准备
跳过 ROM	OCCH	忽略 64 位 ROM 地址，直接向 DS18B20 发温度变换命令，适用于单片机工作
警报搜索	OECH	该指令执行后，只有温度超过设定值上限或下限的片子才作出响应

（3）发送存储器指令

DS18B20 的存储器指令集见表 9.3。

表 9.3　DS18B20 的存储器指令集

指令名称	指令代码	指令功能
温度变换	44H	启动 DS18B20 进行温度转换,转换时间最长为 500 ms(典型为 200 ms),结果存入内部 9 字节 RAM 中
读暂存器	OBEH	读内部 RAM 中 9 字节的内容
写暂存器	4EH	向内部 RAM 的第 3、4 字节发出写上、下限温度数据命令,紧跟该命令之后,是传送两字节的数据
复制暂存器	48H	将 RAM 中低 3、4 字节的内容复制到 EEPROM 中
重调 EEPROM	OB8H	EEPROM 中的内容恢复到 RAM 中的第 3、4 字节
读供电方式	OB4H	读 DS18B20 的供电模式,寄生供电时 DS18B20 发送"0",外接电源供电 DS18B20 发送"1"

DS18B20 进行一次温度转换的具体操作如下:

①主机先进行复位操作。

②主机再写跳过 ROM 的操作(CCH)命令。

③主机接着写转换温度的操作命令,后面释放总线至少 1 s,让 DS18B20 完成转换的操作。在这里要注意的是,每个命令字节在写的时候都是低字节先写,例如 CCH 的二进制为 11001100,在写到总线上时要从低位开始写,写的顺序是"0、0、1、1、0、0、1、1"。整个操作的总线状态如图 9.6 所示。

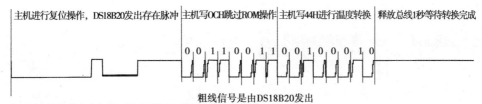

注:图中的粗线本为红线,是为了便于观察将其改为粗线

图 9.6　DS18B20 进行一次温度转换的状态图

读取 RAM 内的温度数据的具体操作如下:

①主机发出复位操作并接收 DS18B20 的应答(存在)脉冲。

②主机发出跳过对 ROM 操作的命令(CCH)。

③主机发出读取 RAM 的命令(BEH),随后主机依次读取 DS18B20 发出的从第 0 至第 8,共 9 个字节的数据。如果只想读取温度数据,那在读完第 0 和第 1 个数据后就不再理会后面 DS18B20 发出的数据即可。同样,读取数据也是低位在前的。整个操作的总线状态如图 9.7 所示。

第二步跳过对 ROM 操作的命令是在总线上只有一个器件时为节省时间而简化的操作,若总线上不止一个器件,那么跳过 ROM 操作命令将会使几器件同时响应,这样就会出现数据冲突。

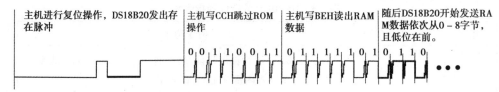

主机进行复位操作，DS18B20发出存在脉冲 / 主机写CCH跳过ROM操作 / 主机写BEH读出RAM数据 / 随后DS18B20开始发送RAM数据依次从0－8字节，且低位在前。

0 0 1 1 0 0 1 1 0 1 1 1 1 1 0 1 0 1 1 0

黑色线的信号是由主机（单片机）发出
粗线的信号是由DS18B20发出
注：图中的粗线本为红线，是为了便于观察将其改为粗线

图 9.7　DS18B20 读取 RAM 内的温度数据的状态图

9.2　LCD 液晶显示屏

液晶显示器是人们日常生活中常见的输出设备，如在计算器、万用表、电子表及很多家用电子产品中都可以看到，显示的主要是数字、专用符号和图形。在单片机的人机交流界面中，一般的输出方式有以下几种：发光管、LED 数码管、液晶显示器。发光管和 LED 数码管比较常用，软硬件都比较简单，在前面章节已经介绍过，本节重点介绍字符型液晶显示器的应用。

9.2.1　1602LCD 液晶模块

（1）1602LCD 液晶显示模块结构

字符型液晶显示模块是一种专门用于显示字母、数字、符号等点阵式 LCD，目前常用 $16*1,16*2,20*2$ 和 $40*2$ 行等的模块。1602LCD 是指显示的内容为 16X2，即可以显示两行、每行 16 个字符的液晶模块，其实物图如图 9.8 所示。

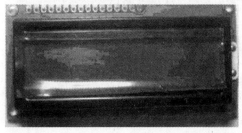

图 9.8　1602LCD 液晶模块实物图

1602LCD 液晶显示模块的管脚配置图如图 9.9 所示，各引脚功能见表 9.4。

主要管脚介绍如下：

◆V0：液晶显示器对比度调整端，接正电源时对比度最弱，接地电源时对比度最高，对比度过高时会产生"鬼影"，使用时可以通过一个 10 kΩ 的电位器调整对比度。

◆RS：寄存器选择。RS＝0，当 MPU 进行写模块操作时，指向指令寄存器，当 MPU 进行读模块操作时，指向地址计数器；RS＝1，无论 MPU 读操作还是写操作，均指向数据寄存器。

◆R/W：读写信号线，高电平时进行读操作，低电平时进行写操作。当 RS 和 R/W 共同为低电平时可以写入指令或者显示地址；当 RS 为高电平 R/W 为低电平时可以写入数据。

◆E：使能端，读操作时，高电平有效；写操作时，下降沿有效。在读状态下，E 为高电平时，LCD1602 将所需数据送到数据线上；在写状态下，E 为下降沿时 LCD1602 从数据线上读取数据。

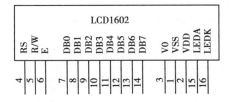

图 9.9 1602LCD 液晶模块管脚配置图

表 9.4 1602LCD 液晶模块管脚功能

引脚号	符号	状态	功能
1	VSS		电源地
2	VDD		电源+5 V
3	VO		液晶驱动电源
4	RS	输入	寄存器选择
5	R/W	输入	读、写操作
6	E	输入	使能信号
7	DBO	三态	数据总线(LSB)
8	DB1	三态	数据总线
9	DB2	三态	数据总线
10	DB3	三态	数据总线
11	DB4	三态	数据总线
12	DB5	三态	数据总线
13	DB6	三态	数据总线
14	DB7	三态	数据总线(MSB)
15	LEDA	输入	背光+5 V
16	LEDK	输入	背光地

(2)1602LCD 液晶显示模块控制指令

LCD1602 有 11 个控制指令,见表 9.5。

表 9.5 1602LCD 液晶模块控制指令集

指 令	功 能
清屏	清 DDRAM 和 AC 值
归位	AC=0,光标、画面回 HOME 位
输入方式设置	设置光标、画面移动方式
显示开关控制	设置显示、光标及闪烁开、关
光标、画面位移	光标、画面移动,不影响 DDRAM
功能设置	工作方式设置(初始化指令)

续表

指 令	功 能
OGRAM 地址设置	设置 OGRAM 地址。A5~A0＝0~3FH
DDRAM 地址设置	DDRAM 地址设置
读 BF 及 AC 值	读忙标志 BF 值和地址计数器 AC 值
写数据	数据写入 DDRAM 或 OGRAM 内
读数据	从 DDRAM 或 OGRAM 数据读出

◆ 清屏

表 9.6

RS	R/W	DB7	DB6	DB5	DB4	DB3	DB2	DB1	DB0
0	0	0	0	0	0	0	0	0	1

指令代码为 01H,向显示 DDRAM 中写入 ASCII 代码 20H,清除显示内容,同时光标移到左上角。

◆ 光标归位

表 9.7

RS	R/W	DB7	DB6	DB5	DB4	DB3	DB2	DB1	DB0
0	0	0	0	0	0	0	0	1	X

指令代码为 02H,地址计数器 AC 被清 0,DDRAM 内的数据不变,光标移到左上角。X 表示可为 0 或 1。

◆ 输入方式设置

表 9.8

RS	R/W	DB7	DB6	DB5	DB4	DB3	DB2	DB1	DB0
0	0	0	0	0	0	0	1	I/D	S

该指令设置光标及字符移动的方式,具体设置见表 9.9。

表 9.9 1602LCD 液晶模块光标及字符移动方式设置

状态位		指令代码	功 能
I/D	S		
0	0	04H	光标左移 1 格,AC 值减 1,字符不动
0	1	05H	光标不动,AC 值减 1,字符全部右移 1 格
1	0	06H	光标右移 1 格,AC 值加 1,字符不动
1	1	07H	光标不动,AC 值加 1,字符全部左移 1 格

◆ 显示开关控制

表 9.10

RS	R/W	DB7	DB6	DB5	DB4	DB3	DB2	DB1	DB0
0	0	0	0	0	0	1	D	C	B

指令代码为 08H—0FH,该指令控制字符、光标及闪烁的开与关:

D 是字符显示状态位,D=1 时开显示;D=0 时关显示,但显示内容保持不变。

C 是光标显示状态位,C=1 时光标显示;C=0 时光标消失,光标的位置由地址计数器 AC 确定,并随其变动而移动。当 AC 值超出了字符的显示范围,光标将随之消失。

B 是光标闪烁显示状态位,B=1 时光标闪烁;B=0 时光标不闪烁。

◆ 光标、字符移位

表 9.11

RS	R/W	DB7	DB6	DB5	DB4	DB3	DB2	DB1	DB0
0	0	0	0	0	1	S/C	R/L	X	X

执行该指令将产生字符或光标向左或右滚动一个字符位,如果定时间隔地执行该指令,将产生字符或光标的平滑滚动。

1602LCD 液晶模块光标及字符移位方式的具体设置见表 9.12。

表 9.12 1602LCD 液晶模块光标及字符移位方式设置

状态位		指令代码	功　能
S/C	R/L		
0	0	10H	光标左滚动
0	1	14H	光标右滚动
1	0	18H	字符左滚动
1	1	1CH	字符右滚动

◆ 功能设置

表 9.13

RS	R/W	DB7	DB6	DB5	DB4	DB3	DB2	DB1	DB0
0	0	0	0	1	DL	N	F	0	0

该指令用于设置 LCD1602 的控制方式。

DL 用于设置与计算机的接口方式。DL=1 为 8 位数据总线方式;DL=0 为 4 位数据总线方式,其高 4 位有效,在该方式下 8 位指令或数据将按先高 4 位后低 4 位的顺序分两次传送。

N 用于设置显示的字符行数,N=1 为两行,N=0 为一行。

F 用于设置显示字符的字体,F=1 为 5x10 点阵字体,F=0 为 5x7 点阵字体。

◆ CGRAM 地址设置

表 9.14

RS	R/W	DB7	DB6	DB5	DB4	DB3	DB2	DB1	DB0
0	0	0	1	A5	A4	A3	A2	A1	A0

该指令将 6 位的 CGRAM 地址写入地址指针计数器 AC 内,随后,单片机对数据的操作是对 CGRAM 的读/写操作。

◆DDRAM 地址设置

表 9.15

RS	R/W	DB7	DB6	DB5	DB4	DB3	DB2	DB1	DB0
0	0	1	A6	A5	A4	A3	A2	A1	A0

该指令将 7 位 DDRAM 地址写入地址指针计数器 AC 内,随后,单片机对数据的操作是对 DDRAM 的读/写操作。

◆读 BF 及 AC 值

表 9.16

RS	R/W	DB7	DB6	DB5	DB4	DB3	DB2	DB1	DB0
0	1	BF	AC6	AC5	AC4	AC3	AC2	AC1	AC0

BF 为 LCD 的忙闲标志位,BF = 1 时为忙,不能对其进行操作;BF = 0 时为闲,可以对其进行操作。而另外的 D6—D0 的值表示 CGRAM 或 DDRAM 中的地址。

◆写数据到 CGRAM 或 DDRAM

表 9.17

RS	R/W	DB7	DB6	DB5	DB4	DB3	DB2	DB1	DB0
1	0								

先设定 CGRAM 或 DDRAM 地址,再将数据写入 D7—D0 中,以使 LCD 显示出字符,也可将自创的字符写入 CGRAM。

◆从 CGRAM 或 DDRAM 读取数据

表 9.18

RS	R/W	DB7	DB6	DB5	DB4	DB3	DB2	DB1	DB0
1	1								

先设定 CGRAM 或 DDRAM 地址,再读取其中的数据。

9.2.2 液晶模块读写操作时序

(1)写时序

写时序图如图 9.10 所示。

(2)读时序

读时序图如图 9.11 所示。

从图 9.10 和图 9.11 可以看出,1602 液晶的读写操作时序可总结成表 9.19 所示。

表 9.19　1602LCD 液晶模块读写时序

RS	R/W	E	功　能
0	0	下降沿	写指令代码
0	1	高电平	读忙标志和 AC 码
1	0	下降沿	写数据
1	1	高电平	读数据

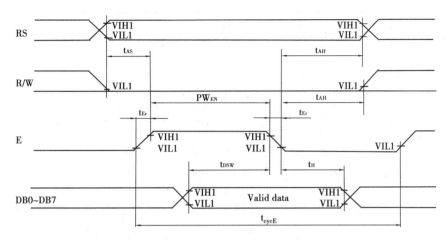

图 9.10　1602LCD 液晶模块写时序图

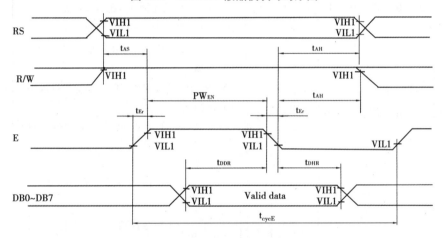

图 9.11　1602LCD 液晶模块写时序图

控制接口基本操作时序如下：

◆ 读状态。输入:RS=L,RW=H,E=H　　　　　　　　　输出:D0—D7=状态字

◆ 写指令。输入:RS=L,RW=L,D0—D7=指令码,E=高脉冲　输出:无

◆ 读数据。输入:RS=H,RW=H,E=H　　　　　　　　　输出:D0—D7=数据

◆ 写数据。输入:RS=H,RW=L,D0—D7=数据,E=高脉冲　输出:无

（3）RAM 地址映射图

控制器内部带有 80×8 位（80 字节）的 RAM 缓冲区,对应关系如图 9.12 所示:

（4）**液晶操作步骤**

1）初始化设置

◆ 显示模式设置。

表 9.20

指令码								功　能
0	0	1	1	1	0	0	0	设置 16X2 显示,5X7 点阵,8 位数据接口

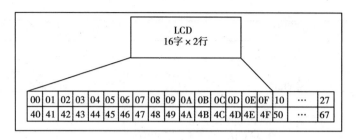

图 9.12　1602LCD 液晶 RAM 地址映射图

◆ 显示开/关及光标设置。

表 9.21

指令码								功　能
0	0	0	0	1	D	C	B	D＝1 开显示；D＝0 关显示 C＝1 显示光标；C＝0 不显示光标 B＝1 光标闪烁，B＝0 光标不显示
0	0	0	0	0	1	N	S	N＝1 当读或写一个字符后地址指针加一，且光标加一 N＝0 当读或写一个字符后地址指针减一，且光标减一 S＝1 当写一个字符，整屏显示左移(N＝1)或右移(N＝0)，以得到光标不移动而屏幕移动的效果 S＝0 当写一个字符，整屏显示不移动
0	0	0	1	S/C	R/L	X	X	<table><tr><td colspan="2">状态位</td><td rowspan="2">指令代码</td><td rowspan="2">功能</td></tr><tr><td>S/C</td><td>R/L</td></tr><tr><td>0</td><td>0</td><td>10H</td><td>光标左滚动</td></tr><tr><td>0</td><td>1</td><td>14H</td><td>光标右滚动</td></tr><tr><td>1</td><td>0</td><td>18H</td><td>字符左滚动</td></tr><tr><td>1</td><td>1</td><td>1CH</td><td>字符右滚动</td></tr></table>

2）数据控制

控制器内部有一个数据地址指针，用户可用它们来访问内部的全部 80 字节 RAM。

◆ 数据指针设置。

表 9.22

指令码	功　能
80H+地址码(0-27H,40H-67H)	设置数据地址指针

◆ 读数据。

◆ 写数据。

◆ 其他设置。

表 9.23

指令码	功 能
01H	显示清屏:1.数据指针清零 2.所有显示清零
02H	显示回车:1.数据指针清零

对照时序,可以很容易地写出驱动液晶的各个子函数,例如:

①液晶初始化子程序。通常包含以下内容:

◆液晶显示使能端 E 清零(因为上电默认是高电平,所以开始要清零,为 E 产生高脉冲做准备)。

◆显示模式设置:com(0x38);38 是以 2 行 16 字的 5*7 的点阵方式显示。

◆显示开关:com(0x0f);0f 是开显示,且开光标闪烁;0e 开显示,且开光标,光标不闪烁;0c 开显示。

◆显示模式设置:com(0x06);06 地址指针自动加 1,光标加 1,字符不动。

◆清屏:com(0x01);01 显示清屏,数据指针也清屏。

初始化子程序参考如下:

```
void init( )
{
    lcde=0;              //使能端 E 清零
    write_com(0x38);     //显示模式设置
    write_com(0x0f);     //开显示,显示光标,光标闪烁
    write_com(0x06);     //当写一个字符后,地址指针自动加1,且光标加1,字符不动
    write_com(0x01);     //清屏
    write_com(0x80);     //设置数据指针
}
```

②写命令子函数。参考程序如下:

```
void write_com(unsigned char com)
{
    lcdrs=0;             //RS 清零,代表指令操作
    D0~D7=com;
    delay(5);
    lcde=1;
    delay(5);
    lcde=0;              //产生高脉冲
}
```

③写数据子函数。参考程序如下:

```
void write_data(unsigned char data1)
{
    lcdrs=1;             //RS 置1,代表数据操作
```

285

```
D0 ~ D7 = data1;
delay(5);
lcde = 1;
delay(5);
lcde = 0;              //产生高脉冲
}
```

9.2.3　液晶显示模块应用实例

【**实例** 9.1】　如图 9.13 所示电路图,要求编程实现 LCD1602 液晶显示模块两行分别居中显示"HELLO WORLD!"和"WELCOME!",并且光标能够闪烁,整屏字符能够左移显示。

分析:Proteus 中 LCD1602 液晶显示元件名称是 LM016L(在元件查找里面可以找到),这个元件接法与 LCD1602 相同,其仿真图如图 9.14 所示。

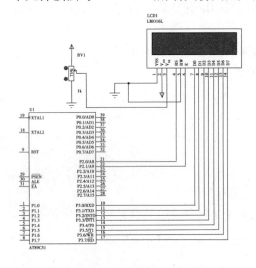
图 9.13　实例 9.1 电路图

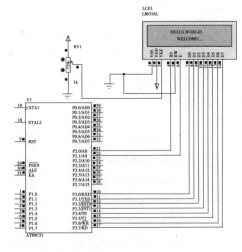
图 9.14　实例 9.1 仿真图

参考程序如下:

```c
#include<reg51.h>
unsigned char code tab[ ] = "HELLO,WORLD!";
unsigned char code tab1[ ] = "WELCOME!";
sbit lcdrs = P2^0;
sbit lcde = P2^1;
unsigned char i;

void delay(unsigned int z)
{
    unsigned int x,y;
    for(x = z;x>0;x--)
        for(y = 125;y>0;y--);
}
```

```
void write_com( unsigned char com)
{
    lcdrs = 0;
    P3 = com;
    delay(5);
    lcde = 1;
    delay(5);
    lcde = 0;
}

void write_data( unsigned char data1)
{
    lcdrs = 1;
    P3 = data1;
    delay(5);
    lcde = 1;
    delay(5);
    lcde = 0;
}

void init( )
{
    lcde = 0;               //使能端 E 清零
    write_com(0x38);        //显示模式设置
    write_com(0x0f);        //开显示,显示光标,光标闪烁
    write_com(0x06);        //当写一个字符后,地址指针自动加 1,且光标加 1,字符不动
    write_com(0x01);        //清屏
    write_com(0x80);        //设置数据指针
}

void main( )
{
    init( );
    write_com(0x80+0x12);   //设置数据指针
    for( i = 0; i<12; i++)
    {
        write_data( tab[i]);
        delay(20);
```

```
            }
        write_com(0x80+0x54);    //设置数据指针
        for(i=0;i<8;i++)
        {
            write_data(tab1[i]);
            delay(20);
        }
          for(i=0;i<16;i++)
        {
            write_com(0x1c);        //整屏左移,LM016L 与 LCD1602 实物的左右移相反
            delay(200);
        }
    }
    while(1);
}
```

9.3　数字温度控制器的设计

9.3.1　硬件电路与软件程序设计

【实例 9.2】　设计任务:由温度传感器对温度进行采样,将测量结果送单片机,单片机与内部的设定值进行比较,根据比较结果,通过一个执行机构对加热源的开断状态进行开关控制。设计要求:①实时显示温度,系统的精度为 0.1 ℃。②设计 3 个按键,用按键修改上限、下限温度。③温度超范围时声光报警,同时用 LED 等的点亮与熄灭模拟加热源开关的开与断。

分析:3 个按键 key1,key2 和 key3 可分别实现加 1、减 1、温度上限/温度下限选择功能。为方便编程,此 3 个按键可分别接到外部中断 0、外部中断 1 和定时器 T0 引脚上,采用中断方式。温度上/下限开机时可先任设 2 个值,按下加 1、减 1 键时,温度上/下限值在初始值基础上实现加减运算。

实例 9.2 的硬件电路图设计如图 9.15 所示。

参考程序如下:

```
#include<reg51.h>
#define uchar unsigned char
#define uint unsigned int
uchar code disp[]="0123456789";//定义字符数组显示数字
uchar code disp2[]="Temp:";//说明显示的是温度
uchar code disp3[]={0xdf,'C'};//温度单位
uchar code disp4[]=" L:        H:        ";//温度上下限显示
sbit lcden=P2^1;//液晶使能端
sbit lcdrs=P2^0;//液晶命令/数据控制端
```

```
sbit ds=P1^0;//DS18B20 温度采集信号端
sbit led=P1^1;
sbit led1=P2^3;
sbit beep=P1^2;
sbit key1=P3^2;//加 1 键
sbit key2=P3^3;//减 1 键
sbit key3=P3^4;//上/下限选择键
bit flag=0;
uint temp;//定义无符号整型形参
float f_temp;//定义浮点型形参
uint TH=300;
uint TL=200;


void delay(uint z)//延时 500 ms 程序
{ uint x,y;
    for(x=z;x>0;x--)
        for(y=125;y>0;y--);
}


void write_com(unsigned char com)
{
        lcdrs=0;
        P0=com;
        delay(5);
        lcden=1;
        delay(5);
        lcden=0;
        delay(5);
}


void write_data(unsigned char data1)
{
        lcdrs=1;
        P0=data1;
        delay(5);
        lcden=1;
        delay(5);
        lcden=0;
        delay(5);
```

```
    }

    void lcd_init( )
    {
        lcden=0;              //使能端 E 清零
        write_com(0x38);      //显示模式设置
        write_com(0x0c);      //开显示,不显示光标
        write_com(0x06);      //当写一个字符后,地址指针自动加 1,且光标加 1,字符不动
        write_com(0x01);      //清屏
    }


    void temp_dis(uint value)//温度数据显示
    {
        uchar ge,shi,bai;
        bai=value/100;//十位
        shi=value%100/10;//个位
        ge=value%100%10;//小数位
        //write_com(0x80+7);
        write_data(disp[bai]);
        write_data(disp[shi]);
        write_data('.');
        write_data(disp[ge]);
    }


    void ds_init( )//DS18B20 复位,初始化
    {
        uint i;
        ds=0;
        i=90;//延时
        while(i>0)i--;//主机发出一个 480~960 μs 的低电平脉冲
        ds=1;
        i=4;//延时
        while(i>0)i--;//释放总线后,以便从机 18b20 通过拉低总线来指示其是否在线,存
在检测高电平时间:15~60 μs
    }


    bit ds_read_bit( )   //读一位 DS18B20 数据
    {
      uint i ;
```

```
    bit value_bit;
    ds=0;
    i++;//延时,读时隙起始于微处理器将总线拉低至少 1 μs
    ds=1;//拉低总线后接着释放总线,让从机 18b20 能够接管总线,输出有效数据
    i++;
    i++;//小延时一下,读取 18b20 上的数据,因为从 ds18b20 上输出的数据在读"时间
隙"下降沿出现 15 μs 内有效
    value_bit=ds;
    i=8;//延时
    while(i>0)i--;//所有读"时间隙"至少需要 60 μs
    return value_bit;
}


uchar ds_read_byte()//读一个字节 DS18B20 数据
{
    uchar i,j,value_byte;
    value_byte=0;
    for(i=1;i<=8;i++)
    {
            j=ds_read_bit();
            value_byte=(j<<7)|(value_byte>>1);//将读取的数据位按读取先后顺序低
位到高位(从右往左)排列保存到 value_byte
    }
    return value_byte;
}


void ds_write_byte(uchar write_byte)//写一个字节数据到 DS18B20
{
    uint i;
    uchar j;
    bit write_bit;
    for(j=1;j<=8;j++)
    {
      write_bit=write_byte&0x01;//每次只写一位数据
      write_byte=write_byte>>1;
      if(write_bit)
        {
        ds=0;
        i++;//延时,至少延时 1 μs,才产生写"时间隙"
        ds=1;//写时间隙开始后的 15 μs 内允许数据线拉到高电平
```

```
            i=8;//延时
            while(i>0)i--;//所有写时间隙必须最少持续 60 μs
        }
    else
    {
            ds=0;
            i=8;//延时
            while(i>0)i--;//主机要生成一个写 0 时间隙,必须把数据线拉到低电平并保持
至少 60 μs
            ds=1;//释放总线
            i++;//延时
            i++;
        }
    }
}


void temp_convert()//DS18B20 开始获取温度并进行转换,先初始化,然后跳过 ROM(跳
过 64 位 ROM 地址,直接向 DS18B20 发温度转换命令),发送温度转换命令
{
    ds_init();
    delay(1);
    ds_write_byte(0xcc);// 跳过序列号命令
    ds_write_byte(0x44);// 发转换命令 44H
}


uint temp_get()//读取 DS18B20 寄存器中的温度数据
{
    uchar temp_low,temp_high;
    ds_init();
    delay(1);
    ds_write_byte(0xcc);
    ds_write_byte(0xbe);
    temp_low=ds_read_byte();
    temp_high=ds_read_byte();
    temp=temp_high;
    temp<<=8;
    temp=temp|temp_low;
    f_temp=temp*0.0625;//精度为 12 位,所以分辨率为 0.062 5
    temp=f_temp*10+0.5;//乘以 10,将实际温度扩大 10 倍,,小数部分四舍五入
    return temp;//返回的 temp 是整型数据
```

```
    }

void display( )//静态文字显示
{
    uchar i,j,k;
    write_com(0x80+2);
    for(i=0;i<5;i++)
    {
    write_data(disp2[i]);
    }
        write_com(0x80+0x0b);
    for(j=0;j<2;j++)
    {
        write_data(disp3[j]);
    }
    write_com(0x80+0x40);
    for(k=0;k<15;k++)
    {
      write_data(disp4[k]);
    }

}

void warn(uint warn)
{
    if(warn<TL)
    {
      beep=1;//蜂鸣器响
      delay(1);//调用延时
      beep=0;//蜂鸣器不响
      delay(1);//调用延时
      led = ~led;
      led1=0;
    }
    else if(warn>TH)
    {
      beep=1;//蜂鸣器响
      delay(1);//调用延时
      beep=0;//蜂鸣器不响
```

```
        delay(1);//调用延时
        led = ~led;
        led1 = 1;
    }


}


void timer0( )  interrupt 1
{
    flag = ~flag;
}


void int0( )  interrupt 0
{
    if( flag == 1)
       TH++;
    else
       TL++;
}


    void int1( )  interrupt 2
    {
    if( flag == 1)
       TH--;
    else
       TL--;
    }
    void main( )//主函数
    {
    uchar i;
    uint wendu;
    TMOD = 0x06;
    TH0 = TL0 = 0xff;
    IE = 0x87;
    IT0 = 1;
    IT1 = 1;
    TR0 = 1;
    lcd_init( );
    display( );
```

```
    while(1)
{

        temp_convert();
        wendu=temp_get();
        write_com(0x80+7);
        temp_dis(temp_get());
        write_com(0x80+0x40+3);
        temp_dis(TL);
        write_com(0x80+0x40+10);
        temp_dis(TH);
        i=50;
        while(i-->0)
        warn(wendu);

    }

}
```

9.3.2 调试与仿真运行

实例 9.2 仿真图如图 9.15 所示。

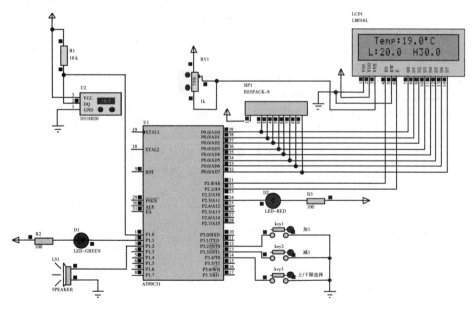

图 9.15 实例 9.2 仿真图

9.3.3 电路制作

通过仿真电路后,Proteus 软件中制作的原理图就是该产品的原理图。下面讨论在 Proteus 软件下制作原理图和印制电路板图。

（1）电路图制作

绘制电路原理图如图 9.15 所示。图中除单片机最小系统外,由 DS18B20 器件、液晶显示块 YB12864 组成液晶控制显示电路。(关于液晶的显示原理请查阅相关资料)。

（2）PCB 板图制作

此 PCB 板电路制作,保留简易秒表项目中最小系统部分不变,外加一个单列直插插座就行。此插座的插座脚数要与液晶显示块的控制脚数相同,一般是买来液晶块,拿到该液晶块的配套使用说明书,弄清每一个控制脚的作用。在排线时,数据口一般专门用一个单片机的 I/O 口作为数据口。液晶块中其他控制线可用单片机其他口线控制。

（3）印制电路板(PCB)制作和焊接电路

按电路原理图列出元器件清单,购买元器件,然后按照电路图焊接好元件。

（4）电路调试

液晶块的调试只能用液晶块制作厂家提供的测试程序进行测试。一般厂家会提供测试程序,如果没有提供程序,一定要找厂家拿到,这对初学者尤其重要。厂家提供程序后,要读懂程序这是关键,因为厂家的电路可能与自己现在设计的不同,大多数控制口线不一致,就要进行修改。这也为做设计的技术员提供一个经验,最好与液晶厂家控制电路设计一致。为调试带来方便,将液晶调试成功后,再进行各种编程显示。

（5）程序烧写及测试

电路板调试好,程序调试成功后就可按简易秒表的方法固化程序。

总结与思考

单总线数字温度传感器 DS18B20,可把温度信号直接转换成串行数字信号供微机处理,并且在一条总线上可挂接多个 DS18B20 芯片,很容易实现多点温度检测,具有测温系统简单、测温精度高、连接方便、占用口线少等优点。

1602 字符型液晶显示模块,显示字母和数字比较方便,控制简单,成本较低,与数码管相比具有显示位数多、显示内容丰富、程序简单等优点。液晶显示器以其微功耗、体积小、显示内容丰富、超薄轻巧的诸多优点,在各类仪表和低功耗系统中得到广泛的应用。

习题 9

9.1 什么是单总线技术? DS18B20 有什么特点?

9.2 如何初始化 DS18B20?

9.3 DS18B20 的读、写时序是怎样的?

9.4 LCD1602 控制接口的基本操作时序是什么?

9.5 简述 LCD1602 液晶显示模块的操作步骤。

9.6 采用 AT89C51 单片机作为控制核心,用 1602LCD 与 DS18B20 设计一个温度计,要求用英文和数字符号来显示当前的温度以及温度的上下限设定值。显示格式如下。

第一行:当前温度,从第 3 个位(第 3 列)开始显示;样式:"Temp:当前无温度值"。

第二行:温度上下限显示。样式:"L:25.0 H:32.0",从第 2 个位(第 2 列)开始显示。

项目 **10**
单片机串行扩展技术

89C51/S51 单片机芯片内集成了计算机的基本功能部件,已具备了很强的功能。一块芯片就是一个完整的最小微机系统,但片内存储器的容量、并行 I/O 端口、定时器等内部资源都还是有限的,根据实际需要,89C51/S51 单片机可以很方便地进行功能扩展。

10.1　单片机串行扩展

前面讲过的存储器扩展和 I/O 扩展都采用并行方式。因为并行扩展具有速度快和简单等优点,然而现在单片机系统串行扩展也越来越受到重视。扩展应尽量采用串行扩展方案,通过 SPI 或 I²C 总线扩展 EEPROM、A/D, D/A、显示器、看门狗、时钟等芯片,占用 MCU 的 I/O 口线少,编程也方便。

10.1.1　单片机串行扩展的原因

串行扩展一直存在,但逐渐普及则是单片机控制应用的需要和技术发展的结果,主要表现在以下几个方面:

①远距离、大范围、多目标的单片机控制应用只能以串行方式进行。例如,社区安全报警系统要对社区内众多地点的多个项目(如煤气泄漏检测、门磁开关、红外人体移动探测、温度/烟雾传感、玻璃破碎振动等)进行检测和报警,一旦出现异常情况能及时传送到物业管理部门或公安机关。在这样一个庞大的监视网络中,众多的检测节点只能以串行方式统接入系统。

②手持无线化单片机控制系统。例如,已经推广使用的无线抄表技术,由于无线化的要求,不但要串行方式而且还必须采用串行无线数据传输接口。

③单片机 Internet 技术的发展更使串行化变得不可缺少。单片机 Internet 技术是为了把单片机接入互联网、进行控制信息的互联网传送,以实现更远距离以至异地自动检测与控制。要把单片机接入互联网只能以串行方式。

虽然串行系统有速度较慢的缺点,但是随着单片机工作频率和性能的不断提高,速度问题已被逐渐淡化。另外,串行方式还有连线简单、结构简化和成本低等优点,所以串行扩展已被广泛应用。

10.1.2　单片机串行扩展的实现方法

单片机串行扩展的实现方法主要有 3 种,即专用串行标准总线方法、串行通信口 UART 方法和软件模拟方法。

(1)通过专用串行标准总线实现

使用专用串行标准总线是串行扩展的主要方法。目前,常用的串行总线标准主要有:I^2C 总线、串行总线 SPI 和通用串行总线 USB 等。本章将重点讲述 I^2C 总线和 SPI,对于其他总线标准只在本节作一些简要说明。

1)串行外围设备接口总线 SPI

SPI(Serial Peripheral Interface)是一个同步串行接口标准,采用 3 线结构,使用时只需 4 条线就可以与多种标准的外围设备进行接口。它采用全双工 3 线同步数据传输方式,多为主从机结构形式。除此之外,SPI 还具有可程控的主机位传送频率、发送完成中断标志、写冲突保护标志等功能。SPI 标准由摩托罗拉(Motorola)公司制定,所以最初主要用于摩托罗拉的单片机产品上,但现在在其他型号的单片机系统中也得到广泛应用。

2)通用串行总线 USB

USB(Universal Serial Bus)标准是由 Intel 公司为主,联合几家世界著名的计算机和通信公司共同制订的串行接口总线标准,于 1995 年推出。USB 总线具有如下优点:

①连线简单,使用方便。可热插拔,对新接入的设备能自动检测和配置;即插即用,不需要重新启动,也无须定位和安装驱动程序;具有内置电源,可自供电,也可为其连接的外部设备供电(5 V、100 mA)。

②传输速率从几 kbps 到几 Mbps,适用于中低速设备接口。一个 USB 系统可支持不同速率的物理设备,最多可达 127 个。

③具有较强的纠错功能,所以可靠性高。

因此,USB 取得了广泛应用,现在 PC 机几乎都配备有 USB 接口,此外,在单片机系统和各类数字设备(例如数码相机和便携式存储设备等)中也在使用。USB 接口的使用有两种形式。一种是把接口控制器集成在微处理器(单片机)芯片中,另一种是独立的 USB 接口芯片,例如,Philips 公司的 PDIUSBD12 就是其中之一。

3)存取(访问)总线 ACCESS

ACCESS 总线由 DEC 公司开发,是一种双向总线,最多可把 125 台外部设备接入系统。凡支持该总线的外部设备都具有一种与电话接插头类似的端口连接器,并以菊花型连接方式接入设备。该总线对输入设备能自动识别和配置,设备可在计算机运行时动态接入,并自动产生访问地址。

(2)通过串行通信口 UART 实现

使用 80C51 的串行通信口 UART 的工作方式 0 可以实现串行 I/O 接口功能,在单片机与外部设备或控制设备之间进行数据传输。

(3)通过软件模拟实现

通过并行口线使用软件模拟方法也可以实现串行接口,但接口功能会受到限制,所以只适用于最简单的串行接口应用。

10.2　I²C 总线协议

I²C(Inter Integrated Circuit)总线是一种串行同步通信技术,是 Philips 公司 20 世纪 80 年代针对单片机需要而研制的两线式串行总线,用于连接微控制器及其外围设备,实现单片机串行外围扩展。它最初为音频和视频设备开发,如今主要在服务器管理中使用,其中包括单个组件状态的通信。例如管理员可对各个组件进行查询,以管理系统的配置或掌握组件的功能状态,如电源和系统风扇;可随时监控内存、硬盘、网络、系统温度等多个参数,增加了系统的安全性,方便了管理。I²C 总线具有完善的总线协议,其内容涉及多个方面,这里,介绍其中的相关内容。

10.2.1　I²C 总线优点

I²C 总线最主要的优点是其简单性和有效性。由于接口直接在组件之上,因此 I²C 总线占用的空间非常小,减少了电路板的空间和芯片引脚的数量,降低了互联成本,总线的长度可高达 7.62 m,并且能够以 10 kbps 的最大传输速率支持 40 个组件。I²C 总线的另一个优点是支持多主控(multimastering),其中任何能够进行发送和接收的设备都可以成为主控器件。一个主控能够控制信号的传输和时钟频率。当然,在任何时间点上只能有一个主控。

10.2.2　I²C 总线结构和信号

I²C 总线具有严格的规范,具体表现在接口的电气性能、信号时序、信号传输的定义。总线状态设置和处理,以及总线管理规则等方面。

(1) I²C 总线结构及信号类型

I²C 总线是由串行时钟线 SCL(Serial Clock Line)和串行数据线 SDA(Serial Data Line) 构成的双向数据传输通路,其中 SCL 用于传送时钟信号,SDA 用于传送数据信号。通过 I²C 总线构成的单片机串行系统中,挂接在总线上的单片机以及各种外围芯片和设备等统称为器件,其系统结构如图 10.1 所示。

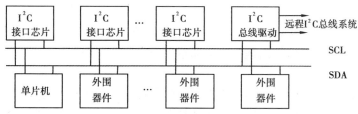

图 10.1　I²C 总线系统结构

在 CPU 与被控 I²C 之间、I²C 与 I²C 之间进行双向传送,最高传送速率达 100 kbps。各种被控制电路均并联在这条总线上,但就像电话机一样只有拨通各自的号码才能工作,所以每个电路和模块都有唯一的地址。在信息的传输过程中,I²C 总线上并接的每一模块电路既是主控器(或被控器),又是发送器(或接收器),这取决于它所要完成的功能。CPU 发出的控制信号分为地址码和控制量两部分,地址码用来选址,即接通需要控制的电路,确定控制的种类;控制量决定该调整的类别(如对比度、亮度等)及需要调整的量。这样,各控制电路虽然挂在同一条总线上,却彼此独立,互不相关。

一个 I^2C 总线系统允许接入多个器件,传输速率不同也可以,甚至还可以是另一个远程 I^2C 系统的驱动电路,从而形成两个 I^2C 系统的相互交接。I^2C 总线系统中的器件都具有独立的电气性能,相互之间没有影响,可用独立电源供电(但需共地),并且可以在系统工作的情况插拔。

(2)I^2C 总线器件接入

I^2C 总线的两条线 SCL 和 SDA 都是通过上拉电阻(一般为 10 kΩ)以漏极开路或集电极开路输出的形式接入 I^2C 总线的,如图 10.2 所示。

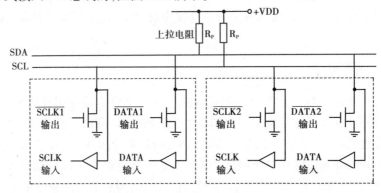

图 10.2　I^2C 总线的器件连接

I^2C 总线如此连接产生如下硬件关系:总线系统中各器件对 SCL 线是逻辑"与"的关系,对 SDA 线也是逻辑"与"关系。反之,对于低电平是逻辑"或"的关系,即系统中任一器件输出低电平都会使与之相连的总线变低。这种关系使得 I^2C 总线具有一大优点,即器件可以随时接入或移出,而不会对系统产生任何不良影响。此外,从图中还可以看出 SCL 和 SDA 均为双向传输线,因为各器件中都有输入和输出控制。

(3)I^2C 总线的状态和信号

I^2C 总线中的状态和信号有严格的配合规则,并为相互配合关系赋予固定的含义。它们是 I^2C 总线的基本元素,使用中应给予认真对待。

1)总线空闲

SCL 和 SDA 均处于高电平状态,即为总线空闲状态,表明尚未有器件占有它。总线空闲的高电平状态是线路连接造成的,因为它们通过上拉电阻与电源相连。

2)占有总线和释放总线

器件若想使用总线应当先占有它,占有总线的主控器件向 SCL 线发出时钟信号。数据传输完成后应当及时释放总线,即解除对总线的控制(或占有),使其恢复为空闲状态。

3)时钟信号和数据信号

时钟信号出现在 SCL 线上,而数据信号在 SDA 线上传输。数据传输以位为单位,一个时钟周期只能传输一位数据。SDA 线上高电平为数据位 1,低电平为数据位 0。时钟信号和数据信号的配合关系是:在时钟信号高电平期间数据线上的电平状态必须保持稳定,只有在时钟信号为低电平时才允许数据位状态发生变化,如图 10.3 所示。

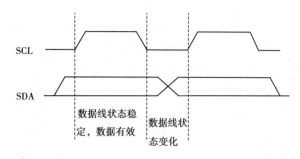

图 10.3　I²C 总线的时钟信号和数据信号

4）启动信号和停止信号

串行数据传输的开始和结束由总线的启动信号和停止信号控制，启动信号和停止信号只能由主控器件发出，它们所对应的是 SCL 的高电平与 SDA 的跳变。当 SCL 线为高电平时，主控器件在 SDA 线上产生一个电平负跳变，这便是启动信号。总线启动后，即可进行数据传输。当 SCL 线为高电平时，主控器件在 SDA 线上产生一个电平正跳变，这便是总线的停止信号。停止信号出现后要间隔一定时间，才能认为总线被释放并返回空闲状态。I²C 总线的启动信号和停止信号如图 10.4 所示。

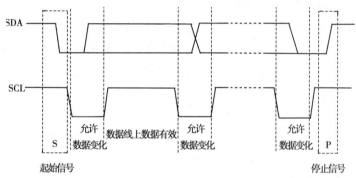

图 10.4　I²C 总线的起始信号和停止信号

通常启动信号用 S 表示，停止信号用 P 表示。启动信号之后便开始 I²C 总线上的数据传输操作。此外，在数据传输过程中也可能出现启动信号，但这个启动信号称为重复启动信号，用 Sr 表示。发出重复启动信号是为了开始一次与前面不同的新的数据传输，例如改变数据传输方向或寻址一个新的从器件等。

5）应答信号和非应答信号

应答信号是对字节数据传输的确认，每当一个字节数据传输完成后，应当由接收器件返回一个应答信号。例如在主发送方式下，应答信号的发出过程是：主发送器释放 SDA 线并在 SCL 线上发出一个时钟脉冲（相当于本字节传送的第 9 个时钟脉冲），被释放而转为高电平的 SDA 线转由接收器控制并将 SDA 线拉低。所以，对应于第 9 个时钟脉冲高电平期间的 SDA 低电平就是应答信号，如图 10.5 所示。

对应于第 9 个时钟脉冲，SDA 线仍保持高电平，则为非应答信号。在使用时，应答信号以 ACK（或 A）表示，非应答信号以 $\overline{\text{ACK}}$（或 NA）表示。

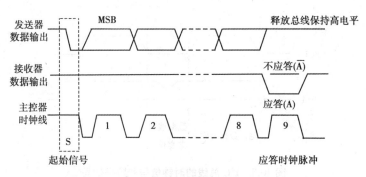

图 10.5　I²C 总线的应答信号和非应答信号

6)等待状态

在 I²C 总线中,赋予接收数据的器件使系统进入等待状态的权力,但等待状态只能在一个数据字节完整接收之后进行。例如,当进行主发送从接收的数据传输操作时,如果从器件在接收到一个数据字节之后,由于中断处理等各种原因而不能按时接收下一个字节,对此从接收器件可以通过把 SCL 线下拉为低电平,强行使系统进入等待状态。在等待状态下,发送方不能发送数据,直到接收器件认为自己能继续接收数据时再释放 SCL 线,使系统退出等待状态,发送方才可以继续进行数据发送。

等待状态也称为延时状态,其实质是通过延长时钟脉冲周期而改变数据传输速率。设置等待状态有两个作用:一是为接收器件留出进行其他操作的机会,二是允许系统接入速度不同的器件。正因为如此,I²C 总线系统对接入器件的速度没有要求。

10.2.3　I²C 总线数据传输方式

I²C 总线上的数据传输与并行方式完全不同,与串行通信也有区别,似乎有点串行通信和网络相结合的特点。

(1)基本数据传输格式

I²C 总线上的数据传输按位进行,高位在前,低位在后,每传输一个数据字节通过应答信号进行一次联络,传送的字节数不受限制。其传输格式如图 10.6 所示。

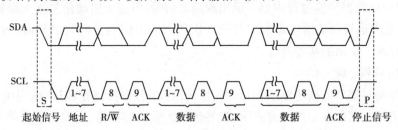

图 10.6　I²C 总线数据传输方式

启动信号由主控器件发出。在发出启动信号之前,主控器件要通过检测 SCL 和 SDA 来了解总线状况。若总线处于空闲状态,即可发出启动信号,启动数据传输。在启动信号之后发出的必定是寻址字节,寻址字节由 7 位从地址和 1 个方向位组成。其中,从地址用于寻址从器件(关于器件地址问题在 10.2.4 小节中有介绍),而方向位则用于规定(通知从器件)数据传输的方向。寻址字节通常写为 SLA 十 R/$\overline{W}$,其中 R 代表读,$\overline{W}$代表写。R/$\overline{W}$=1 时,表示主控器件读(接收)数据;R/$\overline{W}$=0 时,表示主控器件写(发送)数据。所以通过寻址字节即可知道要寻哪个器件以及进行哪个方向的数据传输。

其实,总线上的器件随时都在忙于检测总线状态。所以主控器件发出寻址字节后,其他各器件都接收到了总线上的寻址字节,并与自己的从地址进行比较。当某器件比较相等确认自己被寻址后,该器件就返回应答信号,以作为被寻址的响应。此时,进行数据传输的主从双方以及传输方向就确定下来了,然后进行数据传输。

数据传输同样以字节为单位,数据字节传输需要通过应答信号进行确认。所以每传输一个字节就有一个应答信号,直到数据传输完毕,主控器件发出停止信号(P),结束数据传输,释放总线。

I²C 总线共有 4 种数据传输方式:主发送方式、主接收方式、从接收方式和从发送方式。为简化起见,我们只介绍其中的主发送方式和主接收方式。

(2)主发送方式

主发送方式是指主控器件向被控的从器件发送数据。主发送方式的数据传输格式如图 10.7 所示。

①主控器产生起始信号后,主控制器发送一个寻址字节,用 SLA+W 表示。其中,SLA(D7—D1)表示从器件的地址,W(D0=0)代表写。寻址后,被寻址的器件返回应答信号(A),以表明它已认可自己的从器件地位,并准备接收数据。收到从器件的应答后,主控器件接着就按字节发送数据。正常情况下,从器件每接收完一个数据字节就返回一个应答信号(A),直到主控器件发出停止信号结束传输。

②主控器向被控器发送数据时,数据的方向位(R/$\overline{W}$=0)是不会改变的。传输 n 字节的数据格式如图 10.7 所示。

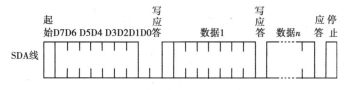

图 10.7　主发送方式的数据传输格式

(3)主接收方式

主控器件接收被控从器件发送来的数据,就是主接收方式,其数据传输格式如图 10.8 所示。

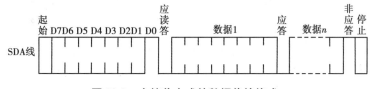

图 10.8　主接收方式的数据传输格式

在主接收方式下,启动信号和寻址字节仍由主控器件发出,寻址字节为 SLA+R。虽然主接收方式的数据传输格式与主发送方式有相似之处,但数据传输的方向改变了,除寻址字节的应答信号之外,其他应答信号都是由主控器件返回给从器件。

主接收方式数据传输的结束,是由主控器件在接收完最后一个数据字节后返回一个非应答信号,以此来告知从器件终止数据发送,然后主控器件送出停止信号。可见非应答信号并不一定代表数据传输的不正常。

10.2.4 I^2C 器件与器件寻址

构建 I^2C 总线系统的最终目的是要实现器件之间的控制和数据传输,因此,器件是 I^2C 总线系统的主体,而总线本身只不过是数据传输的通路。

(1)器件分类

单片机芯片以及单片机系统的扩展芯片和外围部件都可能是 I^2C 总线的器件,其中包括存储器、显示器、转换器、驱动器和接口电路等。

总线系统中的各器件之间存在着一定的关系。可从两个角度来划分器件之间的关系,一是按控制关系划分,器件之间存在着控制与被控制的关系(或主从关系)。其中,起控制作用的称为主器件(或主控器件),而被控制的则称为从器件(或被控器件)。二是按数据的传输关系划分,器件之间存在着发送与接收的关系。其中,发送数据的器件称为发送器,而接收数据的器件则称为接收器。

一个器件在 I^2C 总线中扮演什么角色,首先要看器件本身是否具有 CPU。具有 CPU 的器件(例如,单片机等),因为能对 I^2C 总线进行主动控制,所以它们既可以作为主控器件,又可以成为被控的从器件,既可以发送数据又可以接收数据。反之,那些没有 CPU 的器件因不能对 I^2C 总线进行主动控制,则只能作为被控从器件。至于是发送数据的从器件还是接收数据的从器件,完全取决于器件本身的性能。例如,LCD 驱动器只能作从接收器,而键盘接口则只能作从发送器。

对于只有一个主控器件的 I^2C 总线系统,称为单主系统;而有多个主控器件的系统则称为多主系统。但即使在多主系统中,一次数据传输过程也只能在一个主器件和一个从器件之间进行。也就是说,尽管在系统中能成为主控器件的器件有多个,但当前的主控器件却只能有一个。

(2)器件工作方式

既然 I^2C 总线共有 4 种数据传输方式,那么总线系统中的器件也同样应该有 4 种工作方式,即主发送方式(该器件作为主控器件发送数据)、主接收方式(该器件作为主控器件接收数据)、从发送方式(该器件作为被控器件发送数据)以及从接收方式(该器件作为被控器件接收数据)。一个具体的器件可能具有哪几种工作方式,完全取决于它本身的功能。

(3)器件寻址

并行系统的地址通过地址线传送,寻址操作一次完成,即一步到位直达存储器单元;而在 I^2C 总线系统中,由于没有地址线可供使用,地址只能通过串行线 SDA 传送。从用户的角度出发,人们首先关心的是器件寻址,即如何找到从器件。

1）器件编址

在 I^2C 总线中，器件编址也称为器件从地址。I^2C 总线启动后，主控器件发送的第一个字节是寻址字节，以 SLA+R/$\overline{M}$ 表示，其中 SLA 的前 7 位即为器件从地址。I^2C 器件编址由"I^2C 总线委员会"统一分配，并且遵循一定的规则。一些常用 PC 器件的编址见表 10.1 所列。

表 10.1　常用 I^2C 器件编址

器件型号	器件名称	器件编址
PFC8566	96 段 LCD 驱动器	011111A0
PCF8568	LCD 点阵显示列驱动器	011110 A0
PCF8569	LCD 点阵显示行驱动器	011110 A0
PCF8570	256×8 静态 RAM	1010 A2 A1 A0
PCF8570C	256×8 静态 RAM	1011 A2 A1 A0
PCF8571	128×8 静态 RAM	1010 A2 A1 A0
PCF8574	I^2C 总线到 8 位并行总线转换器	0100 A2 A1 A0
PCF8574A	I^2C 总线到 8 位并行总线转换器	0111 A2 A1 A0
PCF8576	160 段 LCD 驱动器	011100 A0
PCF8577	64 段 LCD 驱动器	0111010
PCF8577A	64 段 LCD 驱动器	0111011
PCF8578	LCD 点阵显示行/列驱动器	011110 A0
PCF8579	LCD 点阵显示行/列驱动器	011110A0
PCF8581	128 字节 EEPROM	1010 A2 A1 A0
PCF8582	256 字节 EEPROM	1010 A2 A1 A0
PCF8591	4 通道 8 位 A/D、1 路 8 位 D/A	1001 A2 A1 A0
PCF8594	512 字节 EEPROM	1010 A2 A1 A0
SAA1064	4 位 LED 驱动器	01110 A1 A0
AT24C01	128 字节 EEPROM	1010 A2 A1 A0
AT24C02	256 字节 EEPROM	1010 A2 A1 A0
AT24C04	512 字节 EEPROM	1010 A2 A1 P0
AT24C08	1 024 字节 EEPROM	1010 A2 P1 P0
AT24C16	2 048 字节 EEPROM	1010 P2 P1 P0

表中所列举的 I^2C 器件在系统中只能作为从器件使用，都是被寻址的对象。而对于单片机芯片则没有编址的必要，因为在绝大多数情况下，它们都是在单主系统中作为主控器件使用的，不存在被寻址的可能性，即使在多主系统中有可能成为从器件，也可以通过程序给它们写入临时从地址来解决。

2)引脚地址

在上述器件编址表中,编址位中的 A2 A1 A0、A1 A0 和 A0 表示其对应位的编码是通过外接电平得到的。为此,芯片上应有同名的引脚,使用时把引脚分别接高、低电平,在对应位就可以得到 1 或 0 编码。因为这几位器件编码是通过引脚设定的,所以称为引脚地址。芯片的引脚地址总是从最低位开始安排。

在器件编址中引入引脚地址的概念,是为了把系统中同类器件的不同芯片加以区别。一个 I²C 总线系统中有多个同类器件芯片的最典型情况莫过于存储器扩展,当外扩展存储器容量较大时,就需要接入多个同类芯片。为了能把这些芯片区分开来,就需要采用引脚地址的办法。例如引脚地址为 3 位时,通过外接高低电平组合可以得到 8 个器件地址,能把 8 个同类芯片区分开来,所以在一个系统中就可以接入 8 个同类芯片。

此外,LED 和 LCD 驱动芯片等也存在同样问题,但由于同类芯片的数目一般不会超过 4 个,所以引脚地址只有 2 位或 1 位。而对于那些在一个系统中只能有唯一一个的器件,没有必要设置引脚地址,所以它们的器件编址全部是固定码。

到此,I²C 总线器件寻址问题已经全部解决。但最后还须说明,除引脚地址之外的其他器件编码,是在芯片生产过程中写入的,并固化在其从地址寄存器中,对用户来说,只需使用而不能改动。

10.3　I²C 芯片 24C×× 的使用

10.3.1　I²C 芯片 24C××简介

24C×× 为 I²C 串行 EEPROM 存储器,该系列有 24C01、24C02、24C04、24C08、24C16、24C32、24C64 等型号。它们的封装形式、引脚功能及内部结构类似,只是存储容量不同,对应的存储容量分别是 128 B、256 B、512 B、1 kB、2 kB、4 kB、8 kB。

（1）24C××芯片的引脚

24C××芯片的引脚如图 10.9 所示。共有 8 个引脚,其电路接线图如图 10.10 所示。

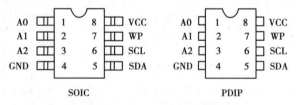

图 10.9　24C××芯片的引脚图

①A0、A1、A2:片选或页面选择地址输入端。

选用不同的 EEPROM 存储器芯片时,其意义不同,但都要接固定电平,用于多个器件级联时的芯片寻址。

对于 24C01/24C02 EEPROM 存储器芯片,这 3 位用于芯片寻址,通过与其所接的接线逻辑电平相比较,判断芯片是否被选通。总线上最多可连接 8 片 24C01/24C02 存芯。

对于 24C04 EEPROM 存储器芯片,用 A1、A2 作为片选,A0 悬空。总线上最多可连接 4 片 24C04。

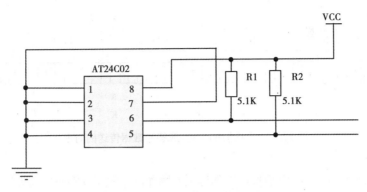

图 10.10　AT24C02 的电路接线图

对于 24C08 EEPROM 存储器芯片,只用 A2 作为片选,A0、A1 悬空。总线上最多可连接 2 片 24C08。

对于 24C16 EEPROM 存储器芯片,A0、A1 和 A2 都悬空。这 3 位地址作为页地址位 P0、P1、P2。在总线上只能连接 1 片 24C16。

②GND:接地。

③SDA:串行数据(地址)I/O 端,用于串行数据的输入/输出。这个引脚是漏极开路驱动端,可以与任何数量的漏极开路或集电极开路器件"线或"连接。

④SCL:串行时钟输入端,用于输入/输出数据的同步。在其上升沿时,串行写入数据;在下降沿时,串行读取数据。

⑤WP:写保护端,用于硬件数据的保护。WP 接地时,对整个芯片进行正常的读/写操作;WP 接电源 VCC 时,对芯片进行数据写保护。

⑥VCC:电源电压,接+5 V。

(2)24C××芯片的寻址与读写方式

24C××系列串行 EEPROM 寻址方式字节的高 4 位为器件地址,且固定为 1010B,低 3 位为器件地址引脚 A2—A0。对于存储容量小于 256 B 的芯片,例如 24C01,片内寻址只需 8 位。对于容量大于 256 B 的,例如 24C16,其容量为 2 kB,因此需要 11 位寻址位。通常,将寻址地址多于 8 位的称为页面寻址,每 256 B 作为 1 页。

1)写操作

图 10.11 所示为 24C××系列的字节写时序示意图。主机首先发送起始信号,随后给出器件地址,在收到应答信号后,再将字节地址写入 24C××芯片的地址指针,最后是准备写入的数据字节。对于多于 8 位的地址,主机需连续发送两个 8 位地址字节,并写入 24C××芯片的地址指针。

写操作分为字节写和页面写两种操作,图 10.11 为字节写时序图。对于页面写根据芯片的一次装载的字节不同有所不同,关于页面写的地址、应答和数据传送的时序如图 10.12 所示。

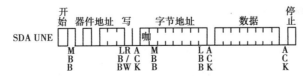

图 10.11　24C××系列芯片字节写时序图

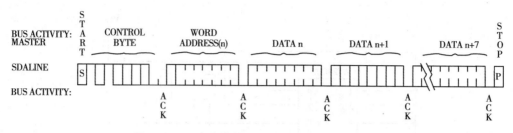

图 10.12　页面写的地址、应答和数据传送的时序

2)读操作

读操作有三种基本操作:当前地址读、随机读和顺序读。顺序读的时序图如图 10.13 所示。应当注意的是:最后一个读操作的第 9 个时钟周期不是"不关心"。为了结束读操作,主机必须在第 9 个周期间发出停止条件或者在第 9 个时钟周期内保持 SDA 为高电平,然后发出停止条件。

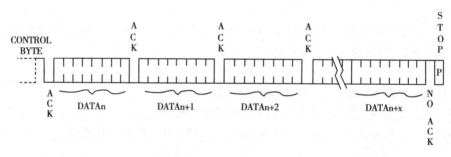

图 10.13　顺序读时序图

(3)I^2C 总线的应用中应注意的事项

①严格按照时序图的要求进行操作。

②若与口线上带内部上拉电阻的单片机接口连接,可以不外加上拉电阻。

③程序中为配合相应的传输速率,在对口线操作的指令后可用 NOP 指令加一定的延时。

④为了减少意外的干扰信号,将 EEPROM 内的数据改写可用外部写保护引脚(如果有),或者在 EEPROM 内部没有用的空间写入标志字,每次上电或复位时作一次检测,判断 EEPROM 是否被意外改写。

10.3.2　I^2C 芯片 24C02 应用举例

图 10.14 为 24C02 应用的实例,该例是 LCD1602 和 AT24C02 的综合应用,按不同的按键实现不同的字符串显示。仿真结果如图 10.14 所示。

(1)在电路中添加 I^2C 调试器

在工具栏单击添加按钮,再在对象选择器中选择"I^2C DEBUGGER"。将其中两引脚与单片机连接,其中 SCL 接 P1.6,SDA 接 P1.7。

(2)仿真监视

从图 10.14 中的 I^2C 调试器窗口可以看到 I^2C 总线在循环读/写,窗口的左上角区域记录了总线上的所有活动,其中向左的蓝箭头表示 I^2C 调试器作为从器件监视总线上的活动。单击"+"按钮,可显示详细的数据,以字节甚至以位的形式显示。其中:

第一行内容是单片机向 24C01 存储器写数据过程,其时序为 S、A0、A、地址(30H)、A、数

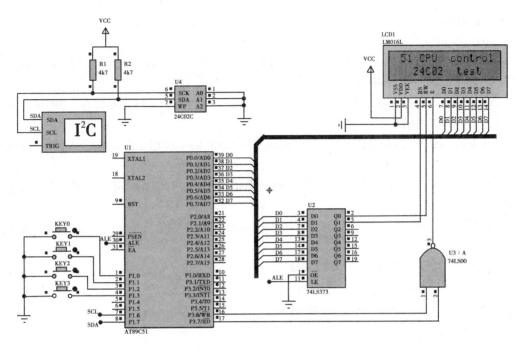

图 10.14　24C02 应用实例图

据 1、A、数据 2、A、…、数据 16、A、P；

　　第二行内容是单片机从 24C01 存储器读数据过程,其时序为 S、A0、A、地址(30H)、A、Sr、A1、A、数据 1、A、…、数据 16、N、P。

(3) I²C 通信读/写操作序列中的专用字符

I²C 通信读/写操作序列中的专用字符,见表 10.2。

表 10.2　I²C 读/写操作序列中的专用字符含义

符号	含　义	符号	含　义
S	开始	*	收到部分数据
P	停止	L	丢失,返回主控模式
Sr	重新开始	?	检测到非法逻辑电平
A	应答	N	非应答

```
#include <reg51.h>
#include "intrins.h"
#include <absacc.h>
#define uchar unsigned char
#define uint    unsigned int
#define REG0    XBYTE[0x0000]    //LCD 写指令寄存器的地址,可根据配置修改
#define REG1    XBYTE[0x0001]    //LCD 读出数据到 D0~D7 的地址,可根据配置修改
#define REG2    XBYTE[0x0002]    //LCD 写数据寄存器的地址,可根据配置修改
#define REG3    XBYTE[0x0003]    //LCD 读数据寄存器的地址,可根据配置修改
```

```c
uchar bdata busyflag;
uchar dat,datn;
code unsigned char word1[16]={" 51 CPU   control"};   //第 1 行显示缓存   MCS-51
CPU I2C EEPROM test examples
code unsigned char word2[16]={"   24C02   test"};   //第 2 行显示缓存   MCS-51 CPU
control I2C bus EEPROM test
code unsigned char word3[16]={"Wellcome To here"};   //用于固定显示的数据,固化到
ROM 中
code unsigned char word4[16]={" Proteus Tools!"};   //用于固定显示的数据,固化到
ROM 中
code unsigned char word5[16]={"CPU simulatoin!"};//用于固定显示的数据,固化到
ROM 中
unsigned char word6[16]={"    Hello "};
unsigned char word7[16]={"Practice is very"};
unsigned char word8[16]={"   important !"};
sbit busyflag_7=busyflag^7;
sbit p10=P1^0;
sbit p11=P1^1;
sbit p12=P1^2;
sbit p13=P1^3;
sbit p14=P1^4;
sbit p15=P1^5;
sbit p16=P1^6;
sbit p17=P1^7;
/////////////////////////////////start of IIC ///////////////////////////////
sbitScl=P1^6;   //串行时钟
sbitSda=P1^7;   //串行数据
/*发送起始条件*/
void delay()                // 诞时 5 μs
{    _nop_();
     _nop_();
     _nop_();
     _nop_();
     _nop_();
}
void Start(void)            /*起始条件*/
{
     Sda=1;
     Scl=1;
     delay();
```

```
        Sda=0;
        delay();
        Scl=0;
}
void Stop(void)  /* 停止条件 */
{
        Sda=0;
        Scl=1;
        delay();
        Sda=1;
        delay();
        Scl=0;
}
void Ack(void)   /* 应答位 */
{
        Sda=0;
        Scl=1;
        delay();

        Scl=0;
        Sda=1;
}
void   NoAck(void)        /* 反向应答位 */
{
        Sda=1;
        Scl=1;
        delay();
        Scl=0;
        Sda=0;
}
void Send(uchar Data)  /* 发送数据子程序,Data 为要求发送的数据 */
{
        uchar BitCounter=8;        /* 位数控制 */
        uchar temp;        /* 中间变量控制 */
        do
        {
          temp=Data;
          Scl=0;
          delay();
        if((temp&0x80)==0x80)/* 如果最高位是 1 */
```

```
                    Sda = 1;
               else
                    Sda = 0;
               Scl = 1;
               temp = Data<<1;            /* RLC */
               Data = temp;
               BitCounter--;
          } while(BitCounter);
          Scl = 0;
}
uchar Read(void)  /* 读一个字节的数据,并返回该字节值 */
{
          uchar temp = 0;
          //uchar temp1 = 0;
          uchar BitCounter = 8;
          Sda = 1;
          do{
            Scl = 0;
            delay();
            Scl = 1;
          delay();
            if(Sda)        /* 如果 Sda = 1; */
                 temp = temp|0x01;  /* temp 的最低位置 1 */
            else
                 temp = temp&0xfe;   /* 否则 temp 的最低位清 0 */
            if(BitCounter-1)
            {    //temp1 = temp<<1;
                 //temp = temp1;
                 temp = temp<<1;
            }
            BitCounter--;
} while(BitCounter);
          return(temp);
}
void WrToROM(uchar Data[ ],uchar Address,uchar Num)//写入一组数据到 AT24C02 中
{   //参数为数组的首地址,数据在 AT24C02 中的开始地址,数据个数
      uchar i = 0;
      uchar * PData;
      PData = Data;
      Start();
```

```
        Send(0xa0);      //A0、A1、A2 接地,固 AT24C02 的写地址为 0XA0
        Ack();
        Send(Address);
        Ack();
        for(i=0;i<Num;i++)
        {
            Send(*(PData+i));
            Ack();
        }
        Stop();
    }
void  RdFromROM(uchar Data[],uchar Address,uchar Num)//从 AT24C02 中读出一组
数据

    //参数为数组的首地址,数据在 AT24C02 中的开始地址,数据个数
    {
        uchar i=0;
        uchar *PData;
        PData=Data;
        for(i=0;i<Num;i++)
        {
            Start();
            Send(0xa0);  //A0、A1、A2 接地,固 AT24C02 的写地址为 0XA0
            Ack();
            Send(Address+i);
            Ack();
            Start();
            Send(0xa1);  //A0、A1、A2 接地,固 AT24C02 读地址为 0XA1
            Ack();
            *(PData+i)=Read();
            Scl=0;
            NoAck();
            Stop();
        }
    }
/////////////////////////////////END of IIC/////////////////////////////////
void busy()   //查询 LCD 是否忙碌子程序
{
  do
  {
    busyflag=REG1;
```

```
    } while( busyflag_7);
}


void wrc( unsigned char wcon)    //写控制指令子程序
{
    busy();
    REG0 = wcon;
}


void wrd( unsigned char wdat)    //写 LCD 数据寄存器子程序
{
    busy();
    REG2 = wdat;//REG2 是 LCD 写数据寄存器的地址
}


void rdd()    //读数据寄存器子程序
{
    busy();
    dat = REG3;
}


void lcdint()    //LCD 初始化子程序
{
    wrc(0x38);
    wrc(0x01);
    wrc(0x06);
    wrc(0x0c);
}
void wrn( unsigned char word[ ])    //连续写 n 个字符数据到 LCD 的数据寄存器中
{
    unsigned char i;
    for(i = 0;i<16;i++)
    {
        wrd( word[i]);    //调用写 LCD 数据寄存器子程序
    }
}
    ///////////////////////////////////
void main()
{
    unsigned char i;
```

```
    lcdint();　//初始化
    wrc(0x80);　//显示第 1 行的第 1 个字符
    wrn(word1);
    wrc(0xc0);　//显示第 2 行的第 1 个字符
    wrn(word2);
while(1)
    {
            if(p10==0) //判断 P1.0 是否按下,写入数据到 EEPROM 中
            {
                for(i=0;i<16;i++)
                    word6[i]='d';
                WrToROM(word6,0x00,16);
                wrc(0x80);
                wrn(word6);//连续写 n 个字符数据到 LCD 的数据寄存器中

            }
            if(p11==0) //判断 P1.1 是否按下,并显示数据
            {
                RdFromROM(word7,0x00,16);
                wrc(0x80);
                wrn(word3);
                wrc(0xc0);
                wrn(word7);

            }
            if(p12==0) //判断 P1.2 是否按下,并显示数据
            {
                WrToROM(word4,0x20,16);
                RdFromROM(word8,0x20,16);
                wrc(0x80);
                wrn(word8);
                wrc(0xC0);
                wrn(word5);
                    }
            if(p13==0) //判断 P1.3 是否按下,并显示数据
            {
                wrc(0x80);
                wrn(word7);
                wrc(0xc0);
                wrn(word8);
```

```
          }
        }
      }
```

10.4 SPI 串行外设接口总线协议

Motorola 公司推出的 SPI(Serial Peripheral Interface)串行外设接口总线。它用于 MCU 与各种外围设备以串行方式进行通信(8 位数据被同步地发送和接收),系统可配置为主或从操作模式。外围设备包括简单的 TTL 移位寄存器(用作并行输入或输出口)至复杂的 LCD 显示驱动器或 A/D 转换器。SPI 可直接与各个生产厂家的多种标准的外围器件直接接口,它只需 4 条线,即:串行时钟线(SCK)、主机输入/从机输出数据线 MISO、主机输出/从机输入数据线 MISI 和低电平有效的从机选择线-CS(-SS)。在 SPI 接口中,数据的传输只需要 1 个时钟信号和 2 条数据线。

由于 SPI 系统总线只需 3~4 位数据线和控制线即可扩展具有 SPI 的各种 I/O 器件,而并行扩展需要 8 根数据线、8~16 位地址线、2~3 位控制线,因而 SPI 总线的使用可简化电路设计,节省了很多常规电路中的接口器件,提高了设计的可靠性。SPI 是一个高速、同步串行 I/O 口,允许串行位流(1~16 位)移入或移出器件。典型应用有:移位寄存器、显示驱动器、ADC、日历时钟芯片、EEPROM、FLASH、数字信号处理器等。且支持多处理器通信,多种波特率可编程,多种时钟方案可选择。

10.4.1 SPI 总线系统组成

SPI 总线系统传输的速率由时钟信号 SCK 决定,SI 为数据输入、SO 为数据输出。采用 SPI 总线的系统如图 10.15 所示,它包含了一个主片和多个从片,主片通过发出片选信号-CS 来控制对哪个从片进行通信,当某个从片的信号有效时,能通过 SI 接收指令、数据,并通过 SO 发回数据。而未被选中的从片的 SO 端处于高阻状态。

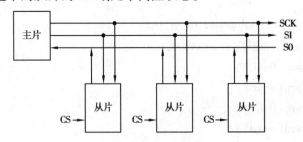

图 10.15 SPI 总线的系统

主片在访问某一从片时,必须使该从片的片选信号有效;主片在 SCK 信号的同步下,通过 SI 线发出指令、地址信息;如需将数据输出,则接着写指令,由 SCK 同步在 SI 线上发出数据;如需读回数据,则接着读指令,由主片发出 SCK,从片根据 SCK 的节拍通过 SO 发回数据。

因而对具有 SPI 接口的从片器件来讲,SCK、SI 是输入信号,SO 是输出信号。SCK 用于主片和从片通信的同步。SI 用于将主片信息传输到从片器件,输入的信息包括指令、地址和数据,指令、地址和数据的变化在 SCK 的低电平期间进行,并由 SCK 信号的上升沿锁存。SO 用于将信息由从器件传出,传出的信息包括状态和数据,信息在 SCK 信号的下降沿移出。

10.4.2　SPI 总线协议

(1)技术性能

SPI 接口是全双工三线同步串行外围接口,采用主从模式(Master Slave)架构;支持多Slave 模式应用,一般仅支持单 Master。时钟由 Master 控制,在时钟移位脉冲下,数据按位传输,高位在前,低位在后(MSBfirst);SPI 接口有 2 根单向数据线,为全双工通信,目前应用中的数据速率可达几 Mbps 的水平。总线结构如图 10.16 所示。

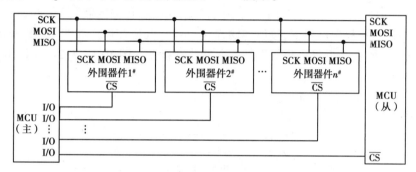

图 10.16　SPI 外围扩展示意图

(2)接口定义

SPI 接口共有 4 根信号线,分别是:串行输出数据线、串行输入数据线、时钟线和设备选择线。

①MOSI:主器件数据输出,从器件数据输入。

②MISO:主器件数据输入,从器件数据输出。

③SCK:时钟信号,由主器件产生。

④$\overline{\text{CS}}$:从器件使能信号,由主器件控制。

(3)内部结构

内部有 2 个 8 位串入串出移位寄存器和一个 SPI 时钟发生器,内部结构如图 10.17 所示

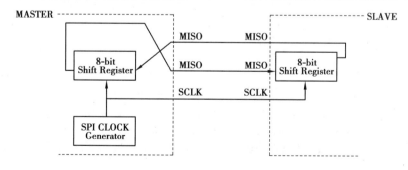

图 10.17　内部结构

(4)时钟极性和时钟相位

在 SPI 操作中,最重要的两项设置就是时钟极性(CPOL 或 UCCKPL)和时钟相位(CPHA

或 UCCKPH）。时钟极性设置时钟空闲时的电平,时钟相位设置读取数据和发送数据的时钟沿。

主机和从机的发送数据是同时完成的,两者的接收数据也是同时完成的。所以为了保证主、从机正确通信,应使得它们的 SPI 具有相同的时钟极性和时钟相位。

SPI 接口时钟配置心得:在主设备这边配置 SPI 接口时钟的时候一定要弄清楚从设备的时钟要求,因为主设备这边的时钟极性和相位都是以从设备为基准的。因此在时钟极性的配置上一定要搞清楚从设备是在时钟的上升沿还是下降沿接收数据,是在时钟的下降沿还是上升沿输出数据。

（5）传输时序

SPI 接口在内部硬件实际上是两个简单的移位寄存器,传输的数据为 8 位,在主器件产生的从器件使能信号和移位脉冲下,按位传输,高位在前,低位在后。如图 10.18 所示,在 SCLK 的下降沿上数据改变,上升沿一位数据被存入移位寄存器。图 10.19 为 25 系列串行存储器的读时序。

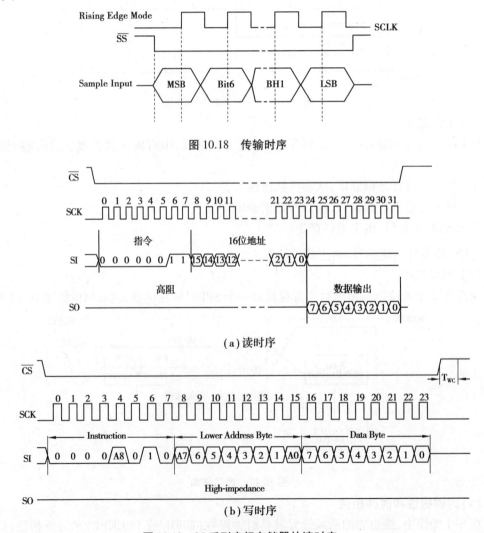

图 10.18　传输时序

（a）读时序

（b）写时序

图 10.19　25 系列串行存储器的读时序

（6）数据传输

在一个 SPI 时钟周期内,会完成如下操作:

①主机通过 MOSI 线发送 1 位数据,从机通过该线读取这 1 位数据;

②从机通过 MISO 线发送 1 位数据,主机通过该线读取这 1 位数据。

这是通过移位寄存器来实现的。如图 10.20 所示,主机和从机各有一个移位寄存器,且二者连接成环。随着时钟脉冲,数据按照从高位到低位的方式依次移出主机寄存器和从机寄存器,并且依次移入从机寄存器和主机寄存器。当寄存器中的内容全部移出时,相当于完成了两个寄存器内容的交换。

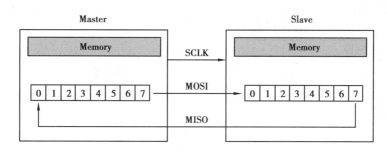

图 10.20　移位寄存器

10.4.3　89C51/S51 单片机扩展 SPI 外设接口的方法

（1）用一般的 I/O 口线模拟 SPI 操作

对于没有 SPI 接口的 89C51/S51 单片机来说,可使用软件模拟 SPI 的操作,包括串行时钟、数据输入和输出。对于不同的串行接口外围芯片,它们的时钟时序是不同的。对于在 SCK 的上升沿输入(接收)数据和在 SCK 的下降沿输出(发送)数据的器件,一般应取图 10.21 中的串行时钟输出 P1.1 的初始状态为 1;在允许接口芯片后,置 P1.1 为 0。因此 MCU 输出 1 位 SCK 时钟,同时,使接口芯片串行左移,从而输出一位数据至 89C51/S51 的 P1.3(模拟 MCU 的 MISO 线);再置 P1.1 为 1,使 89C51/S51 从 P1.0 输出 1 位数据(先为高位)至串行接口芯片。至此,模拟一位数据数输入/输出完成。以后再置 P1.1 为 0,模拟下一位的输入/输出……依次循环 8 次,可完成一次通过 SPI 传输 1 字节的操作。对于在 SCK 的上升沿输入(接收)数据和在 SCK 的下降沿输出(发送)数据旳器件,则应取图 10.21 中的串行时钟输出 P1.1 的初始状态为 0;在接口芯片允许时,先置 P1.1 为 1,此时,外围器件接口芯片输出 1 位数据(MCU 接收 1 位数据);再置时钟为 0,外围接口芯片接收 1 位数据(MCU 发送 1 位数据),可完成 1 位数据的传送。

图 10.21 为 89C51/S51(MCU)与 25AA320(EEPROM)的硬件连接图,图 10.21 中 P1.0 模拟 MCU 的数据输出端(MOSI),P1.1 模拟 SPI 的时钟 SCK 输出端,P1.2 模拟从机选择端($\overline{\text{CS}}$),P1.3 模拟 SPI 的数据输入端(MISO)。

（2）利用 89C51/S51(MCU)串行口实现 SPI 操作

单片机应用系统中,最常用的功能无非是开关量 I/O、A/D、D/A、时钟、显示及打印功能等。利用单片机串行口可与多个串行的接口芯片进行数据传送。

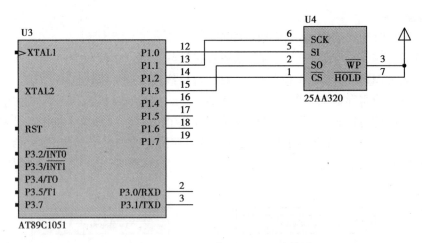

图 10.21　89C51/S51 与 25AA320 连接图

1)串行时钟芯片 HT1380

串行时钟芯片 HT1380 是一个 8 脚日历时钟芯片,它可通过串行口与单片机交换信息,具体应用请参考相关资料。

2)串行 LED 显示驱动接口芯片 MAX7219

MAX7219 芯片的应用已在第 7 章中介绍,它常应用在智能仪器仪表中。它连接串口的应用请参考相关资料。

3)串行模拟量输入芯片 MAX1458(12 位 A/D)

MAX1458 是一个可对差分输入信号(如电桥)进行程控放大(放大倍数可以由软件设定),进行 12 位 A/D 转换的芯片。它将放大与转换电路集成在一个芯片上,它既可以把转换好的数据通过串口送到 MCU,同时也可以将转换前模拟信号送到仪表显示。当片选为高电平时可以对 MAX1458 进行读写操作,单片机对它的读写也是以串行口方式 0 进行的;当$\overline{CS}$为低电平时,DIO 对外处于高阻状态。有关应用请参考相关资料。

4)串行接口芯片的一般接口规律

除上面 3 种芯片之外,单片机还可以通过串行接口与 EEPROM、D/A 转换芯片等连接。它们与 CPU 的接口方式与以上几种芯片类似,即:

◆都需要通过单片机的开关量 I/O 口线进行芯片选择;

◆当芯片未选中时,数据口均处于高阻状态;

◆与单片机交换信息时均要求单片机以串行口方式 0 进行;

◆传输数据时的帧格式均要求先传送命令/地址,再传送数据;

◆大概都具有图 10.22 的时序波形。

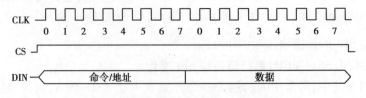

图 10.22　串行接口信号的一般时序图

5）扩展多个串行口接口芯片的典型控制器结构

在图 10.23 所示的控制电路中,数据采集均由串行口接口芯片完成。由于无总线扩展,单片机节余出来的其它资源可用于打印机输出控制、功能键、中断逻辑等电路。在扩展了系统功能的同时,极大地利用了系统的资源,且使接口简单,控制电路体积减小,可靠性提高。系统的软件设计与常规的单片机扩展系统类似,只是在芯片选择方面不是通过地址线完成,而是通过 I/O 口线来实现。

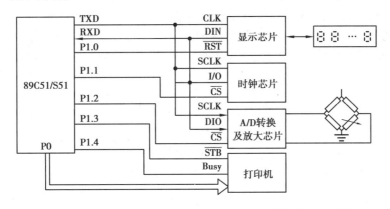

图 10.23　基于串行口控制器的电路结构图

图 10.24 所示为 25AA040A 存储单元的数据读出后显示在 LED 上。AT89C51 单片机模拟 SPI 接口程序比较复杂,现在有的单片机已经嵌入 SPI 接口,不需要再用软件模拟,因为篇幅限制,不再详述。

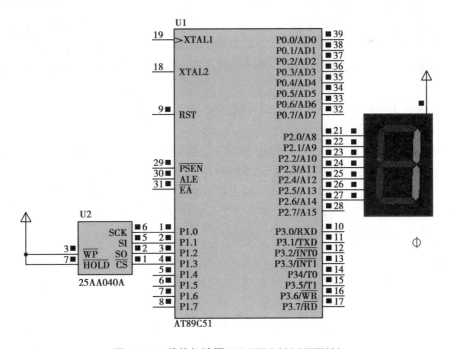

图 10.24　单片机读写 SPI EEPROM 25XX320

总结与思考

本任务中，介绍了 I^2C 总线和 SPI 总线，并利用软件模拟 51 单片机和 I^2C 总线时序实现了数据存储器的串行扩展。串行扩展方式极大地简化了硬件连接，减少了单片机硬件资源开销，提高了系统可靠性。随着串行接口串行速度提高，串行扩展已基本占主导地位。因此，串行扩展方法进行应用系统设计是必须掌握的。目前，各大芯片厂商所提供的存储器、A/D、D/A、实时时钟芯片等常用接口芯片，多数都有并行接口与串行接口两种接口形式可供用户选择。

习题 10

10.1 I^2C 总线的特点是什么？

10.2 简述 I^2C 总线协议中的应答位 A 和非应答位 $\overline{A}$ 各有什么作用。

10.3 叙述 24C04 芯片各引脚的功能。

10.4 向 24C04 芯片中的 0x02 地址写入一字节数据（0xFF），请写出该程序。

10.5 SPI 总线的特点是什么？有几根信号线？

10.6 密码锁设计，设计要求：

①按"A"输入密码，初始密码为 000000，输完后按确定键开锁，若输入的密码长度小于 6 位提示"less then 6!"并返回主菜单。清除键清除上次输入，每次按键有短"滴"声按键提示音。

②密码输入正确后，输出一个电磁锁开锁信号，电磁锁导通（本作品中用一个发光二极管代替电磁锁，发光二极管亮表示开锁）。

③密码输入错误时显示"error"，发出一声长"滴"声错误指示提示音；三次密码错误时，发出急促声报警，LCD 显示屏不停闪烁显示"warning!"，按复位键清除报警。

④按"B"修改密码，要求输入原密码，输入错误时显示"error"，发出一声长"滴"声，然后返回主菜单。输入正确要求再次输入，两次输入一致提示"password has been changed"并返回主菜单。两次不一致提示"twice input is different!"，然后返回主菜单。

项目 **11**
单片机应用系统

本章主要介绍系统后向通道配置及接口技术、抗干扰技术,在此基础上介绍了水温及水位控制系统设计;重点介绍了后向通道中的功率开关器件及其接口、光电耦合器件及驱动接口,光电耦合驱动双向晶闸管功率开关及其接口,最后重点介绍了用双向晶闸管控制的电阻炉温控制系统。

11.1 系统后向通道概念

如图 11.1 所示为具有模拟量输入、模拟量输出以及键盘、显示器、打印机等配制的单片机应用系统框图。

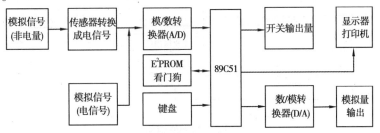

图 11.1 典型单片机应用系统框图

在单片机应用系统中,后向通道是单片机把处理后的数字量进行传递、输出、控制和调节的通道。在后向通道设计中,必须解决单片机与执行机构(如电磁铁、步进电动机、伺服电功机、直流电动机等)功率驱动模块的接口问题,这时也会遇到信号转换(这时由于与执行机构相连接,则必须把数字信号转换成执行机构能接受的模拟信号,这就叫 D/A 转换),有时还需要强弱电隔离及输出通道数的扩展等技术问题。

11.1.1 后向通道的特点

后向通道是对控制对象实现控制操作的输出通道,是应用系统的伺服驱动控制通道。它的结构、特点和控制对象与控制任务密切相关。根据单片机的输出和控制对象对控制信号的要求,后向通道具有以下特点:

（1）弱电控制强电，即小信号输出实现大功率控制

根据目前单片机输出功率的限制，不能输出控制对象所要求的功率信号。因此，大多数后向通道中，都需要功率驱动。

（2）是一个输出通道

输出伺服驱动控制信号，而伺服驱动系统中的状态反馈信号通常作为检测信号输入到单片机应用系统的前向通道。

（3）接近控制对象，环境恶劣

控制对象多为大功率伺服驱动机构，电磁、机械干扰较为严重。这些干扰易从后向通道进入系统，所以后向通道的隔离对系统的可靠性影响很大。

11.1.2　后向通道的结构及要解决的问题

（1）后向通道的结构

根据单片机的输出信号形式和控制对象的特点，后向通道结构如图 11.2 所示。单片机在完成控制处理后，总以数字信号通过 I/O 口或数据总线送给控制对象。这些数字信号形态主要有开关量、二进制数字量和频率量，可直接用于开关量、数字量和频率量的调制系统。对于一些模拟量控制系统，则应通过数/模转换变换成模拟量控制信号。

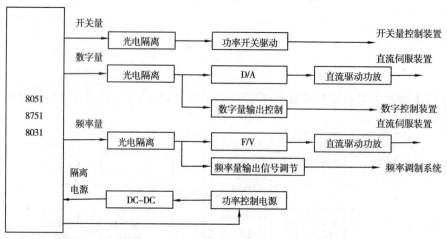

图 11.2　后向通道结构

（2）后向通道要解决的问题

①功率驱动。将单片机输出的信号进行功率放大，以满足伺服驱动的功率要求。

②干扰防治。主要防治伺服驱动系统通过信号通道、电源以及空间电磁场对计算机系统的干扰。通常采用信号隔离、电源隔离和对大功率开关实现过零切换等方法进行干扰防治。

③数/模转换。对于二进制输出的数字量采用 D/A 变换器；对于频率量输出，则可以采用 F/V 转换器变换成模拟量。

11.2　后向通道中的功率开关器件及接口

在单片机应用系统中,有时需用单片机输出控制各种各样的开关电路器件(如继电器、无触点开关等)或高压大电流负载。这些大功率负载显然不能用单片机的 I/O 口来直接驱动,而必须施加各种驱动电路。此外,为了隔离和抗干扰,有时需加接光电耦合器。

11.2.1　大功率 I/O 接口电路

在单片机应用系统中,开关量都是通过单片机的 I/O 口或扩展 I/O 口输出的。这些 I/O 口的驱动能力有限。例如标准的 TTL 门电路在 0 电平时吸收电流的能力约为 16 mA,常常不足以驱动一些功率开关(如继电器、电机、电磁开关等),因此,需要一些大功率开关接口电路。

单片机用于输出控制时,用得最多的开关器件是功率晶体管、继电器、达林顿晶体管和大功率效应晶体管（简称功率 MOSFET)等。下面分别介绍这几种器件与单片机的接口。

(1)功率晶体管驱动

功率晶体管驱动电路如图 11.3 所示。典型的开关功率管具有高速、中等功率特性,其驱动电流可达 800 mA,击穿电压为 40 V。如在 500 mA 和 10 V 处,典型的正向电流增益为 30,要开关 500 mA 负载电流时,其基极电流 I_B 至少需供给 17 mA。

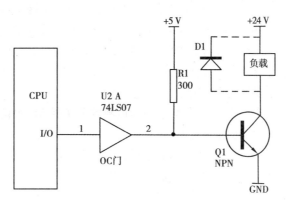

图 11.3　功率晶体管驱动电路

在功率晶体管驱动电路中,开关晶体管的驱动电流 I_C 必须足够大,否则晶体管会增加其管压降来限制其负载电流,从而有可能使晶体管超过最大允许功率损耗而损坏。

(2)继电器及接口

1)机械继电器接口

数字逻辑电路中最常使用的机械继电器有线圈式继电器和簧式继电器。

线圈式继电器由线圈、衔铁和触点组成,线圈通电产生磁场,衔铁受磁场作用,带动触点接触而导通。线圈所需驱动电流较小,但触点可开关较大的电流。线圈式继电器的接口电路如图 11.4(a)所示,线圈两端的二极管为续流二极管,用来抑制反向电动势,加快继电器开关速度。

簧式继电器由两个磁性簧片组成,受磁场作用时,两个簧片相接触而导通。这种簧式继电器控制电流要求很小,而簧片触点可开关较大的电流。例如,控制线圈为 380Q 时,可直接由 5 V 输入电压驱动,驱动电流为 13 mA,而簧片触点可通过 500 mA 至几十 A。但与逻辑电

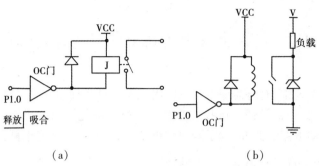

图 11.4　机械继电器接口

路相配用的簧式继电器一般小于 1 A。簧式继电器的接口电路如图 11.4(b)所示。触点两端的齐纳二极管用来防止产生触点电弧。

机械继电器的开关响应时间较大,单片机应用系统中使用机械继电器时,控制程序中必须考虑开关响应时间的影响。

2)固态继电器接口

固态继电器简称 SSR(Solid State Relay),是一种四端器件:两端输入、两端输出,它们之间用光耦合器隔离。它是一种新型的无触点电子继电器,其输入端要求输入很小的控制电流,与 TTL、HTL、CMOS 等集成电路具有较好的兼容性,而其输出则用双向晶闸管(可控硅)来接通和断开负载电源。与普通电磁式继电器和磁力开关相比,它具有开关速度快、工作频率高、体积小、质量轻、寿命长、无机械噪声、工作可靠、耐冲击等一系列特点。

由于无机械触点,当其用于需抗腐蚀、抗潮湿、抗振动和防爆的场合时,更能体现出有机械触点继电器无法比拟的优点。由于其输入控制端与输出端用光电耦合器隔离,所需控制驱动器电压低、电流小,非常容易与计算机控制输出接口。所以,在单片机控制应用系统中,已越来越多地用固态继电器取代传统的电磁式继电器和磁力开关作开关量输出控制。

固态继电器不仅实现了小信号对大电流功率负载的开关控制,而且还具有隔离功能。

SSR 有多种形式和规格,使用场合也不相同。如果采用集成电路门输出驱动时,由于目前国产的 SSR 要求有 0.5 mA 至 20 mA 的驱动电流,最小工作电压可达 3 V。对于一般 TTL 电路,如 54H/74H 和 54S/74S 等系列的门输出可直接驱动,而对 CMOS 电路逻辑信号则应再加缓冲驱动器,如图 11.5 所示。

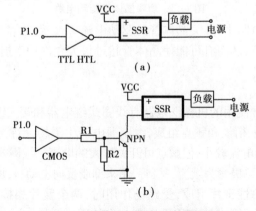

图 11.5　单片机与固态继电器接口

SSR 通常都采用逻辑 1 输入驱动。图 11.5 为 8051 单片机 I/O 口与固态继电器 SSR 接口电路。当 8051 的 P1.0 输出低电平时,SSR 输出相当于开路;而 P1.0 输出高电平时,SSR 输出相当于通路(相当于开关闭合),电源给负载(如电阻加热炉)加电,从而实现开关量控制。

(3)光电耦合器及驱动接口

常用的光电耦合器有晶体管输出型和晶闸管输出型。

1)晶体管输出型光电耦合器驱动接口

晶体管输出型光电耦合器的受光器是光电晶体管,如图 11.6 所示。光电晶体管除了没有使用基极外,其他跟普通晶体管一样,只是以光作为晶体管的输入。当光电耦合器的发光二极管发光时,光电晶体管受光的影响在 cb 间和 ce 间会有电流流过,这两个电流基本受光的照度控制。常用 ce 间的电流作为输出电流。输出电流受 V_{CE} 的电压影响很小,在 V_{CE} 增加时,稍有增加。

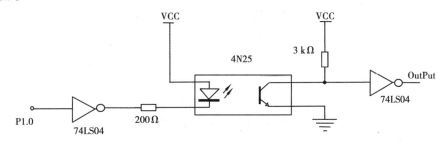

图 11.6　4N25 光电耦合器接口电路

晶体管输出型光电耦合器可以作为开关运用,这时发光二极管和光电晶体管平常都处于关断状态。在发光二极管通过电流脉冲时,光电晶体管在电流脉冲持续的时间内导通。

图 11.6 是使用 4N25 的光电耦合器接口电路图。若 P1.0 输出一个脉冲,则在 OutPut 输出端输出一个相位相同的脉冲,4N25 的耦合脉冲信号和隔离单片机 8051 系统与输出部分的作用,使两部分的电流相互独立。如输出部分的地线接机壳或接地,而 8051 系统的电源地线浮空,不与交流电源的地线相接。这样可以避免输出部分电源变化时对单片机电源的影响,减少系统所受的干扰,提高系统的可靠性。4N25 输入/输出端的最大隔离电压>2 500 V。

光电耦合器也常用于较远距离的信号隔离传送。一方面,光电耦合器可以起到隔离两个系统地线的作用,使两个系统的电源相互独立,消除地电位不同所产生的影响;另一方面,光电耦合器的发光二极管是电流驱动器件,可以形成电流环路的传送形式。由于电流电路是低阻抗电路,它对噪声的敏感度低,因此提高了通信系统的抗干扰能力,常用于在高噪声干扰的环境下传输信号。

2)晶闸管输出型光电耦合器驱动接口

晶闸管输出型光电耦合器的输出端是光敏晶闸管。当光电耦合器的输入端有一定的电流流入时,晶闸管即导通。有的光电耦合器的输出端还配有过零检测电路,用于控制晶闸管过零触发,以减少电器在接通电源时对电网的影响。

如图 11.7 所示为 4N40 接口电路。4N40 是常用的单向晶闸管输出型光电耦合器,也称固态继电器。当输入端有 15～30 mA 电流时,输出端的晶闸管导通,输出端的额定电压为400 V,额定电流为 300 mA。输入输出端隔离电压为 1 500～7 500 V。

4N40 的第 6 脚是输出晶闸管控制端,不使用此端时,此端可对阴极接一个电阻。

327

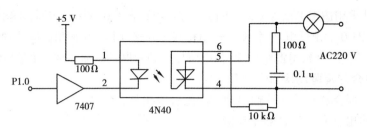

图 11.7　4N40 接口电路

图 11.8 为 MOC3041 接口电路。MOC3041 是常用双向晶闸管输出的光电耦合器（固态继电器），带过零触发电路，输入端的控制电流为 15 mA，输出端的额定电压为 400 V，输入输出端隔离电压为 7 500 V。MOC3041 的第 5 脚是器件的衬底引出端，使用时不需要接线。

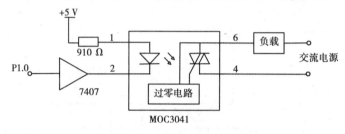

图 11.8　MOC3041 接口电路

（4）达林顿管驱动

对于典型的开关晶体管电路，输出电流是输入电流乘以晶体管的增益。要保证有足够大的输出电流必须采取增大输入驱动电流、多级放大和提高晶体管增益。采用达林顿驱动电路主要是采用多级放大和提高晶体管增益，避免加大输入驱动电流。达林顿驱动电路如图 11.9 所示，它实际上使用两个晶体管构成达林顿晶体管。这种结构形式具有高输入阻抗和极高的增益。

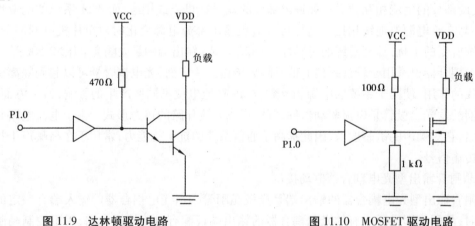

图 11.9　达林顿驱动电路　　　　　图 11.10　MOSFET 驱动电路

（5）MOSFET 驱动电路

目前，在大功率开关控制电路中，大功率 MOSFET 越来越受人们的重视，它已在许多控制电路中取代了可控硅。这是因为 MOSFET 具有高增益、低损耗以及耐高压等优良性能，它可作为高速开关，所需驱动电压和功率较低，容易实现并联驱动。

MOSFET 的偏置电路设计很简单，只要在 MOSFET 栅-源极之间加上一偏置电压（一般大于 10 V),管子就能工作在导通状态,源-漏极之间相当于开关接通,其使用方法和双极性晶体管相同。功率 MOSFET 可由外围驱动器直接驱动,一种典型的驱动电路如图 11.10 所示,其驱动电路十分简单。

(6)SCR 驱动器

1)单向晶闸管

晶闸管习惯上称可控硅(整流元件),英文名为 Silicon Controlled Rectifier,简写成 SCR,这是一种大功率半导体器件。它既有单向导电的整流作用,又有控制的开关作用。利用它可用较小的功率控制较大的功率,在交/直流电动机调速系统/调功系统/随动系统和无触点开关等方面均获得广泛的应用。其电路符号如图 11.11 所示,它有三个电极:阳极 A(Anode),阴极 C(Cathode),控制极(门极)G(Gate)。

图 11.11　单向晶闸管电路符号　　　　图 11.12　双向晶闸管

当其两端加上正向电压而控制极不加电压时,晶闸管并不导通,正向电流很小,处于正向阻断状态;当加上正向电压,且控制极上(与阴极间)也加上一正向电压时,晶闸管便进入导通状态,这时管压降很小(1 V 左右)。这时即使控制电压消失,仍能保持导通状态,所以控制电压没有必要一直存在,通常采用脉冲形式,以降低触发功耗。

它不具有自关断能力,要切断负载电流,只有使阳极电流减小到维持电流以下,或加上反向电压实现关断。若在交流回路中应用,当电流过零和进入负半周时,自动关断,为了使其再次导通,必须重加控制信号。

2)双向晶闸管

晶闸管特别适合于作交流开关使用,采用两个器件反并联,以保证电流能沿正反两个方向流通。如把两只反并联的 SCR 制作在同一片硅片上,便构成双向可控硅(图 11.12),共用一个控制极,使电路大大简化,其特性如下:

① 控制极 G 上无信号时,A1,A2 之间呈高阻抗,管子截止。

② $V_{A1A2}>1.5$ V 时,不论极性如何,便可利用 G 触发电流控制其导通。

③ 工作于交流时,当每一半周交替时,纯阻负载一般能恢复截止;但在感性负载情况下,电流相位滞后于电压,电流过零,可能反向电压超过转折电压,使管子反向导通。所以,要求管子能承受这种反向电压,而且一般要加 RC 吸收回路。

④ A1、A2 可调换使用,触发极性可正可负,但触发电流有差异。

双向可控硅经常用作交流调压、调功、调温和无触点开关,过去其触发脉冲一般都用硬件产生,故检测和控制都不够灵活,而在单片机控制应用系统中则经常可利用软件产生触发脉冲。

光耦合 SCR 驱动器如图 11.7 和图 11.8 所示,这里不再赘述。

11.2.2　ULN2068 与 80C51 单片机接口

ULN2068 芯片是一种高耐压、大电流的 4 路达林顿开关驱动器,该芯片可用作低电平逻辑系列(TTL,DTL,LS 和 5.0 VCMOS)与继电器、直流电机、步进电机或其他高电压、大电流型负载之间的接口。其管脚结构如图 11.13 所示。

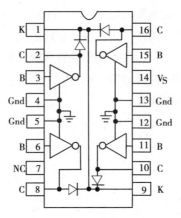

图 11.13　ULN2068 管脚结构

使用 ULN2068 驱动大电流负载时,ULN2068 与单片机之间的接口电路如图 11.14 所示,它可驱动电流高达 1.5A 的负载。

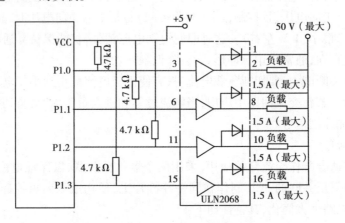

图 11.14　ULN2068 与 80C51 单片机接口

11.3　单片机抗干扰技术

可靠性是单片机应用系统中的一个重要性能指标,它由多种因素决定。在这些因素中,干扰信号是影响可靠性的主要因素。干扰是指叠加在电源电压或者正常工作信号电压上无用的点信号。用数学语言描述,du/dt 和 di/dt 大的地方就是干扰源。干扰有多种来源:电网、空间电磁场、雷电、继电器、可控硅、电机等。干扰会影响传送信息的正确性,扰乱程序的正常运行,常会导致单片机系统运行失常,轻则影响产品质量和产量,重则会导致事故,造成重大经济损失。解决干扰问题主要从两方面考虑：一是切断干扰通路或者减少干扰的影响；二是增强系统本身的抗干扰能力。具体方法有硬件抗干扰和软件抗干扰。

11.3.1 切断干扰传播路径

干扰按传播路径可分为传导干扰和辐射干扰两类。

所谓传导干扰，是指通过导线传播到敏感器件的干扰。高频干扰噪声和有用信号的频带不同，可以通过在导线上增加滤波器的方法切断高频干扰噪声的传播，有时也可加隔离光耦来解决。电源噪声的危害最大，要特别注意处理。

所谓辐射干扰，是指通过空间辐射传播到敏感器件的干扰。一般的解决方法是增加干扰源与敏感器件的距离，用地线把它们隔离和在敏感器件上加屏蔽罩。

切断干扰传播路径的常用措施：

①充分考虑电源对单片机的影响。电源做得好，整个电路的抗干扰就解决了一大半。许多单片机对电源噪声很敏感，要给单片机电源加滤波电路或稳压器，以减小电源噪声对单片机的干扰。比如，可以利用电感和电容组成 π 形滤波电路，当然，条件要求不高时也可用 100 Ω 电阻代替电感。

②如果单片机的 I/O 口用来控制电机等噪声器件，在 I/O 口与噪声源之间应加隔离（增加 π 形滤波电路）

③注意晶振布线。晶振与单片机引脚尽量靠近，用地线把时钟区隔离起来，晶振外壳接地并固定。

④电路板合理分区，如强、弱信号分开，数字、模拟信号分开。尽可能把干扰源（如电机、继电器）与敏感元件远离。

⑤用地线把数字区与模拟区隔离。数字地与模拟地要分离，最后在一点接于电源地。A/D、D/A 芯片布线也以此为原则。

⑥单片机和大功率器件的地线要单独接地，以减小相互干扰。大功率器件应尽可能放在电路板边缘。

⑦在单片机 I/O 口、电源线、电路板连接线等关键地方使用抗干扰元件如电感、磁环、电源滤波器、屏蔽罩，可显著提高电路的抗干扰性能。

11.3.2 抑制干扰源的常用措施

抑制干扰源就是尽可能地减小干扰源的 du/dt 和 di/dt。这是抗干扰设计中最优先考虑和最重要的原则，常常会起到事半功倍的效果。减小干扰源的 du/dt 主要是通过在干扰源两端并联电容来实现。减小干扰源的 di/dt 则是通过在干扰源回路串联电感或电阻以及增加续流二极管来实现。抑制干扰源的常用措施如下：

①继电器线圈增加续流二极管，消除断开线圈时产生的反电动势干扰。仅加续流二极管会使继电器的断开时间滞后，增加稳压二极管后继电器在单位时间内可动作更多的次数。

②在继电器接点两端并接火花抑制电路（一般是 RC 串联电路，电阻一般选几千欧到几十欧，电容选 0.01 μF）减小电火花影响。

③给电机加滤波电路,注意电容、电感引线要尽量短。

④电路板上每个 IC 要并接一个 0.01~0.1 μF 高频电容,以减小 IC 对电源的影响。注意高频电容的布线,连线应靠近电源端并尽量粗短,否则,等于增大了电容的等效串联电阻,会影响滤波效果。

⑤布线时避免 90°折线,减少高频噪声发射。

⑥可控硅两端并接 RC 抑制电路,减小可控硅产生的噪声(这个噪声严重时可能会把可控硅击穿)。

11.3.3　硬件抗干扰

①切断来自传感器和各功能模块间的干扰。模拟电路通过隔离放大器进行隔离;数字电路通过光电耦合进行隔离;模拟地和数字地分开。

②在应用系统的长线传输中,采用双绞线或屏蔽线作为传输线能够有效抑制共模干扰及电磁场干扰,但是需要注意传输线阻抗匹配。

③在印制电路板设计中,要将强电、弱电严格分开,尽量不要把它们设计在一块印刷电路板上;电路板的走向应尽量与数据传递方向一致;接地线应尽量加粗;在印制电路板的各个关键部分应配置去耦电容。

④对系统中用的元件要进行筛选,要选择标准化以及互换性好的元件或电路。

⑤电路设计时要注意电平匹配。当 CMOS 器件接收 TTL 输出时,其输入端要加电平转换器或上拉电阻,否则电路不能正常工作。

⑥单片机进行扩展时,不应该超过其驱动能力,否则整个系统工作不正常。如果负载过多,应该加上总线驱动器,比如 74LS245。

11.3.4　软件抗干扰

干扰对单片机系统可能使数据采集误差增大、程序跑飞或者陷入死循环。尽管在硬件方面采取了一些措施,但有一些干扰可能没有完全消除,有必要从软件方面采取适当措施,才能取得良好的综合抗干扰效果。软件方面的抗干扰措施通常有以下几个方法。

(1)数据采集误差

在数据采集中,虽然通过硬件抗干扰措施,能消除绝大多数采集误差,但是有时候为了控制得更为精确,需要进行数字滤波处理。常用方法如下:

①算术平均值滤波。对一点数据连续采样多次,取其算术平均值。这种方法可以减少系统的随机干扰对数据采集的影响。

②比较取舍法滤波。对一点数据连续采样多次,剔除较大偏差,比如可以剔除一个最大值和一个最小值,或者取其中相同值、接近值、平均值作为可信的采样结果。

③中值法滤波。对一点数据连续采样多次,依次排序,取中间值作为采样结果。

④滑动平均值滤波。以上滤波算法有一个共同点,即每计算 1 次有效采样值必须连续采样 n 次。对于采样速度较慢或要求数据计算速率较高的实时系统,这些方法是无法使用的。例如 A/D 数据,数据采样速率为每秒 10 次,而要求每秒输入 4 次数据时,则 n 不能大于 2。滑动平均值法只采样 1 次,将本次采样值和以前的 n-1 次采样值一起求平均,得到当前的有效采样值。

滑动平均值法把 n 个采样数据看成一个队列,队列的长度固定为 n,每进行一次新的采样,把采样结果放到队尾,而扔掉原来队首的一个数据,这样在队列中始终有 n 个"最新"的数据。计算滤波值时,只要把队列中的 n 个数据进行平均,就可得到新的滤波值。

滑动平均值法对周期性干扰有良好的抑制作用,平滑度高,灵敏度低;但对偶然出现的脉冲性干扰的抑制作用差,不易消除由于脉冲干扰引起采样值的偏差。因此,它不适用于脉冲干扰比较严重的场合,而适用于高频振荡系统。通过观察不同 n 值下滑动平均的输出响应来选取 n 值,以便既少占用时间,又能达到最好的滤波效果。工程经验值为:流量 n 取 12,压力 n 取 4,液面 n 取 4~12,温度 n 取 1~4。

(2)通信抗干扰

在通信过程中除了实施硬件抗干扰措施外,在软件中也需要进行处理。设计通信模块时,为了验证数据的有效性,可以采用不同级别的数据校验措施。如果硬件误码率极低,比如网络通信,在通信模块设计中可以采用简单的数据校验。对于一次有效的数据报文,可以采取传输 3 个字节的数据中有 1 个字节作校验用,或者传输 5 个字节的数据中有 2 个字节作校验用。对于硬件误码率相对较高的通信方式,可以采用其他方式的校验,比如 CRC 校验。也可以考虑降低通信的速度,比如在串口通信中可以适当降低波特率,提高通信的质量,降低误码率。

(3)程序跑飞失控

单片机系统在受到干扰导致 PC 值改变后,PC 值不是指向指令的首字节地址而可能指向指令中的中间字节单元即操作数,将操作数作为指令码执行;或使 PC 值超出程序区,将非程序区随机数作为指令加以执行;或由于巧合导致 PC 值指向了一个循环中而出口条件得不到满足,程序处于死循环状态。解决的方法有:

①设置软件陷阱。在非程序区安排指令强迫系统复位。如用 LJMP 0000H 的机器码填满非程序区。这样不论 PC 失控后飞到非程序区的哪个字节,都能复位。也可以在程序区每隔一段(收几十条指令)连续安排 3 条 NOP 指令。因为 89C51 指令字节最长为 3 个字节。当程序失控后,只要不跳转,指令连续执行,就会执行一条、二条或者三条 NOP 指令,最终 PC 的值就会执行指令的首字节,系统就能恢复正常。

②设置"看门狗"。关于硬件看门狗可参看有关参考书,这里不再赘述。这里主要介绍软件"看门狗"技术。软件看门狗技术的原理和硬件实现的原理差不多,只不过是用软件的方法来实现,以 89C51 系列来讲,在单片机中有两个定时器,可以用这两个定时器对主程序的运行进行监控。可以对 T0 设定一定的定时时间,当产生定时中断时对一个变量进行赋值,而这个变量在主程序运行的开始已经有了一个初值,这里要设定的定时值要小于主程序的运行时间,这样在主程序的尾部对变量的值进行判断。如果值发生了预期的变化,就说明 T0 中断正常,如果没有发生变化则使程序复位。对于 T1,我们用它来监控主程序的运行,给 T1 设定一定的定时时间,在主程序中对其进行复位。如果不能在一定的时间里对其进行复位,T1 的定时中断就会使单片机复位。在这里,T1 的定时时间要设得大于主程序的运行时间,给主程序留有一定的裕量。而 T1 的中断正常与否再由 T0 定时中断子程序来监视。这样就构成了一个循环,T0 监视 T1,T1 监视主程序,主程序又来监视 T0,从而保证系统的稳定运行。

总结与思考

本章主要学习了系统后向通道概念，后向通道的特点，后向通道的结构及要解决的问题，后向通道中的大功率 I/O 接口器件和单片机的接口；单片机抗干扰技术，抑制干扰源的常用措施；硬件抗干扰和软件抗干扰技术。开发设计一个单片机应用系统时所涉及的相关知识，包括以下几部分内容：

- 单片机选型的 4 个原则。
- 进行单片机应用系统设计时应该遵循的 4 个原则；单片机应用系统的设计过程一般包括系统的总体设计、硬件设计、软件设计和系统总体调试 4 个阶段；重点学习系统设计所包含的硬件和软件的设计。
- 单片机应用系统的调试包括硬件调试、软件调试和系统联调。

习题 11

11.1 设计一款简易数字电压表，可以自动轮流显示 8 路输入模拟信号的数值。最小分辨率为 0.02 V，最大显示值为 255（输入为 5 V 时），模拟输入的最大值为 5 V，最小值为 0 V。

11.2 设计一款波形发生器，通过 12 位 D/A 转换器，由拨码开关设置波形的种类（方波、三角波、正弦波），按键设置该输出波形的频率和幅值，参数显示由 LCD1602 完成。

11.3 利用晶闸管、模糊控制算法设置一个智能型即热式热水器控制器，该控制器能控制总功率为 6 kW/220 V 的三个电热膜，需要有水位和状态显示，错误报警等功能。

11.4 利用超声波发射、接收电路，设计一款汽车倒车测距仪。能测量并显示车辆后障碍物离车辆的距离，同时用间歇"嘟嘟"声发出警报，"嘟嘟"声间隔随障碍物距离缩短而缩短。

附　录

附录 A　实验

实验 1　流水灯实验

一、实验目的

学习 Proteus 和 Keil C 软件的使用,掌握单片机原理图的绘图方法,熟悉 Keil μVision4 编译软件、掌握 C51 编程与调试方法。

二、实验原理

实验原理如 2.3 节所述,电路如图 A.1 所示。编程实现流水灯功能,每两个显示状态间隔 0.5 s,循环显示。

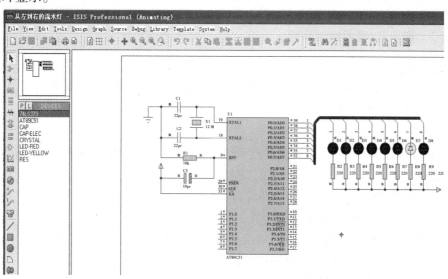

图 A.1　流水灯实验电路图

三、实验内容

①参照图 2.17 及附表 A.1,用 Proteus ISIS 完成实验一电路原理图的绘制;观察 Proteus ISIS 软件的模块结构,熟悉菜单栏、工具栏、对话框等基本单元功能;

②学会选择元件、画导线、画总线、修改属性等基本操作;

③学会可执行文件加载及程序仿真运行方法;

④编写汇编语言(或 C51)程序;

⑤练习 Keil μVision4 程序动态调试方法,实现 P0 口 8 个 LED 灯轮流点亮功能:P0.0→P0.1→P0.2→P0.3→…→P0.7→P0.0 无限循环;

⑥观察仿真结果,完成实验报告。

四、实验要求

提交的实验报告中应包括:①完成的电路图(含绘图过程简述);②编写的源程序(含程序简要说明);③程序调试方法;④实现的仿真效果(含运行截图与文字说明)。

五、实验小结(结论与体会)。

附表 A.1　实验 1 的元件清单

元件类别	电路符号	元件名称
Microprocessor ICs	U1	80C51
Miscellaneous	X1/12 MH	CRYSTAL
Capacitors	C1～C2/1 nF	CAP
Capacitors	C3/22 μF	CAP-ELEC
Resistors Packs	RP1/7-100 Ω	RESPACK-7
Resistors	R1/100 Ω	RES
Optoelectronics	LED1～LED2	LED-RED
Switches & Relays	BUT	BUTTON

实验 2　指示灯/开关控制实验

一、实验目的

学习 Proteus 和 Keil C 软件的使用,掌握单片机原理图的绘图方法,熟悉 Keil μVision4 编译软件、掌握 C51 编程与调试方法。

二、实验原理

实验电路如图 A.1 所示。编程实现流水灯功能,每两个显示状态间隔 0.5 s,循环显示。

三、实验内容

①用 Proteus ISIS 完成如图 A.2 电路原理图的绘制;观察 Proteus ISIS 软件的模块结构,熟悉菜单栏、工具栏、对话框等基本单元功能;

②学会选择元件、画导线、画总线、修改属性等基本操作;

③学会可执行文件加载及程序仿真运行方法;

④编写汇编语言(或 C51)程序;

⑤练习 Keil μVision4 程序动态调试方法,实现 P0 口的 4 个按键对 P2 口的 4 个 LED 灯控

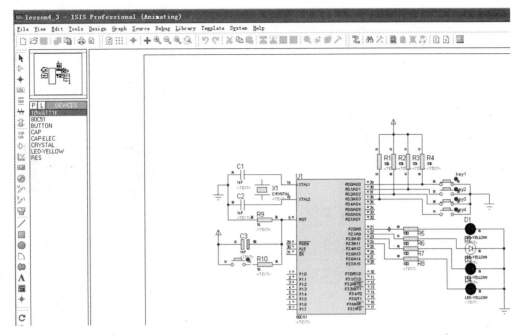

图 A.2　指示灯/开关控制电路图

制点亮功能：当 K1 键及 K3 键按下时点亮的顺序 P2.0→P2.1→P2.2→P2.3；当 K2 键按下时灯熄灭，当 K1 键和 K4 键按下时，点亮的顺序 P2.3→P2.2→P2.1→P2.0；无限循环；

⑥观察仿真结果，完成实验报告。

四、实验要求

提交的实验报告中应包括：①完成的电路图(含绘图过程简述)；②编写的源程序(含程序简要说明)；③使用的程序调试方法；④实现的仿真效果(含运行截图与文字说明)；⑤实验小结(结论与体会)。

五、实验小结(结论与体会)

实验 3　计数器显示实验

一、实验目的

学习 51 单片机的基本输入/输出应用，Proteus 软件的使用，掌握单片机原理图的绘图方法，熟悉 Keil μVision4 编译软件，掌握 C51 编程与调试方法。

二、实验原理

实验电路如图 A.3 所示。编程实现如下计数功能：可统计按键 BUT 的按压次数，并将按压结果以十进制数形式显示出来；当显示值达到 99 后可以自动从 1 开始，无限循环。

三、实验内容

①用 Proteus ISIS 完成如图 A.3 电路原理图的绘制；观察 Proteus ISIS 软件的模块结构，熟悉菜单栏、工具栏、对话框等基本单元功能；

②学会选择元件、画导线、画总线、修改属性等基本操作；

③学会可执行文件加载及程序仿真运行方法；

④编写汇编语言(或 C51)程序；

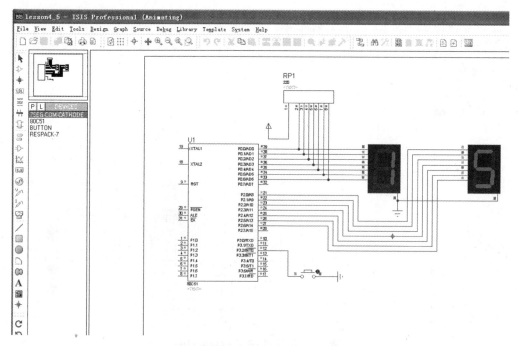

图 A.3　指示灯/开关控制电路图

⑤练习 Keil μVision4 程序动态调试方法。

⑥观察仿真结果，完成实验报告。

四、实验步骤

①提前阅读实验 4 相关的内容；

②参考图 A.4 和表 A.2，在 ISIS 中完成电路原理图的绘制；

③在 Keil μVision4 中编写和编译 C51 程序，生成可执行文件；

④在 Keil μVision4 中启动 ISIS 的仿真，并进行联机调试。

五、实验要求

提交的实验报告中应包括：①完成的电路图（含绘图过程简述）；②编写的源程序（含程序简要说明）；③程序调试方法；④实现的仿真效果（含运行截图与文字说明）；⑤实验小结（结论与体会）。

六、实验小结（结论与体会）

实验 4　指示灯/数码管的中断控制实验

一、实验目的

掌握外部中断原理，学习中断编程与程序调试方法。

二、实验原理

实验电路如图 A.4 所示。图中按键 K1 和 K2 分别接在 P3.2 和 P3.3，发光二极管 D1 接在 P0.6，共阴极数码管 LED1 接在 P2 口。时钟电路、复位电路、片选电路忽略。编程实现如下计数功能：程序启动后，D1、LED1 处于熄灭状态，单击 K1，可使 D1 亮灯状态反转一次；单击 K2，可使 LED1 显示值加 1，并按十六进制数显示，达到 F 后重新从 1 开始。

三、实验内容

①用 Proteus ISIS 完成如图 A.4 电路原理图的绘制；

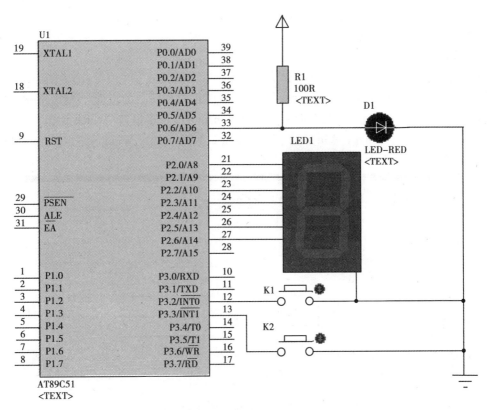

图 A.4 指示灯/数码管的中断控制电路

②完成实验 4 要求的 C51 编程;

③练习 Keil μVision4 与 ISIS 联机仿真方法;

四、实验步骤

①提前阅读实验 4 相关的内容;

②参考图 A.4 和表 A.2,在 ISIS 中完成电路原理图的绘制;

③在 Keil μVision4 中编写和编译 C51 程序,

生成可执行文件;

④在 Keil μVision4 中启动 ISIS 的仿真,并进行联机调试。

表 A.2 实验 4 的元件清单

元件类别	电路符号	元件名称
Microprocessor ICs	U1	80C51
Optoelectronics	D1	LED-GREEN
Switches & Relays	K1 ~ K2	BUTTON
Resistors	R1 ~ R2/100	RES
Optoelectronics	LED	7SEG-COM-CAT GRN

五、实验要求

提交的实验报告中应包括:①完成的电路图(含绘图过程简述);②编写的源程序(含程序简要说明);③程序调试方法;④实现的仿真效果(含运行截图与文字说明);⑤实验小结

（结论与体会）。

六、实验小结(结论与体会)

【阅读材料】 C51 的程序调试方法

（1）基于 Keil μVision4 的 C51 调试方法

程序调试的目的是跟踪程序执行过程，发现并改正源程序中的错误。为此，Keil μVision4 设有许多调试信息窗口，包括输出窗口（Output Windows）、观察窗口（Watch &Call Statck Windows）、存储器窗口（Memory Window）、反汇编窗口（Dissambly Windows）、串行窗口（Serial Windows）等，如图 A.5 所示。

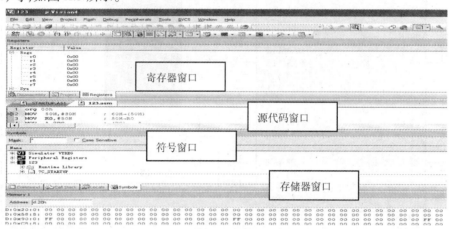

图 A.5 程序调试信息窗口

为了能够直观地了解单片机的定时器、中断、并行端口、串行端口的工作状态，Keil μVision4 还提供一些接口对话框，见图 A.6，它们对于提高程序调试效率是非常有益的。

Keil μVision4 中自带的 Simulation 模块可模拟程序执行过程，可以在没有硬件的情况下进行程序调试。进入调试状态后，界面与编辑状态相比有明显的变化，Dubug 菜单项中一些原来呈灰色的选项现在已可以使用了，且工具栏中会多出一个用于运行和调试的工具条，如图 A.7 所示。

Dubug 菜单上的大部分命令可以在此找到对应的快捷按钮，从左到右依次是：复位、运行、暂停、单步、过程单步、执行完当前子程序、运行到当前行、下一状态、打开跟踪、观察跟踪、反汇编窗口、观察窗口、代码作用范围分析、1# 串行窗口、内存窗口、性能分析、工具按钮等。

学习程序调试，必须明确两个重要的概念，即全速运行与单步执行。全速执行是指一行程序执行完以后紧接着执行下一行程序，中间不停止，这样程序执行的速度很快，并可以看得到该段程序执行的总体效果。但如果程序有错，则难以确认错误出现在哪些程序行。单步执行是每次执行一行程序，执行完该行程序以后即停止，等待命令执行下一行程序，此时可以观察该行程执行完以后得到的结果，是否与我们编写该行程序所想要得到的结果相同，借此可以找到程序中问题所在。在程序调试中，这两种运行方式都要用到。

使用菜单 STEP 或相应的命令按钮或使用功能键 F11 可以单步执行程序，使用菜单 STEP OVER 或功能键 F10 可以让过程单步形式执行命令。所谓过程单步，是指将汇编语言中的子程序或高级语言中的函数作为一个语句来全速执行。

按 F11 键，可以看到源程序窗口的左边出现一个黄色调试箭头，指向源程序的第一行，如图 A.8 所示。

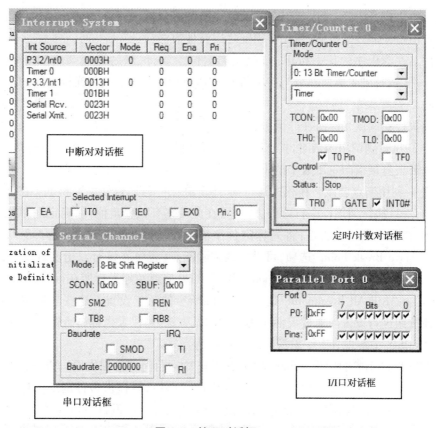

图 A.6　接口对话框

图 A.7　运行和调试的工具条

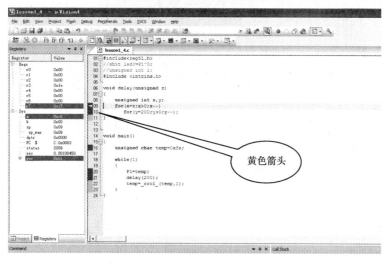

图 A.8　程序调试窗口

每按一次 F11 键,即执行该箭头所指程序行,然后箭头指向下一行。不断按 F11 键,即可逐步执行程序。

通过单步执行程序,可以找出一些问题之所在,但是仅依靠单步执行来查错有时较困难,或虽能查出错误但效率很低,为此必须辅之以其他方法。

方法 1:在源程序的任一行单击,把光标定位于该行,然后选择菜单"Debug"→"Run to Cursor line"(运行到光标所在行)选项,即可全速执行完黄色箭头与光标之间的程序行。

方法 2:选择菜单"Debug"→"Step out of Current Function"(单步执行到该函数外)选项,即可全速执行完调试光标所在的函数,黄色箭头指向调用函数的下一行语句。

方法 3:执行到调用函数时,按 F10 键,调试光标不进入函数内,而是全速执行完该函数,然后黄色箭头直接指向主函数中的下一行。

方法 4:利用断点调试。在程序运行前,事先在某一程序行处设置断点。在随后的全速运行过程中,一旦执行到该程序行即停止,便可在此观察有关变量值,以确定问题之所在。在程序行设置/移除断点的方法是:将光标定位于需要设置断点的程序行,选择菜单"Dubug"→"Insert/Remove Break Point"选项,可设置或移除断点(也可在该行双击实现的功能);选择菜单"Debug"→"Enable/Dissble Breakpoint"选项,可开启或暂停光标所在行的断点功能;选择菜单"Debug"→"Kill All Breakpoint"选项,可清除所有的断点设置。这些功能也可以用工具条上的快捷按钮进行设置。通过灵活应用上述调试方法,可以大大提高查错效率。

(2)在 ISIS 中实现具有汇编源码级调试能力

即 ISIS 编译生成的后缀为.hex 文件,在 ISIS 中运行时即可提供原码查看,设置断点、单步运行等调试手段。在调试菜单中,这种后缀为.hex 文件可以提供多种调试信息,特别是"8051 CPU Source Code U1"(源代码)信息,对动态调试非常重要。调试窗口如图 A.9 所示。

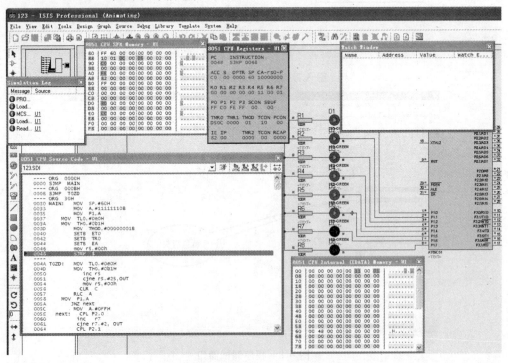

图 A.9　跑马灯调试窗口(汇编语言程序)

　　图中打开了6项调试窗口,因而可以很方便地进行动态调试。然而,若将.hex文件加载到ISIS中如【实例3.1】,发现其源代码窗口并不存在,很多调试功能也都不能使用。这说明由 Keil μVision4 生成的 C51 hex 文件缺乏在 ISIS 中进行动态调试的信息。从 Proteus 6.9 版本之后,ISIS 开始支持一种由 Keil μVision4 生成的 ofm51 格式文件,即绝对目标文件(absolute object module for mat files)。

　　生成 ofm51 格式文件与 hex 格式文件的设置方法基本相同,都要用到"output"选项卡,但 ofm51 格式文件要使"Greate HEX Files"选项框为空,还要将"Name of Executable"文本框中的可执行文件的扩展名为.omf,如图 A.10 所示。

图 A.10　加载.omf 文件

　　单击"确定"按钮退出设置,随后按一般的 C51 编译操作即可生成.omf 格式的可执行文件。进行 ISIS 仿真前,也需要像加载.hex 文件那样加载.omf 文件,只是要将加载时用的"选择文件名"对话框中的"文件类型"由默认的 Intel Hex Files"改为"ofm51 Files",如图 A.11 所示。

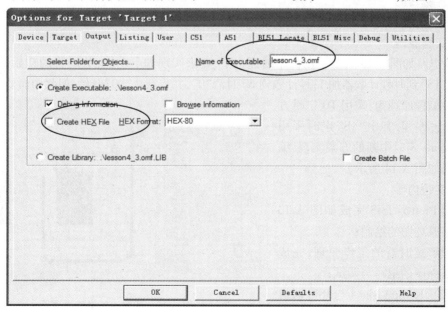

图 A.11　设置输出 ofm 格式文件

加载完成后就可以在 ISIS 中启动 C51 程序了。可以发现,ofm 文件不仅可以提供源代码信息,也支持许多其他调试方法,"调试"菜单如图 A.12 所示。

图 A.12　Keil μVision4 生成的 omf 文件的"调试"菜单

实验 5　电子秒表设计

一、实验目的

掌握中断和定时/计数器的工作原理,熟悉 C51 编程与程序调试方法。

二、实验原理

实验电路如图 A.13 所示。在程序的配合下,要求实现如下功能:数码管的初始显示值为"00",当"1S"到时秒计数器加 1;秒计数到 60 时清"0",并重新从"00"开始,如此周而复始进行。

软件编程原理为:采用 T0 定时方式 1 中断法编程,其中"1S"定时采用 20 次 500 ms 定时中断的方案实现,编程流程图如图 A.14 所示。

三、实验内容

①用 Proteus ISIS 完成如图 A.13 所示电路原理图的绘制;

②理解定时器的工作原理,完成定时中断程序的编写与调试;

③练习 Keil μVision4 与 ISIS 联机仿真方法。

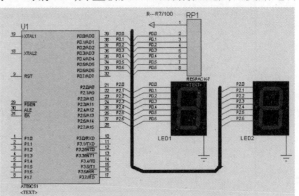

图 A.13　实验 5 的电路原理图

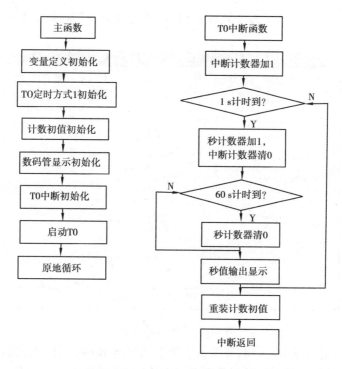

图 A.14　实验 5 的软件流程图

四、实验步骤

①提前阅读实验 5 相关的阅读材料；

②参考图 A.13 和表 A.2,在 ISIS 中完成电路原理图的绘制；

③在 Keil μVision4 中编写和编译 C51 程序,生成可执行文件；

④在 Keil μVision4 中启动 ISIS 的仿真,并进行联机调试。

五、实验要求

提交的实验报告中应包括:①完成的电路图(含绘图过程简述);②编写的源程序(含程序简要说明);③程序调试方法;④实现的仿真效果(含运行截图与文字说明);⑤实验小结(结论与体会)。

六、实验小结(结论与体会)

【阅读材料】Keil μVision4 与 ISIS 联合仿真

Rroteus 可以仿真单片机 CPU 的工作情况,也能仿真单片机外围电路或没有单片机参与的其他电路的工作情况。在仿真和程序调试时,关心的不再是某些语句执行时单片机寄存器和存储器内容的改变,而是从工程的角度直接看程序运行和电路工作的过程和结果。

Keil μVision4 是目前世界上最好的 51 单片机汇编和 C51 语言的集成开发环境,支持汇编与 C 混合编程,同时具备强大的软件仿真和硬件仿真(用 mon5l 协议,需要硬件支持)功能。

Rroteus ISIS 能方便地和 Keil μVision4 整合起来,实现电路仿真功能与高级编程功能的完美结合,使单片机的软/硬件调试变得十分有效。联合仿真的实现方法如下:

(1)准备工作

首先应保证成功安装 Proteus 和 Keil μVision4 两个软件,确保在 Keil μVision4 下安装动态链接库 VDM51.dll 并进行正确配置(请参阅其他相关书籍)。

(2)检查联机配置情况

在 Keil μVision4 中建立一个新工程后,还需要检查联机配置是否有效,具体做法是:

①打开如图 A.15 所示的工程配置设置窗口，单击"dubug"选项卡，打开的默认界面如图 A.15 所示。

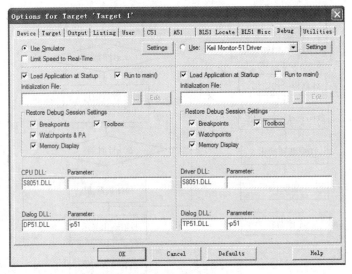

图 A.15 "Dubug"选项卡

②单击窗口右侧的"Use"选项，并单击下拉框选择将 Rroteus 作为模拟器（下拉框中的具体显示内容取决于配置 VDM5I.dll 时修改 TOOL.INI 文件的文本行），如图 A.16 所示。

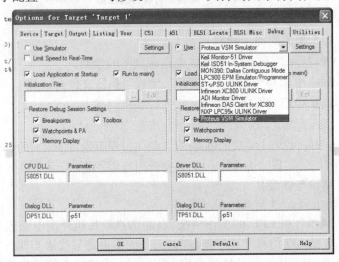

图 A.16 "Dubug"选项卡中选择将 Rroteus 作为模拟器

此外，还应打开 ISIS 模块，查看并确保已经勾选了菜单"调试"→"使用远程调试监控"选项，如图 A.17 所示。

至此，我们已建立起 ISIS 与 Keil μVision4 的软件关联性，可以进行联合仿真了。

（3）Keil μVision4 与 ISIS 的联合仿真

联合仿真的具体做法如下：

①分别打开 ISIS 下的原理图文件和 Keil μVision4 下的工程文件，如图 A.18 所示。

②选择 Keil μVision4 菜单"Debug"→"Start/Stop,Dbug Session"选项（或按 Ctrl+F5 键），将可执行文件下载到 ISIS 中。

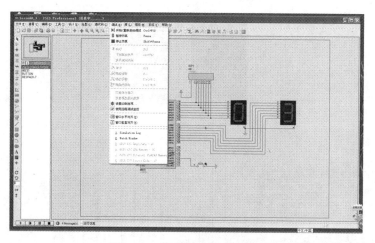

图 A.17　使用远程调试监控

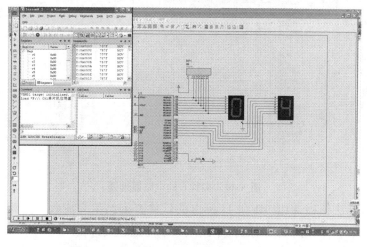

图 A.18　同时打开 ISIS 和 Keil μVision4 文件

③选择 Keil μVision4 菜单"Debug"→"GO"选项(或按 F5 键),可启动 ISIS 中的连续仿真运行。此时,ISIS 出现运行画面,而 Keil μVision4 则为寄存器窗口+反汇编窗口。

④如欲进行程序动态调试,可使用"运行和调试工具条"(或 Debug 菜单选项)进行 Keil μVision4 下的相关操作。

⑤选择 Keil μVision4 的菜单"Debug"→"Stop Running"选项,可终止仿真过程。

注意:联合仿真时不能从 ISIS 中停止程序运行,否则会引起系统出错提示。

实验 6　双机通信设计

一、实验目的
掌握串行口通信工作原理,熟悉 C51 编程与程序调试方法。

二、实验原理
实验 6 的电路原理图如图 A.19 所示。图中甲机的发送线与乙机的接收线相连,乙机的发送线与甲机的接收线相连,共阴极 BCD 数码管 LED1 和 LED2 分别接各机的 P2 口,两机工地(默认),晶振为 11.059 2 MHz,波特率为 2 400 Bd,串口方式 1,实现功能参见第 6.2 节,软件编程原理如下:

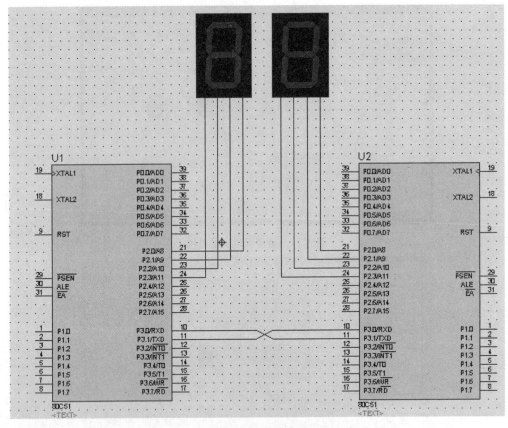

图 A.19　实验 6 的电路原理图

甲机采用查寻法编程,根据 RI 和 TI 标志的软件查询结果完成收发过程,乙机采用中断方式编程,根据 RI 和 TI 的中断请求,在中断函数中完成收发过程。

三、实验内容

①掌握串行通信原理和中断法通信软件编程;

②完成实验 6 的 C51 语言编程;

③练习 Keil μVision4 与 ISIS 联机仿真方法。

四、实验步骤

①在 ISIS 中完成电路原理图的绘制;

②采用 Keil μVision4 进行 CSI 串行通信编程和调试,生成可执行文件。

五、实验要求

提交的实验报告中应包括:①完成的电路图(含绘图过程简述);②编写的源程序(含程序简要说明);③程序调试方法;④实现的仿真效果(含运行截图与文字说明);⑤实验小结(结论与体会)。

六、实验小结(结论与体会)

实验 7 数字直流电压表设计

一、实验目的

掌握 LED 动态显示和 A/D 转换接口设计方法。

二、实验原理

实验 7 的电路原理图如图 A.20 所示,图中 4 联共阴极数码管以 I/O 方式连接单片机,其中段码 A～G 和 DP 接 P0.0—P0.7 口(需上拉电阻入位)位码 1～4(4#为最低位数码管,依次类推)接 P1.0—P1.3 口;ADC0808 采用 I/O 口方式接线,其中被测模拟量由 IN7 通道接入,位地址引脚 ADDA、ADDB、ADDC 均接高电平,START 和 ALE 并连接 P1.5,EOC 接 P1.6,OE 接 P1.7,CLOCK 接虚拟信号发生器(50 KHz 时钟脉冲)。

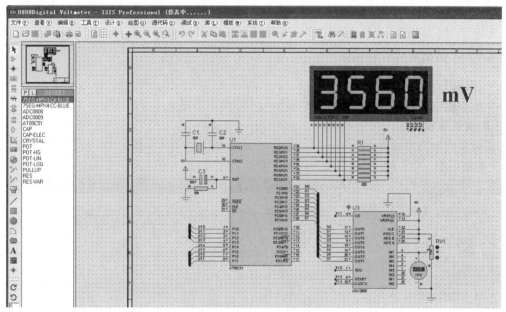

图 A.20 实验 7 的电路原理图

在编程软件配合下,要求实现如下功能:调解电位器 RV1 可使其输出电压在 0～5 V 变化。经 A/D 转换后,数码管以十进制数形式动态显示电位器的调节电压。

动态显示编程原理:将待显示数据拆解为 3 位十进制数,并分时地将其在相应数码管上显示。一次完整的输出过程为:最低位位码清零→最低位数据送 P0 口→最低位位码置 1→软件延时→中间位位码清零→中间位数据送 P0 口→中间位位码置 1→软件延时→最高位位码清零→最高位数据送 P0 口→最高位位码置 1→软件延时,如此无限循环。

A/D 转换编程原理:启动信号与输出使能信号(START、ALE、OE)均由软件方式的正脉冲提供;结束信号(EOC)接在 P1.6,OE 信号的高电平由 P1.7 提供。一次完整的 A/D 转换过程为:发出启动信号→查询 EOC 标志→发出 OE 置 1 信号→读取 A/D 结果→发出 OE 清零信号。如此无限循环。

掌握 LED 动态显示和 A/D 转换接口设计方法。

三、实验内容

①数码管动态显示编程;

②A/D 转换查询法编程；

③考察延时量对动态显示效果的影响。

四、实验步骤

①提前阅读与实验 7 相关的阅读材料；

②参考图 A.20，在 ISIS 中完成电路原理图的绘制；

③采用 Keil μVision4 进行 C51 动态显示和 A/D 转换的编程及调试。

五、实验要求

提交的实验报告中应包括：①完成的电路图（含绘图过程简述）；②编写的源程序（含程序简要说明）；③程序调试方法；④实现的仿真效果（含运行截图与文字说明）；⑤实验小结（结论与体会）。

六、实验小结（结论与体会）

实验 8 步进电机控制设计

一、实验目的

掌握步进电机控制原理，熟悉 C51 编程与程序调试方法。

二、实验原理

实验 8 的电路原理图如图 A.21 所示，图中达林顿驱动器 U2 接于 P1.0—P1.3，步进电机在 U2 的输出端，按键 K1—K2 接于 P2.0—P2.1。

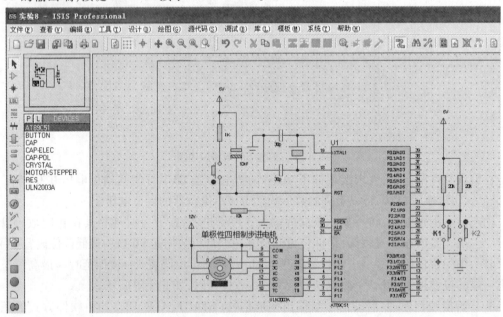

图 A.21 实验 8 的电路原理图

在编程软件配合下，要求实现如下功能：单击 K1，控制步进电机正转；单击 K2，控制步进电机反转，连续按 K1、K2，步进电机可连续旋转。

步进电机控制编程原理：根据励磁方法建立励磁顺序数组。以半步励磁法为例，励磁顺序数组的元素为：0x02,0x06,0x04,0x0C,0x08,0x09,0x01,0x03。程序启动后，根据按键状态修改励磁顺序数组的指针值，即单击 K1 时指针右移一位，单击 K2 时指针左移一位，随后将数组当前值由 P1 口输出,如此循环。注意,在 P1 口两次输出之间需要插入软件延时。

三、实验内容

①提前阅读与实验 8 相关的阅读材料;

②A/D 转换查询法编程;

③考察延时量对动态显示效果的影响。

四、实验步骤

①提前阅读与实验 8 相关的阅读材料;

②参考图 A.21,在 ISIS 中完成电路原理图的绘制;

③采用 Keil μVision4 进行 C51 步进电机控制的编程及调试。

五、实验要求

提交的实验报告中应包括:①完成的电路图(含绘图过程简述);②编写的源程序(含程序简要说明);③程序调试方法;④实现的仿真效果(含运行截图与文字说明);⑤实验小结(结论与体会)。

六、实验小结(结论与体会)

附录 B　ASCII 码字符表

	000	001	010	011	100	101	110	111
0000	NUL	DEL	SP	0	@	P	`	p
0001	SOH	DC1	!	1	A	Q	a	q
0010	STX	DC2	"	2	B	R	b	r
0011	ETX	DC3	#	3	C	S	c	s
0100	EOT	DC4	$	4	D	T	d	t
0101	ENQ	NAK	%	5	E	U	e	u
0110	ACK	SYN	&	6	F	V	f	v
0111	DEL	ETB		7	G	W	g	w
1000	BS	CAN	(	8	H	X	h	x
1001	HT	EM	)	9	I	Y	i	y
1010	LF	SUB	*	:	J	Z	j	z
1011	VT	ESC	+	;	K	[	k	{
1100	FF	FS	,	<	L	\	l		
1101	CR	GS	−	=	M	]	m	}
1110	SO	RS	.	>	N		n	~
1111	SI	US	/	?	O	_	o	DEL

ASCII **特殊字符含义表**

字符	意　义	字符	意　义	字符	意　义
NUL	空	VT	垂直制表符	SYN	空转同步
SOH	标题开始	FF	走纸控制	ETB	信息组传输结束
STX	正文开始	CR	回车	CAN	作废
ETX	正文结束	SO	移位输出	EM	纸尽
EOT	传输结束	SI	移位输入	SUB	减
ENQ	请求	DLE	数据链路码	ESC	换码
ACK	承认	DC_1	设备控制 1	FS	文字分隔符
BEL	响铃	DC_2	设备控制 2	GS	组分隔符
BS	退格	DC_3	设备控制 3	RS	记录分隔符
HT	水平制表符	DC_4	设备控制 4	US	单元分隔符
LF	换行	NAK	否定	SP	空格

附录 C　用 Atmel MCU ISP 软件烧写程序

一、软件概述

Atmel 微控制器 ISP 软件(Atmel Microcontroller ISP Software,以下简称 ISP 软件)主要是针对 ATMEL 公司的 AT89S5X 系列单片机。该系列单片机可通过图 2.24(b)所示与计算机并行口相连在线编程(in-system programming,简称 ISP)。该软件具备浏览、编程(写入芯片)、擦除数据、加密等功能。

本软件所需硬件支持:

①计算机的并行端口;

②AT89S5X 系列单片机及 ISP 下载线。

③支持 AT89S5X 系列单片机进行 ISP 下载的用户目标电路板或实验板。

二、软件使用方法

使用软件前先用 ISP 下载线将目标电路板与计算机的并行端口相连,打开电路板电源。软件使用方法如下:

①依次选择"开始"→"程序"→"Atmel_ Microcontroller ISP Software"打开 ISP 软件主界面,如图 C.1 所示。

②通过菜单"Options"→"Port Select"来选择所使用的并行端口,如图 C.2 所示。

③选择菜单中的 Options 选项中的 Device Selection(选择器件),弹出如图 C.3 所示窗口选择相应的器件。选择相应的单片机型号,如 AT89S51,并选 Page Mode (页模式)或 Byte Mode (字节模式)后单击"OK"按钮。

④点击 Options 选项中的 Initialize Target(初始化器件)或者闪电图像的快捷键(图中圆圈所示)对器件初始化,如图 C.4 所示。

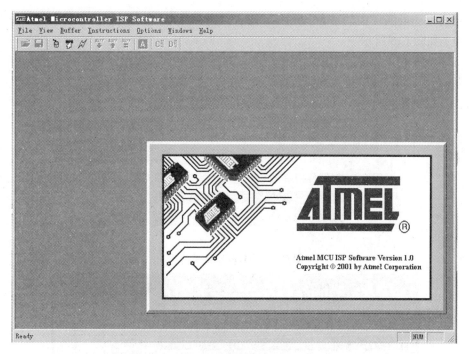

图 C.1　ISP 软件主界面

图 C.2　选择打印机并行端口

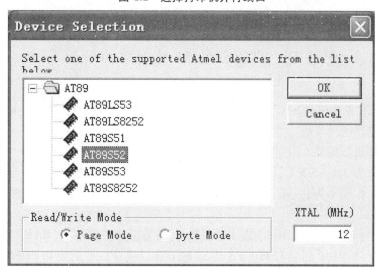

图 C.3　选择相应的器件

⑤选择菜单 File 中的 Load Buffer,选择需要下载的 HEX 目标文件, 如图 C.5 所示。

⑥点击 Instructions 中的 Auto Program 或者点击快捷方式 A（圆圈内所示），即可下载程序到单片机，如图 C.6 所示。

⑦程序下载到单片机后出现如图 C.7 所示对话框，要求选择单片机上锁（加密）。在学习阶段，不需对单片机上锁，可选择"Lock 0"后单击"OK"按钮。至此，程序下载结束。

程序下载到单片机中后，即可在电路板上检验程序功能。

图 C.4　对器件初始化　　　　　　　图 C.5　打开 HEX 目标文件

图 C.6　下载程序到单片机

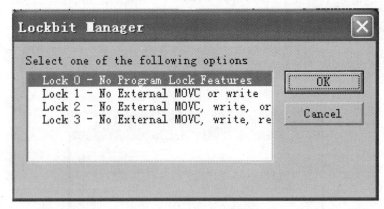

图 C.7　对单片机加密

附录 D　STC 公司 51 系列单片机简介

STC89C51RC 单片机是 STC 公司生产的低功耗、具有 4 kB 在线可编程（即 ISP 在系统可编程）Flash 存储器的单片机。其主要特点如下：

①可选择每机器周期 6 时钟或 12 时钟两种工作方式。

②工作电压为 3.4 ~5.5 V；具有 PDIP、TQFP 和 PLCC 三种封装形式。

③振荡器工作频率为 0~40 MHz，实际工作频率可达 48 MHz，相当于普通 8051 单片机的 0~80 MHz。

④片内程序存储器空间（ROM）为 4 k 字节；片内数据存储器空间（RAM）为 512 字节。

⑤通用 I/O 口：PDIP 封装有 P0~P3 共 32 根 I/O 口线；PLCC 封装和 PQFP 封装在 P0~P3 基础上新增 P4 口，共有 36 根 I/O 口线。

⑥可通过串口（P3.0/P3.1）直接下载程序（ISP 在系统可编程），无须专用编程器。

⑦片内 EEPROM 数据存储器空间为 2k 字节，即 IAP（In Application Programming，在应用

可编程）功能。

⑧内部集成看门狗和 MAX810 专用复位电路。

⑨共 3 个 16 位定时器/计数器、一个通用异步串行口（UART）。

STC 公司 8051 系列单片机的主要型号及其差异见附表 D.1。

附表 D.1　STC 公司 51 系列单片机选型指南

型　号	工作电压	Flash ROM	RAM	A/D	看门狗	P4口	ISP	IAP	EEPROM	数据指针	串口	中断源	优先级	定时器
STC89C51 RC	5 V	4 kB	512 B		√	√	√	√	2 kB+	2	1	8	4	3
STC89C52 RC	5 V	8 kB	512 B		√	√	√	√	2 kB+	2	1	8	4	3
STC89C53 RC	5 V	15 kB	512 B		√	√	√	√		2	1	8	4	3
STC89C54 RD+	5 V	16 kB	1 280 B		√	√	√	√	16 kB+	2	1	8	4	3
STC89C55 RD+	5 V	20 kB	1 280 B		√	√	√	√	16 kB+	2	1	8	4	3
STC89C58 RD+	5 V	32 kB	1 280 B		√	√	√	√	16 kB+	2	1	8	4	3
STC89C516 RD+	5 V	63 kB	1 280 B		√	√	√	√		2	1	8	4	3
STC89LE51 RC	3 V	4 kB	1 280 B		√	√	√	√	2 kB+	2	1	8	4	3
STC89LE52 RC	3 V	8 kB	512 B		√	√	√	√	2 kB+	2	1	8	4	3
STC89LE53 RC	3 V	14 kB	512 B		√	√	√	√		2	1	8	4	3
STC89LE54 RD+	3 V	16 kB	512 B		√	√	√	√	16 kB+	2	1	8	4	3
STC89LE58 RD+	3 V	32 kB	1 280 B		√	√	√	√	16 kB+	2	1	8	4	3
STC89LE516 RD+	3V	63 kB	1 280 B		√	√	√	√		2	1	8	4	3
STC89LE516 AD	3 V	64 kB	512 B	√	√	√				2	1	6	4	3
STC89LE516 X2	3 V	64 kB	512 B	√		√	√			2	1	6	4	3

附录 E　51 单片机指令集

指令的符号意义：

Rn：8 个工作寄存器 R0—R7，即 n=0~7。

Ri：寄存器 R0—R1,i=0~1。

Direct：8 位内部 RAM 单元的地址,它可以是一个内部数据区 RAM 单元(00H—7FH)或特殊功能寄存器地址(I/O 端口、控制寄存器、状态寄存器 80H— 0FFH)。

#data：指令中的 8 位常数。

#data16：指令中的 16 位常数。

addr16：16 位的目的地址,用于 LJMP、LCALL,可指向 64 kB 程序存储器的地址空间。

addr11:11 位的目的地址,用于 AJMP、ACALL 指令。目的地址必须与下一条指令的第一个字节在同一个 2 kB 程序存储器地址空间之内。

Rel:8 位带符号的偏移量字节,用于 SJMP 和所有条件转移指令中。偏移量相对于下一条指令的第一个字节计算,在-128~127 范围内取值。

bit:内部数据 RAM 或特殊功能寄存器中的可直接寻址位。

DPTR:数据指针,可用作 16 位的地址寄存器。

n: 数 0~7。

i: 数 0 、1。

rrr: 3 位二进制数从 000~111。

A:累加器。

B:寄存器,用于 MUL 和 DIV 指令中。

C:进位标志或进位位。

@:间接寄存器或基址寄存器的前缀,如@ Ri,@ DPTR。

/:位操作的前缀,表示对该位取反。

(X):X 中的内容。

((X)):由 X 寻址的单元中的内容。

←:箭头左边的内容被箭头右边的内容所替代。

√:对标志位有影响。

×:对标志位无影响。

附表 E.1　8 位数据传送指令

助记符	功能说明	机器码	对标志位的影响				字节数	周期数
			P	OV	AC	CY		
MOV A,Rn	将 Rn 内容送入 A	11101r r r	√	×	×	×	1	1
MOV A, direct	将 direct 单元的内容传送至 A	11100101 direct	√	×	×	×	2	1
MOV A,@ Ri	将 Ri 所指单元中的内容传送至 A	1110011i	√	×	×	×	1	1
MOV A,#data	将立即数 data 传送至 A	01110100 data	√	×	×	×	2	1
MOV Rn , A	将 A 内容送入 Rn	11111rrr	×	×	×	×	1	1
MOV Rn, direct	将 direct 所指单元中的内容传送至 Rn	10101rrr direct	×	×	×	×	2	2
MOV Rn, #data	将立即数 data 传送至 Rn	01111rrr data	×	×	×	×	2	1
MOV direct, A	将 A 中内容传送至 direct 单元	11110101 direct	×	×	×	×	2	1

助记符	功能说明	机器码	对标志位的影响				字节数	周期数
			P	OV	AC	CY		
MOV direct, Rn	将 Rn 中内容传送至 direct 单元	10001rrr direct	×	×	×	×	2	2
MOV direct1,direct2	将 direct1 中内容传送至 direct2 单元	10000101 direct1 direct2	×	×	×	×	3	2
MOV direct,@ Ri	将 Ri 所指单元中的内容传送至 direct 单元	1000011i direct	×	×	×	×	2	2
MOV direct,#data	将立即数 data 传送至 direct 单元	01110101 direct data	×	×	×	×	3	2
MOV @Ri, A	将 A 中内容传送至 Ri 所指单元	1111011i	×	×	×	×	1	1
MOV @Ri, direct	将 direct 中内容传送至 Ri 所指单元	1010011i	×	×	×	×	2	2
MOV @Ri, #data	将立即数 data 传送至 Ri 所指单元	0111011i data	×	×	×	×	2	1

附表 E.2　16 位数据传送指令

助记符	功能说明	机器码	对标志位的影响				字节数	周期数
			P	OV	AC	CY		
MOV DPTR, #data16	将 16 位立即数传送至 DPTR	1001000 dta15~8 data7~0	×	×	×	×	3	2

附表 E.3　外部数据传送与查表指令

助记符	功能说明	机器码	对标志位的影响				字节数	周期数
			P	OV	AC	CY		
MOVX A,@ Ri	将 Ri 所指外部 RAM 单元的内容传送至 A	1110001i	√	×	×	×	1	2
MOVX A, @ DPTR	将 DPTR 所指外部 RAM 单元的内容传送至 A	11100000	√	×	×	×	1	2

续表

助记符	功能说明	机器码	对标志位的影响				字节数	周期数
			P	OV	AC	CY		
MOVX @Ri,A	将 A 的内容传送至 Ri 所指外部 RAM 单元	1111001i	×	×	×	×	1	2
MOVX @DPTR,A	将 A 的内容传送至 DPTR 所指外部 RAM 单元	11110000	×	×	×	×	1	2
MOVC A, @A+DPTR	将程序存储器中某地址单元的内容传送至 A 中，该单元的地址为 A 与 DPTR 中的内容之和	10010011	√	×	×	×	1	2
MOVC A,@A+PC	将程序存储器中某地址单元的内容传送至 A 中，该单元的地址为 A 与 PC 内容之和	10000011	√	×	×	×	1	2

附表 E.4　数据交换指令

助记符	功能说明	机器码	对标志位的影响				字节数	周期数
			P	OV	AC	CY		
SWAP A	A 的低半字节与高半字节互换	11000100	×	×	×	×	1	1
XCHD A,@Ri	Ri 所指单元的低 4 位与 A 的低 4 位互换	1101011i	√	×	×	×	1	1
XCH A,Rn	Rn 中内容与 A 中内容互换	11001rrr	√	×	×	×	1	1
XCH A, direct	direct 单元中内容与 A 中内容互换	11000101 direct	√	×	×	×	1	1
XCH A, @Ri	Ri 所指单元中内容与 A 中内容互换	1100011i	√	×	×	×	1	1

附表 E.5　算术运算类指令

助记符	功能说明	机器码	对标志位的影响				字节数	周期数
			P	OV	AC	CY		
ADD A, Rn	A 与 Rn 相加,结果存入 A	00101rrr	√	√	√	√	1	1
ADD A, direct	A 与 direct 单元中的内容相加,结果存入 A	00100101 direct	√	√	√	√	2	1
ADD A, @Ri	A 与 Ri 所指单元中的内容相加,结果存入 A	0010011i	√	√	√	√	1	1
ADD A, #data	A 与立即数相加,结果存入 A	00100100 data	√	√	√	√	2	1

续表

助记符	功能说明	机器码	对标志位的影响				字节数	周期数
			P	OV	AC	CY		
ADDC A, Rn	A 加上 Rn 的内容再加上 C,结果存入 A	00111rrr	√	√	√	√	1	1
ADDC A, direct	A 加 direct 单元内容再加上 C,结果存入 A	00110101 direct	√	√	√	√	2	1
ADDC A, @Ri	A 与 Ri 所指单元中的内容相加, 再加上 C,结果存入 A	0011011i	√	√	√	√	1	1
ADDC A, #data	A 加上立即数 data,再加上 C,结果存入 A	00110100 data	√	√	√	√	2	1
INC A	A 中的内容自动加 1	00000100	√	×	×	×	1	1
INC Rn	Rn 中的内容自动加 1	00001rrr	×	×	×	×	1	1
INC direct	direct 中的内容自动加 1	00000101 direct	×	×	×	×	2	1
INC @Ri	Ri 所指的单元中的内容自动加 1	0000011i	×	×	×	×	1	1
INC DPTR	DPTR 的内容自动加 1	10100011	×	×	×	×	1	2
DA A	BCD 码调整	11010100	√	×	√	√	1	1
SUBB A, Rn	A 的内容减去 Rn 的内容,再减 C,结果存入 A	10011rrr	√	√	√	√	1	1
SUBB A, direct	A 减去 direct 的内容,再减 C, 结果存入 A	10010101 direct	√	√	√	√	2	1
SUBB A, @Ri	A 减去 Ri 所指单元的内容,再减 C, 结果存入 A	1001011i	√	√	√	√	1	1
SUBB A, #data	A 减去立即数 data,再减 C,结果存入 A	10010100 data	√	√	√	√	2	1
DEC A	A 的内容自动减 1	00010100	√	×	×	×	1	1
DEC Rn	Rn 的内容自动减 1	00011rrr	×	×	×	×	1	1
DEC direct	direct 的内容自动减 1	00010101	×	×	×	×	2	1
DEC @Ri	Ri 所指的单元的内容自动减 1	0001011i	×	×	×	×	1	1
MUL AB	A 的内容与 B 的内容相乘,积的高 8 位存放在 B 中,低 8 位存放在 A	10100100	√	√	×	0	1	4
DIV AB	A 的内容与 B 的内容相除,商存放在 A 中,余数存放在 B	100000100	√	√	×	0	1	4

附表 E.6　逻辑运算类指令表

助记符	功能说明	机器码	对标志位的影响				字节数	周期数
			P	OV	AC	CY		
CLR A	ACC 清零	11100100	√	×	×	×	1	1
CPL A	ACC 每一位的值取反	11110100	×	×	×	×	1	1
ANL A,Rn	将 Rn 与 A 的值进行逻辑与运算,结果存入 A	01011rrr	√	×	×	×	1	1
ANL A,direct	将直接地址 direct 的内容与 A 进行逻辑与运算,结果存入 A	01010101 direct	√	×	×	×	2	1
ANL A,@ Ri	将间接地址@ Ri 的内容与 A 进行逻辑与运算,结果存入 A	0101011i	√	×	×	×	1	1
ANL A,#data	立即数与 A 进行逻辑与运算,结果存入 A	01010100 data	√	×	×	×	2	1
ANL direct,A	A 与直接地址 direct 的内容进行逻辑与运算,结果存入直接地址	01010011 direct	×	×	×	×	2	1
ANL direct,#data	立即数与直接地址 direct 的内容进行逻辑与运算,结果存入直接地址	01000011 direct data	×	×	×	×	3	2
ORL A,Rn	Rn 与 A 的值进行逻辑或运算,结果存入 A	01001rrr	√	×	×	×	1	1
ORL A,direct	直接地址 direct 的内容与 A 进行逻辑或运算,结果存入直接地址	01000101 direct	√	×	×	×	2	1
ORL A,@ Ri	Ri 指向的间接地址单元内容与 A 进行逻辑或运算,结果存入 A	0100011i	√	×	×	×	1	1
ORL A,#data	立即数与 A 进行逻辑或运算,结果存入 A	01000100 data	√	×	×	×	2	1
ORL direct,A	A 与直接地址 direct 的内容进行逻辑或运算,结果存入直接地址 direct	01000010 direct	×	×	×	×	2	1
ORL direct,#data	立即数与直接地址 direct 的内容进行逻辑或运算,结果存入直接地址 direct	01000010 Direct data	×	×	×	×	3	2

续表

助记符	功能说明	机器码	对标志位的影响				字节数	周期数
			P	OV	AC	CY		
XRL A,Rn	Rn 与 A 的值进行逻辑异或运算,结果存入 A	01101rrr	√	×	×	×	1	1
XRL A,direct	直接地址 direct 的内容与 A 的值进行逻辑异或运算,结果存入 A	01100101 direct	√	×	×	×	2	1
XRL A,@ Ri	Ri 指向的间接地址单元内容与 A 进行逻辑异或运算,结果存入 A	0110011i	√	×	×	×	2	1
XRL A,#data	立即数与 A 进行逻辑异或运算,结果存入 A	01100100 data	√	×	×	×	2	1
XRL direct,A	A 与直接地址 direct 的内容进行逻辑异或运算,结果存入直接地址 direct	01100010 direct	×	×	×	×	2	1
XRL direct,#data	立即数与直接地址 direct 的内容进行逻辑异或运算,结果存入直接地址 direct	01100011 Direct data	×	×	×	×	3	2

附表 E.7　循环/移位类指令表

助记符	功能说明	机器码	对标志位的影响				字节数	周期数
			C	AC	OV	P		
RL　A	A 的内容左移一位	00100011	×	×	×	×	1	1
RLC A	A 的内容带进位左移一位	00110011	√	×	×	√	1	1
RR　A	A 的内容循环右移一位	00000011	×	×	×	×	1	1
RRC A	A 的内容带进位右移一位	00010011	√	×	×	√	1	1

附表 E.8　调用/返回类指令表

助记符	功能说明	机器码	对标志位的影响				字节数	周期数
			C	AC	OV	P		
LCALL addr16	调用 64 kB 范围内的子程序	00010010、 $a_{15} \sim a_8$、$a_7 \sim a_0$	×	×	×	×	3	2
ACALL addr11	调用 2 kB 范围内的子程序	$a_{11} a_9 a_8 10001$ $a_7 \sim a_0$	×	×	×	×	2	2
RET	子程序返回	00100010	×	×	×	×	1	2
RETI	中断返回	00110010	×	×	×	×	1	2

附表 E.9　转移类指令表

助记符	功能说明	机器码	对标志位的影响				字节数	周期数
			P	OV	AC	CY		
LJMP addr16	程序无条件转移至 16 位目标地址,转移范围为 64 kB 地址空间	00000010 $add_{15\sim8}$ $add_{7\sim0}$	×	×	×	×	3	2
AJMP addr11	程序无条件转移至 11 位目标地址,转移范围为 2 kB 地址空间	$a_{10}a_9a_8$ 0001 $add_{7\sim0}$	×	×	×	×	2	2
SJMP rel	程序无条件转移至标号 rel 处,转移范围为$-128\sim+127$ 地址空间	10000000 rel	×	×	×	×	2	2
JMP@ A+DPTR	程序无条件转移至某地址处,该地址为 A 与 DPTR 的内容之和	01110011 rel	×	×	×	×	1	2
JZ rel	如 A 的内容为 0,则转移至标号 rel 处,否则顺序执行	01100000 rel	×	×	×	×	2	2
JNZ rel	如 A 的内容不为 0,则转移至标号 rel 处,否则顺序执行	01110000 rel	×	×	×	×	2	2
JC rel	如 C＝1,则转移,否则顺序执行	01000000 rel	×	×	×	×	2	2
JNC rel	如 C＝0,则转移,否则顺序执行	01010000 rel	×	×	×	×	2	2
JB bit,rel	若 bit＝1,则转移,否则顺序执行	00100000 bit rel	×	×	×	×	3	2
JNB bit,rel	若 bit＝0,则转移,否则顺序执行	00110000 bit rel	×	×	×	×	3	2
JBC bit,rel	若 bit＝1,则转移,且将 bit 清零,否则顺序执行	00010000 bit rel	×	×	×	×	3	2
CJNE A,#data,rel	若 A 的内容不等于 data,则转至 rel 处,否则顺序执行	10110100 data rel	×	×	×	√	3	2
CJNE Rn,#data,rel	若 Rn 的内容不等于 data,则转至 rel 处,否则顺序执行	10111rrr data rel	×	×	×	√	3	2

助记符	功能说明	机器码	对标志位的影响				字节数	周期数
			P	OV	AC	CY		
CJNE @Ri,#data,rel	若@Ri 的内容不等于 data,则转至 rel 处,否则顺序执行	1011011i Data rel	×	×	×	√	3	2
CJNE A,direct,rel	若 A 的内容不等于 direct 的内容,则转至 rel 处,否则顺序执行	10110101 direct rel	×	×	×	√	3	2
DJNZ Rn,rel	先将 Rn 的内容减 1,再判断 Rn 的值,若 Rn 不等于 0,则转至 rel 处,否则顺序执行	11011rrr rel	×	×	×	×	2	2
DJNZ direct,rel	先将 direct 的内容减 1,再判断 direct 单元的值,若 direct 不等于 0,则转至 rel 处,否则顺序执行	11010101 Direct rel	×	×	×	×	3	2

附表 E.10 堆栈操作类指令表

助记符	功能说明	机器码	对标志位的影响				字节数	周期数
			P	OV	AC	CY		
PUSH direct	将直接地址 direct 的内容压入堆栈中,执行前 SP+1	1100000 direct	×	×	×	×	2	2
POP direct	从堆栈中弹出数据到直接地址 direct 中,执行后 SP-1	11010000 Direct	×	×	×	×	2	2

附表 E.11 位操作类指令表

助记符	功能说明	机器码	对标志位的影响				字节数	周期数
			P	OV	AC	CY		
MOV C,bit	bit 位的值传送至 C	10100010 bit	×	×	×	√	2	1
MOV bit,C	C 位的值传送至 bit	10010010 bit	×	×	×	×	2	2
CLR C	C 位清零	11000011	×	×	×	√	1	1
CLR bit	bit 位取反	11000010 bit	×	×	×	×	2	1

续表

助记符	功能说明	机器码	对标志位的影响				字节数	周期数
			P	OV	AC	CY		
SETB C	C 位置 1	11010011	×	×	×	√	1	1
SETB bit	bit 位置 1	11010010 bit	×	×	×	×	2	1
CPL C	C 位取反	10110011	×	×	×	√	1	1
CPL bit	bit 位取反	10110010 bit	×	×	×	×	2	1
ANL C,bit	C 位与 bit 位进行逻辑与操作,结果存放在 C 中	10000010 bit	×	×	×	√	2	2
ANL C ,/bit	C 位与 bit 位的反相进行逻辑与操作,结果存放在 C 中	10110000 bit	×	×	×	√	2	2
ORL C,bit	C 位与 bit 位进行逻辑或操作,结果存放在 C 中	01110010 Bit	×	×	×	√	2	2
ORL C,/bit	C 位与 bit 位的反相进行逻辑或操作,结果存放在 C 中	10100000 bit	×	×	×	√	2	2

附表 E.12 空操作类指令表

助记符	功能说明	机器码	对标志位的影响				字节数	周期数
			P	OV	AC	CY		
NOP	空操作指令	00000000	×	×	×	×	1	1

参考文献

［1］ 李朝青,李克骄.单片机原理及接口技术［M］.2 版.北京:北京航空航天大学出版社,2018.

［2］ 李秀忠.单片机应用技术［M］.2 版.北京:人民邮电出版社,2014.

［3］ 陈忠平.基于 Proteus 的 51 系列单片机设计与仿真［M］.4 版.北京:电子工业出版社,2020.

［4］ 王平.单片机应用设计与制作［M］.2 版.北京:清华大学出版社,2021.

［5］ 王静霞.单片机应用技术［M］.4 版.北京:电子工业出版社,2019.

［6］ 何立民.单片机高级教程——应用与设计［M］.2 版.北京:北京航空航天大学出版社,2007.

［7］ 南建辉.MCS-51 单片机原理及应用实例［M］.北京:清华大学出版社,2004.

［8］ 张国锋.单片机原理及应用［M］.北京:机械工业出版社,2009.

［9］ 胡进德,丁如春,熊辉.51 单片机应用基础［M］.武汉:湖北科学技术出版社,2009.

［10］ 杨文龙.单片机原理及应用系统设计［M］.北京:清华大学出版社,2011.

［11］ 龚运新,吴昌应.单片机接口技术项目式教程［M］.2 版.北京:北京师范大学出版社,2018.

［12］ 赵亮,侯国锐.单片机 C 语言编程与实例［M］.北京:人民邮电出版社,2003.

［13］ 王浩全.单片机原理与应用［M］.北京:人民邮电出版社,2013.

［14］ 龚运新,罗惠敏,彭建军.单片机接口 C 语言开发技术［M］.北京:清华大学出版社,2009.

［15］ 倪志莲.单片机应用技术［M］.4 版.北京:北京理工大学出版社,2019.

［16］ 李广第,朱月秀,冷祖祁.单片机基础［M］.3 版.北京:北京航空航天大学出版社,2007.

［17］ 张毅刚.单片机原理及应用［M］.4 版.北京:高等教育出版社,2021.

［18］ 靳孝峰.单片机原理与应用［M］.2 版.北京:北京航空航天大学出版社,2012.

［19］ 马忠梅.单片机的 C 语言应用程序设计［M］.6 版.北京:北京航空航天大学出版社,2017.

［20］ 谢维成,杨加国.单片机原理与应用及 C51 程序设计［M］.4 版.北京:清华大学出版

社,2019.

[21] 彭伟.单片机 C 语言程序设计实训 100 例——基于 8051+Proteus 仿真[M].2 版.北京:电子工业出版社, 2012.

[22] 石建华,李媛.单片机原理与应用技术[M].北京:北京邮电大学出版社,2008.

[23] 王文杰,许文斌.单片机应用技术[M].北京:冶金工业出版社,2008.